개정증보판

365일 꽃 피는 정원 가꾸기

개정증보판

365일 꽃 피는 정원 가꾸기

Four Seasons Gardening

우리 집 정원에는 365일 꽃이 핀다

사계절 피고 지는 꽃들로 행복한 우리 집

정계준

경상국립대학교출판부

개정증보판 저자의 말

이 책이 처음 나온 지 벌써 5년이 됐다.

그 동안 5쇄까지 발행할 수 있도록 성원해주신 전국의 독자 여러분들께 무엇보다 감사드린다.

외람되지만 여전히 인기 좋은 정원 가꾸기 책으로 자리매김하고 있지만 이번에 개정증보판을 내기로 한 것은 독자 여러분들의 성원에 보답함과 동시에 정원과 식물에 대한 새로운 트렌드를 반영해야겠다는 생각이 들었기 때문이다.

이번 개정증보판에서는 정원 가꾸기에 대한 일부 내용의 추가와 보완도 했지만 아파트가 대세 주거 문화인 우리나라 실정을 감안하여 실내정원과 실내 반려식물에 관한 내용을 추가하는 데 중점을 두었다. 실내식물의 기본적인 재배 방법은 물론이고 인기 좋은 종의 소개와 각 종류별 맞춤 재배 및 관리 방법도 상세하게 설명하여 반려식물 애호가들에게도 길잡이가 될 수 있게 된 점 무엇보다 기쁘게 생각한다. 사실 정원을 가꾸는 사람들은 정원 식물 뿐 아니라 실내식물에도 관심이 많다는 점을 고려하면 초판에서 이를 다루지 못한 게 아쉬운 생각이 들기도 한다.

필자는 최근 수십 년 간은 주로 우리 자생 수목과 야생화 연구에 주력해왔지만 고교생 때부터 대학 재학시절까지는 열대 및 아열대성 실내식물에 심취하여 다양한 실내식물을 직접 접하고 기르며 공부한 경험이 있었기에 이번 실내식물 집필이 가능할 수 있었다.

또한 이번 개정증보판에서는 가정 정원에 심기 좋은 조경수 260종과 꽃밭에 심기 좋은 초화 255종을 선별하여 번식 방법, 개화기, 식재 적지 등 기본적인 재배 방법을 별도 부록으로 소개하였다. 인기 좋은 조경수와 초화 다수는 본문에서 관상 대상 및 계절별로 상세히 설명했지만 지면 관계상 모든 식물을 망라할 수 없어 아쉬웠던 점을 개정증보판에서는 이처럼 부록에서 웬만한 식물에 대한 기본적인 정보를 모두 제공할 수 있게 되어 독자들에게 큰 도움이 될 것으로 기대한다.

아무쪼록 이번 개정판이 정원 및 식물 애호가

여러분들의 기대에 부응하기를 바라마지 않으며 우리나라 정원 문화가 꽃 피는 데 일조하기를 바라는 마음 간절하다.

개정증보판을 내는 데 있어서 경상국립대학교 출판부 직원 여러분들의 수고가 컸기에 감사의 말씀을 드린다. 초판에 비해 내용이 대폭 보강되어 원고가 많이 늘어났음에도 훌륭한 편집으로 전체 쪽수는 초판보다 그리 늘어나지 않게 된 것은 최소한의 비용으로 독자들에게 책을 보급하겠다는 편집진 여러분의 집념과 노고가 있었기에 가능한 일이었다고 본다. 사진과 삽화 등이 많아 편집과 디자인이 아주 까다롭고 힘든 일임에도 깔끔한 편집과 멋진 디자인으로 책의 품위를 높여준 이가람 선생과 이희은 선생의 노고에 특별히 감사의 말을 전하고 싶다.

2022년 3월

정 계 준

초판 저자의 말

초등학교 시절 마당 귀퉁이에 만든 꽃밭에 벚나무와 무궁화를 꺾꽂이해 본 적이 있다. 정말 살 수 있을까 하고 심었던 나무가 뿌리를 내리고 새로운 생명체로 자라는 것을 보고 느꼈던 생물의 오묘함과 신비감이 지금도 생생하다. 중학교 다닐 때는 학교 묘포장에서 아저씨가 장미 접붙이는 모습을 어깨너머로 지켜보고는 그것을 배워 나도 한번 따라해 보았다. 접붙이는 원리도 모른 채 시도했지만 딱 한 그루가 성공했다. 찔레 뿌리에서 장미가 자라 향기로운 빨간색 꽃을 피웠을 때의 놀라움과 희열은 지금까지도 잊히지 않는다.

필자는 시골에서 태어나 초등학교를 다녔다. 시골에서 자라면서 산과 들로 쏘다니며 직접 경험한 수많은 동물과 식물에 대한 지식은 생물학자가 된 지금도 나에게 소중한 자산이 되고 있음을 느끼곤 한다. 또 자연을 사랑하고 정원 가꾸기를 즐기게 된 것도 이처럼 시골에서 어린 시절을 보내면서 자연스럽게 많은 생물들과 접하고 친해진 게 가장 큰 이유가 아닐까 생각한다. 학교나 책에서 배운 내용을 직접 실험해 볼 수 있는 마당과 꽃밭이 있었던 시골 환경이 생물학자로서의 오늘의 나를 있게 해 준 큰 요인 중의 하나인 것이다.

정원 가꾸기는 우리 삶에 자연을 끌어들이는 행위이다. 나무나 풀꽃을 기르고, 그것들이 자라는 모습을 지켜보는 것은 어린 자녀에게는 좋은 자연 공부가 되고 또 어른에게는 다른 무엇과도 비교할 수 없는 건전한 취미이자 삶의 활력소가 된다.

필자는 어렸을 때부터 꽃 기르기를 좋아하여 나중에 어른이 되면 집은 작더라도 온갖 꽃나무를 정원에 심어 두고 사철 꽃이 피는 아름다운 정원에서 살고 싶다고 상상하곤 했었다. 그 꿈대로 지금 정원이 있는 시골 개인 주택에서 살고 있는 필자는 누구보다도 행복하다. 아침에 일어나자마자 정원에 나가 꽃과 나무를 보살피며 이들과 나누는 대화는 하루를 싱그럽게 해준다. 휴일이면 종일 정원에서 소일하며 시간을 보낼 수 있으니 이런 즐거움은 해 본 사람만 알

수 있을 것이다.

정원 가꾸기는 전 세계적으로 수많은 사람이 즐기는 취미생활이요 문화다. 우리나라는 급속도로 진행된 산업화와 도시화로 도시 거주 인구가 압도적인 데다 한국 특유의 아파트 중심의 주거문화로 다른 선진국처럼 정원 문화가 크게 꽃피지 못하고 있음은 안타까운 일이다. 그러나 도시 농부가 100만 명이란 통계 자료에서 보듯 도시에서 살더라도 자연을 그리워하고 동경하는 사람은 여전한 것 같다. 도시에서도 베란다 정원이나 화분 식물을 재배하며 정원 가꾸기의 즐거움을 느낄 수 있는 방법은 많다고 본다.

이 책은 필자가 지난 수십 년간 직접 정원을 가꾸면서 얻은 지식과 경험을 바탕으로 쓴 것이다. 특히 정원에서 가꾸기 좋은 다양한 조경수와 야생화에 대한 내용이 많은데 그것 역시 직접 길러 보면서 얻은 지식을 밑바탕에 두고 있다.

필자가 정원을 가꾸면서 가장 주안을 두는 것 중 하나는 농약을 치지 않고 환경 친화적으로 생태 정원을 가꾸는 방식이다. 그리고 사람의 눈을 즐겁게 해 주기 위한 꽃과 나무만 있는 정원이 아닌 새와 나비, 벌 등 다양한 동물이 함께 살고 있는 정원을 추구해 보고 싶었다. 그래서 농약을 치지 않고 가꿀 수 있는 조경수와 과일나무, 야생화 등을 소개하는 데 상당한 주안을 두었음을 밝힌다.

이 책을 쓰면서 그동안 함께해 준 아내와 세 자녀에게 고마움을 표하고 싶다. 지금 살고 있는 집의 정원은 20여 년 전 처음 터를 닦을 때부터 가족의 도움이 매우 컸다. 장성하여 외지에 나가 있는 자녀들이 주말이나 명절에 집에 오면 그때를 기다려 혼자서는 하기 어려운, 큰 나무를 옮겨 심는 등의 힘든 정원 공사를 하기도 했다. 물론 가족 간의 유대를 다지는 기회가 되기도 하지만 모처럼 만난 자식들에게 힘든 일을 시키곤 하여 미안한 마음도 적지 않았다. 그런 협조와 조력으로 적지 않은 면적의 정원을 가꿔낼 수 있었고 또 다양한 시도와 실험을 해 볼 수 있어 이 책을 쓸 수 있는 밑받침이 되기도 하였다.

또한 이 책을 집필하는 데 있어 필요한 자료를 수집하고 연구할 수 있게 지원해 준 경상대학교에 고마움을 표하며 출판을 맡아준 경상대학교출판부와 박현곤 출판부장께도 감사를 표한다. 좋은 책을 만들기 위해 편집과 디자인에 심혈을 기울여 준 경상대학교출판부의 김종길 편집장과 김성은, 이수현 선생께도 감사를 표하는 바이다.

2017년 3월

정 계 준

목차

1. 정원 만들 준비

2. 정원의 형식

3. 정원 꾸미기 실제

5. 정원수

6. 정원에 심기 좋은 야생화

7. 텃밭 정원 가꾸기

8. 정원지기가 알아야 할 식물학 기초 지식

부록

정원 만들 준비

정원의 필요성

현생 인류가 지구상에 출현한 것은 약 10만 년 전이라고 한다. 이 중 90,000년 전까지는 수렵과 채집 위주의 삶을 영위하였으며 곡식을 재배하고 가축을 사육하기 시작한 시기는 대략 10,000년 전으로 보고 있다. 농경생활은 지금까지 이어지고 있으며 불과 200여 년 전인 18세기에 시작된 산업혁명 전까지는 사실상 인류의 생존은 농어업에 의존하였으니 인류는 수만 년 동안 자연 속에서의 삶을 살아왔다고 할 수 있다. 우리나라의 경우 근대에 산업 발전이 획기적으로 이루어져 많은 사람들이 시골을 떠나 밀집되고 인공적인 도시 환경에서 살게 되었지만 오랫동안 인류의 몸속에 배어 있는 자연에 대한 갈구와 본능적 그리움까지 사라졌다고 할 수는 없을 것이다. 자연 풍광이 좋은 산과 계곡, 강과 호수를 찾는 것은 바로 이러한 자연에 대한 갈구의 가장 극적인 표출일 것이다. 정원은 자연에 대한 인간의 이러한 욕구를 충족시키는 또 다른 수단이라고 할 수 있다. 식물과 숲이 사람의 심신에 미치는 긍정적 효과는 수많은 연구 결과로 이미 입증되었다. 정원은 생활공간인 집에 아름다운 자연을 도입하고 연출하며 또 감상하는 것이다. 정원을 가꾸고 즐기는 것은 인간의 원초적 본능을 일깨우는 것으로 몸과 정신을 건강하게 하고 삶을 윤택하게 하는 가장 저비용 고효율의 고급 문화생활이자 취미라 할 수 있다.

정원 가꾸기의 즐거움

왜 사람들은 정원 가꾸기에 빠질까? 여기에는 해 보지 않은 사람은 모르는 큰 즐거움이 있기 때문이다. 그 즐거움은 매력적이면서 또 중독이 될 만큼 강렬하다. 정원을 가꾸면서 얻을 수 있는 즐거움은 한둘이 아니다.

첫째, 기르는 즐거움

나무와 꽃을 심어 기르는 재미는 정원 가꾸기의 가장 큰 낙이 아닌가 싶다. 봄에 씨를 뿌려 싹트는 모습을 지켜보노라면 생명의 신비로움을 느끼지 않을 수 없으며, 여름 장맛비에 꽃과 나무가 자라는 모습을 보면 농부의 심정과 부모의 심정을 함께 느낄 수 있다. 그것뿐이 아니다. 종자로부터 싹을 틔워 낸 어린 나무가 어느새 큰 나무로 자라 꽃이 피고 열매를 맺는 모습을 보는 희열은 해 본 사람만 느낄 수 있을 것이다.

정원을 구획하고 진입로 만들기.

둘째, 구상하고 만들어 가는 즐거움

정원을 구상하고 설계하며 고치고 완성해 가는 즐거움 또한 크다. 미완성의 정원에 화단을 만들고, 동산도 만들며, 잔디밭도 만들고, 조경석을 배치하며 조화를 연출하는 기분은 예술가의 기분과 크게 다르지 않을 것이다.

셋째, 모으는 즐거움

새로운 수종과 품종을 수집하는 즐거움 또한 정원 가꾸기의 큰 매력이다. 꽃이 아름다운 나무, 열매가 좋은 나무, 진귀한 품종, 희귀한 야생화와 수목 등 새로운 수종을 하나씩 모으는 과정은 벗어나기 어려울 정도로 중독성이 강한 즐거움이다.

소나무 수형 만들기.

넷째, 나무 만드는 즐거움

별로 보잘 것 없는 나무를 그 특징을 잘 살려 수격을 높여 멋진 정원수로 기르는 즐거움 또한 크다. 나무의 수격을 높여 멋진 명품 정원수로

필자의 정원 모습.

만들어 가는 즐거움은 단순히 작은 나무를 큰 나무로 기르는 것과는 차원이 다른 또 다른 매력이다. 예컨대 한 그루의 소나무를 가지 솎기와 다듬기를 반복하여 수형을 만들어 가는 즐거움과, 몇 년 후에 어떤 모양으로 완성될지 상상해 보는 즐거움도 여기에 해당된다.

다섯째, 늘리는 즐거움

종자를 받아 번식시키고, 또 꺾꽂이나 접붙이기로 수를 늘리는 즐거움도 적지 않다. 이러한 번식의 즐거움은 진귀하고 희귀한 수종일수록 더하다. 특히 번식이 어려워 실패를 거듭했던 희귀종일수록 번식 방법을 터득하여 번식에 성공했을 때의 희열은 크다.

여섯째, 보는 즐거움

정원은 원래 감상하기 위해서 존재하니 보는 즐거움은 사람에 따라서 제일 큰 즐거움이 될 수도 있을 것이다. 봄이면 새로 돋는 풀꽃들의 새싹과 피어나는 새잎들 그리고 화려한 꽃 잔치,

여름의 녹음, 가을의 보석 같은 열매들과 황홀한 단풍, 겨울의 설경과 한수(寒樹)의 매력 등이 모두 정원에서 즐길 수 있는 아름다운 풍경이다.

일곱째, 일하는 즐거움

정원에 매달려 나무도 다듬고 새로 디자인도 하고 옮겨심기도 하는 과정들은 즐거운 노동의 과정이다. 현대인은 대부분 운동이 부족한 생활을 하게 되므로 이를 극복하기 위해 아침 일찍 공원을 산책하거나 한적한 도로에서 조깅을 하는 등 운동에 열을 올리고 있다. 정원 가꾸기는 단순한 운동이 아니고 창조와 생산이 수반되는 운동이니 육체뿐 아니라 정신적으로도 더할 나위 없이 좋은 운동이다.

여덟째, 교유하는 즐거움

정원 가꾸기에 빠지다 보면 자연 주위의 동호인들과 서로 정보와 의견을 교환하고 공유하는 일이 일어나게 마련이다. 대부분의 사람들은 어느 정도 과시욕이 있다. 우리가 좋은 옷을 입는 것도 사실은 자신에게 편해서라기보다는 사람들에게 보여주기 위한 것 아니겠는가? 멋진 정원은 누구나 부러워하고 동경한다. 아름답게 꾸며진 정원을 같은 취미를 가진 사람들과 함께 즐기며 공유하는 재미도 결코 무시할 수 없을 것이다.

아홉째, 배우는 즐거움

필자는 생물학자이지만, 정원을 가꾸면서 책에서도 배울 수 없는 여러 자연현상에 대해 많은 것을 배우고 알게 되어 스스로 놀라곤 한다. 정원의 주요 구성 요소가 식물이다 보니 식물 생리에 대해 적지 않은 내용을 터득하게 되는 것은 물론이고 또 궁금한 내용에 관해 끊임없이 공부하는 자세를 가지게 된다. 도시에 살 때는 관심이 없던 일기와 기후에 관해서도 관심이 많아지고 자연스레 이에 대한 식견도 늘어나게 됨을 느낀다.

열째, 뭇 생명과 교감하는 즐거움

정원의 여러 식물, 곤충, 새 등 온갖 생물들과 교감하는 즐거움 또한 크다. 생태적으로 가꾸는 정원의 경우 온갖 생물들이 함께 살아가는 낙원이 될 수 있다. 새들이 정원에서 씨앗이나 열매를 먹는 모습이나, 나비와 벌들이 꽃에서 꿀을 빠는 모습을 관찰하는 즐거움도 크고 또 이런 생물들에 삶의 터전과 양식을 제공하는 즐거움도 적지 않다.

정원의 기능

휴식과 치유의 공간

정원은 아름다운 수목과 화초를 기르며 감상하는 것이 주가 되니 정서 순화에 도움이 되며 또 일상에서 지친 심신을 가다듬고 치유하는 데 최적의 장소가 된다.

즐거운 운동 장소

정원은 눈으로 즐기는 것이 전부인 것으로 생각하기 쉽지만 실상은 몸으로 만들고 연출하는 것이다. 정원을 설계하고 돌을 놓으며 나무와 잔디를 심고 화초를 가꾸는 일련의 과정은 모두 육체적 노동이 수반된다. 또 정원의 구성 요소인 식물은 계절에 따라 끊임없이 변하고 성장하므로 그에 맞게 관리해야 한다. 이러한 관리 과정은 육체적 운동과 연결되므로 정원은 창조가 수반되는 즐거운 운동 장소라고 할 수 있다.

자연 학습장

자연을 뜰 안으로 끌어들여 인공적으로 아름답게 꾸민 것이 정원이다. 그 속에는 다양한 식물이 있으며 그 식물을 터전으로 삼는 많은 종류의 벌과 나비, 풍뎅이와 같은 여러 곤충들, 또 이런 곤충이나 식물의 열매를 먹고 사는 각종 새들이 모여들게 되는 등의 먹이 사슬이 형성된다. 한마디로 여러 생물의 보금자리이자 삶의 터전이 된다. 따라서 정원을 가꾸고 즐기는 것은 자연스럽게 여러 생물을 가까이서 관찰하고 공부하는 장소가 되며 특히 자라나는 자녀들에게는 더없이 소중한 자연 학습장이 될 수 있다. 나무를 가꾸고 꽃을 심어 기르면서 이들의 생리를 터득하는 것은 책이나 교실에서 배울 수 없는 귀중한 산지식이 될 수 있다.

야외 생활공간

정원의 나무 그늘에 놓인 벤치에서 사색을 하거나 책을 읽는 것은 그야말로 즐겁고 아름다운 일이다. 저녁 식사 후 가족이 함께 정원의 그네를 타면서 하루의 피로를 풀며 소통하는 것도 멋진 일이다. 또한 정원에서 생산된 소량의 과일이나 채소 등을 갈무리하고 정리하는 것도 정원에서 할 수 있는 기분 좋은 일들이다. 필자는 차를 즐기는데 날씨 좋은 휴일이면 어김없이 정원의 돌 탁자에서 아내와 함께 차를 마신다. 아침 식사 후 정원에서 이런저런 정원 일을 하다 보면 땀도 흘리고 차츰 목도 마른데, 이때 마시는 따뜻하고 향기로운 차 한 잔은 정원에서 누리는 최고의 사치가 된다.

종합 예술 공간

정원은 꼭 이래야 한다, 저래야 한다는 모범답안이 없다. 주인의 취향과 개성에 따라 그리고 주어진 여건에 따라 천차만별로 달라질 수 있는 게 정원이다. 마치 화가가 화폭에 자기의 개성을 한껏 발휘한 그림을 그리듯, 오케스트라의 지휘자가 단원들의 실력과 개성을 한껏 살리면서 자기 나름대로 음악을 해석하여 연주를 이끌어 내듯, 정원은 만들고 가꾸는 사람이 온갖 상상력과 창의력을 발휘하여 만들어 내는 종합 예술적인 작품이다. 따라서 작품이 완성되어 가는 과정에서 끝없는 희열을 느끼고 또 보람을 느낄 수 있다.

사교와 교류의 장소

정원은 특정 소수만 즐기는 도락이나 취미가 아니라 수많은 사람들이 즐기고 관심을 가지는 대상이다. 정원을 매개로 이웃과 소통하고 정원을 가꾸는 동호인끼리 교류하는 것은 너무나 자연스러운 일이다. 식물을 나누어 주거나 서로 교환하는 일, 꽃이나 정원수를 기르는 방법을 서로 공유하는 일, 또 아름답게 조성된 정원을 방문하여 함께 감상하는 일까지 포함된다. 필자의 정원 '왕바다리의 생태 정원'은 그렇게 잘 꾸며지고 멋진 정원이 아님에도 전국 각지에서 적지 않은 동호인이 방문하여 정보를 공유하는 장이 되고 있다.

싱싱한 농산물 생산 농장

정원이라고 꼭 조경수와 화초, 잔디밭 등으로만 구성될 필요는 없다. 정원에 심을 만한 조경수 겸용의 과일 나무도 아주 많으며 화초와 채소를 겸하는 식물도 많으니 이들을 재배하면서 정원을 즐기는 생산 터전으로도 삼을 수 있다. 화초와 채소를 겸하는 식물로 한정할 필요도 없다. 정원 귀퉁이에 텃밭을 만들어 각종 채소를 기른다면 채소를 기르는 재미도 보고, 생산되는 채소로 건강한 식단을 차리는 일석이조의 효과를 거둘 수 있으며, 텃밭 자체도 훌륭한 정원의 구성 요소가 될 수 있다.

정원의 자연환경조건

1.

식물은 햇빛을 받아 광합성으로 필요한 양분을 만들므로 햇빛이 최소한 하루 3~4시간 이상 드는 곳이어야 식물이 제대로 자랄 수 있다.

2.

배수가 좋은 곳이어야 한다. 저습지와 같이 물 빠짐이 나쁜 곳은 수목이 자라기 어려우므로 정원 부지로는 가장 부적합한 곳이 된다. 부지가 넓거나 주변에 산이 있거나 정원 부지가 주변보다 지대가 낮을 경우에는 물이 고일 우려가 크므로 정원을 조성하기 전에 반드시 적절한 배수 시설을 갖추어야 한다.

3.

통풍이 잘 되는 곳이어야 한다. 사방이 건물이나 높은 담으로 둘러싸인 곳은 햇볕도 부족하지만 바람이 잘 통하지 않아 식물에 병해충이 생기기 쉽고 자람도 나쁘다.

4.

너무 진흙땅이거나 모래땅보다는 사질 양토가 좋다. 진흙땅과 모래땅은 적당히 객토하여 토질을 개량할 필요가 있다. 논은 대개 진흙땅이므로 특히 논을 매립하여 택지로 개발했을 때 추후에 수목을 심으면 매립토 아래쪽 진흙과의 경계에 물이 고여 나무가 고사하게 되는 경우가 많다. 따라서 객토와 배수에 각별히 유의해야 한다. 논의 경우라도 1m 이상 매립했을 경우는 크게 염려하지 않아도 된다.

정원의 규모(넓이)

"정원을 만들려면 면적이 얼마 정도면 좋은가요?"
"시골에 전원주택 부지를 구하려는데 면적이 어느 정도면 적합할까요?"

정원이나 시골 생활에 대해 필자가 가장 많이 받는 질문이다. 물론 시골에 살면 불편한 점은 없느냐 등의 질문도 많지만 그런 질문은 이 책의 방향과 다르니 생략한다. 전원주택지로서의 면적이나 정원의 면적을 이렇다 또는 저렇다 하고 딱 부러지게 이야기하기는 어려운 일이다. 사람마다 주어진 여건이 다르고 자기가 추구하고자 하는 목표도 다르기 때문이다. 또 땅값이 비싼 편인 우리나라의 경우 좋은 정원을 꾸미겠다고 하여 소시민이 무한정으로 넓은 땅을 소유하는 것도 현실적으로 어려운 일이다. 대체로 넓을수록 다양한 연출이 가능하고 여러 면에서 좋겠으나 경제적 제약이 따르기 때문에 도시주택은 50~100평, 땅값이 상대적으로 싼 시골 전원주택은 100~300평 정도면 적당하다고 본다. 물론 극단적인 정원 애호가나 식물 애호가일 경우는 1,000평 정도의 정원도 좁다고 생각할 수도 있겠지만 일반적인 사람일 경우는 정원이

500평 이상으로 넓으면 관리에 상당한 노동력과 시간이 소요되므로 자칫 부담과 스트레스가 될 수도 있다.

조경 비용

우리나라에서는 집을 짓는 사람들 대부분이 집의 내·외부 인테리어에는 비용을 아끼지 않으면서 조경에 비용을 들이는 것에는 매우 인색하다. 기껏 나무 시장에서 나무 몇 그루 사다 심는 것으로 조경을 했다고 생각하는 사람이 대부분인데 비용을 들이지 않고 제대로 된 정원을 꾸미기는 어려운 일이다. 집의 내·외부 치장에 들이는 돈을 약간 절약하고 조경에 투자하는 것이 집의 외관을 살리는 데 훨씬 효과적이다. 조경이 받쳐 주면 집도 한층 살아나게 마련이며 또 정서적인 측면에서도 유리하다. 조경은 어떻게 하느냐에 따라 그 비용이 천차만별로 다를 수밖에 없지만 전혀 돈을 들이지 않고 소기의 성과를 내기는 어렵다. 대체로 면적이 넓어지면 비용도 증가하겠지만 면적보다는 오히려 여러 정원 구성 요소에 따라 더 좌우된다고 본다. 똑같은 수종의 조경수를 심더라도 크기에 따라 비용이 몇 배씩 차이가 나며, 같은 수종에 같은 수령이라 하더라도 조경수가 얼마나 아름답고 조화롭게 가꾸어졌느냐에 따라서도 비교도 안 될 정도의 가격 차이가 발생할 수 있다. 따라서 조경비용을 주택 건축 비용처럼 평당 얼마 하는 식으로 말하기는 어려운 노릇이며 각자의 경제적 형편과 취향에 따라 제각기 달라질 수밖에 없는 게 현실이다. 참고로 정원 문화가 발달한 유럽의 경우 대개 건축비의 15~20%를 조경 비용으로 책정한다고 한다.

정원의 형식

형식에 따른 분류

자연풍경식 정원

말 그대로 정원을 자연의 풍경과 비슷하게 꾸미는 방식이다. 산기슭에 위치한 전원주택 등에 잘 어울리며 정원과 주변 자연이 함께 어우러질 수 있어 좋다. 원래 있던 기존의 수목 등을 활용하면 좋으며 그럴 경우 자연스러우면서 적은 비용으로도 꾸밀 수 있다.

정형식 정원

흔히 유럽식이라 불린다. 기하학적인 구도와 대칭적인 수목 및 공간 배치, 그리고 정형화한 수목이 기본이 된다. 부드럽고 자연스러운 선을 좋아하는 우리 정서에는 어울리기 어려우나 꽃밭 위주의 공간 구성은 가정정원에서도 응용할 수 있다.

절충식 정원

자연풍경식과 정형식을 절충한 방법으로 부분적으로 정형화된 공간과 자연스럽게 꾸민 공간이 공존하는 정원 양식이다.

유럽식 정원.

정원의 조경수에 지은 새둥지.

생태 정원

자연풍경식에서 더 나아가 자연적인 숲과 최대한 가깝게 만든 정원으로 작은 생태계를 연출하여 식물뿐 아니라 각종 동물에게도 생활공간을 제공한다. 생태 정원도 자연풍경식 정원과 마찬가지로 주변 환경이 매우 중요하며 주변에 산과 같은 좋은 자연환경이 있으면 여러 생물이 서식하는 데 보다 적합한 조건이 되어 유리하다. 정원이 어느 정도 넓어야 효과적이며 좁은 정원의 경우는 무질서하고 깔끔하지 못한 느낌이 들 수도 있다.

대전 남간정사.
창경궁 후원 춘당지.

나라에 따른 분류

한편 정원은 국가별로 봐도 그 특징이 뚜렷하다. 동양 3국의 정원은 대체로 자연풍경식에 가깝고 유럽의 정원 형식은 거의 정형식에 가깝다.

한국 정원

한국과 중국, 일본 등 동양 3국의 정원은 흔히 동양식 정원이라 부르지만 동양 3국도 서로 뚜렷이 구별되는 특징을 보인다. 우리나라의 전통 정원은 단순히 자연을 보기 좋게 꾸미는 것에 머무는 것이 아니고 여러 사상과 철학이 담겨져 있는 정신적인 면이 반영된 정원이라 할 수 있다. 유교사상, 그중에서도 특히 성리학적 요소가 많이 반영되며 또한 도가사상과 풍수학의 영향도 적지 않게 받았다.

궁궐 정원

궁궐 정원은 대체로 건물 뒤편에 후원을 조성하고 곳에 따라 연못을 파고 정자를 배치하였으며, 특히 자연 산수를 크게 훼손하지 않고 후원으로 활용한 점이 빼어난 점이라 할 수 있다. 창덕궁 후원의 숲 속으로 난 오롯한 오솔길과 자연 속에 어우러진 정자, 경복궁의 경회루와 향원정 및 교태전 후원의 화계와 꽃담, 창경궁 후원의 춘당지와 그 일대의 호젓한 숲길 등은 우리 전통 정원의 백미라고 할 수 있다.

①경주 월지(안압지)

경주 안압지는 신라시대의 조원을 볼 수 있는 유적이다. 온전히 보존되지는 못했지만 문헌과 발굴 조사 등으로 그 유구를 짐작할 수 있게 되었다. 신라 당시의 이름은 월지(月池)였으며 안압지는 조선시대에 붙여진 이름이다. 『동국여지승람』〈경주조〉와 『동사강목』에 따르면 "문무왕이 궁내에 못을 만들고 돌을 쌓아 산을 만들어 무산십이봉(巫山十二峯)을 상징하였고 화초를 심었으며 그 서쪽에 임해전이 있었다"고 기록하고 있다. 월지는 인위적으로 땅을 파내고 인공 못에 가산을 만들었던 것이다. 못의 규모는 동서 약 200m, 남북 약 180m로 자연스런 곡선 및 직선으로 된 지안(池岸)을 보여 주고 있다. 못 안에는 석축을 쌓고 흙을 채워 3개의 섬을 만들었는데 이는 삼신산을 상징한다.

경주 안압지.
부여 궁남지.

②부여 궁남지

『삼국사기』〈백제본기 무왕조〉에 따르면, "궁성 남쪽에 못을 파고 20여 리나 물을 끌어들였으며 못 속에 섬을 만들어 방장선산으로 삼았다"는 내용이 있다. 이런 기록으로 미루어 삼국시대에 이미 전통 조경에 신선사상이 반영되었음을 알 수 있다. 궁남지에는 현재 포룡정이라는 정자가 못 가운데 세워져 있고 포룡정으로 들어가는 나무다리가 놓여 있으나 이것은 후대에 만들어진 것이고 고증에 의한 것은 아니다. 현재 궁남지 일대의 전체 면적은 13,000평 정도이나 원래의 궁남지 면적은 이보다 훨씬 컸을 것으로 추정하고 있다.

③경복궁 후원

교태전 후원의 아미산

교태전은 왕비의 정침으로 후원은 경회루 방지를 축조할 때 파낸 흙을 쌓아 아미산을 조성하였다. 아미산에는 장대석을 쌓아 4단의 화계를 만들어 괴석, 석지(石池) 등을 배치하고 모란, 작약, 앵두, 산철쭉 등의 작은 꽃나무를 심었다. 단 위의 동산에는 소나무, 살구나무, 느티나무 등을 심어 아늑하게 조성하였다. 또한 아미산에는 벽돌을 쌓아 6각형으로 아름답게 만든 굴뚝 4개가 설치되었는데 굴뚝에는 당초문, 소나무, 대나무, 매화, 모란, 용, 호랑이 등의 문양(紋樣)을 한 벽돌을 만들어 붙여 장식하였다.

경복궁 교태전 후원.
경복궁 경회루.
경복궁 향원정.

경회루와 못

경회루는 조선 태종 때에 처음 지었다고 한다. 습지인 이곳에 못을 파고 못 속에는 3개의 섬을 만들었으며 그중 가장 큰 동쪽의 섬에 경회루를 지어 외국 사신의 영접 잔치나 연회 장소로 사용하였다고 한다. 못의 규모는 남북 113m, 동서 128m이며 연못의 바닥에서 물이 솟아나므로 수원을 따로 두지 않았다. 못 속의 두 섬에는 소나무가 심겨 있고 못 가장자리에는 느티나무, 회화나무 등을 심었다.

향원정과 향원지

향원지는 세조 때에 연못을 파고 정자를 지어 취로정(翠露亭)이라고 했던 것을 조선 말기에 고종이 부근에 건청궁을 지으면서 육각정인 향원정을 세웠다고 한다. 향원정으로 출입하는 나무다리인 취향교는 애초에 북쪽에 있었으나 후대에 남쪽으로 옮겼다고 한다. 못 속에는 연꽃을 심고 못가 언덕에는 느티나무, 소나무, 배나무, 참나무, 단풍나무, 회화나무 등을 심었다.

④창덕궁 후원

창덕궁 후원은 우리나라 궁궐 정원 중에서 가장 아름다운 전통 정원으로 꼽힐 만하다. 궁궐의 뒤편 야트막한 산을 훼손하지 않고 그대로 유지하면서 곳곳에 최소한의 인공을 가미하여 아름다움을 극대화하고 또 정원 조성 비용은 최소화한 지혜를 엿볼 수 있다. 창덕궁 후원은 크게 네 구역, 즉 부용지(芙蓉池) 구역, 연경당(演慶堂)과 애련지(愛蓮池) 구역, 관람정(觀纜亭) 구역, 그리고 옥류천(玉流川) 구역으로 나눌 수 있다. 처음에는 넓고 개방적인 정원인데, 후원으로 깊이 들어갈수록 보다 좁고 은밀한 정원으로 바뀐다. 각 구역은 분리되지 않고 숲과 오솔길로 매우 자연스럽게 연결된다. 부용지 구역은 그중에서도 으뜸이다. 마치 날아갈 듯이 연못을 끼고 서 있는 아름다운 부용정이 맞은편의 어수문(魚水門) 및 주합루(宙合樓)와 멋진 조화를 이루고 있다. 부용지는 네모난 연못에 중앙에 둥근 섬이 있는 방지원도(方池圓島)형인데 이는 하늘은 둥글고 땅은 네모지다는 동양 사상을 나타내는 것이다. 원도에는 아름다운 소나무 두 그루가 있어 운치를 더해 주고 있다.

창덕궁 후원 부용지.
창덕궁 후원 애련지.
창덕궁 후원 관람정.

부용지에서 북으로 발길을 옮기면 마치 사대부가를 옮겨 놓은 듯한 건물 여러 채와 멋진 연못이 나타나는데 연경당과 애련지이다. 세월이 지나도 변치 않는 돌로 된 문에는 불로문이란 이름이 새겨져 있다. 연경당 담 아래에는 괴석을

창덕궁 후원 옥류천.
창덕궁 후원 청의정과 태극정.

놓았다. 애련지는 방형 연못으로 북쪽으로는 자연적인 구릉과 맞닿아 있고 남쪽으로는 연경당의 건물과 이어져 있는데 북쪽 가장자리에는 두 발을 연못에 담그고 서 있는 애련정(愛蓮亭)이 그림처럼 서 있다. 연경당에서 구릉을 넘어서면 반도지(半島池)라는 꽤 큰 연못이 나오는데 창덕궁 후원에서 유일한 곡선형 연못이다. 그런데 이 반도지는 애초에 방형지였는데 일제강점기 때 일인들이 변형한 것이라고 하니 약간 아쉬운 면은 있으나 산속에 형성된 자연스런 연못의 모습이라 그렇게 거부감이 들지는 않는다. 반도지 서북쪽에는 연못에 접하여 특이하게 부채꼴을 한 정자인 관람정(觀纜亭)이 있다. 관람정은 정자에 앉아 연못과 주변 풍경을 잘 감상할 수 있도록 정면 중앙의 칸살을 넓게 만든 정자이다. 관람정 맞은편 언덕 위에는 승재정(勝在亭)이 있고 서쪽에는 존덕정(尊德亭)이 있어 정원을 돋보이게 한다. 과거 이곳은 왕과 신하들이 소요하며 휴식과 시를 쓰는 등의 용도로 이용하기도 하였다. 반도지에서 고개를 하나 넘어서면 후원에서 가장 은밀한 옥류천 구역이다. 옥류천의 물줄기를 따라 취한정(翠寒亭), 소요정(逍遙亭), 태극정(太極亭)과 청의정(淸漪亭) 등의 정자를 배치하였다.

사대부가 정원

사대부들의 주택 정원은 방지(方池)와 원도(圓島)를 곁들여 소나무, 매화나무, 오죽, 배롱나무, 석류나무 등을 심었고, 도가의 영향을 받아 정원에서 신선이 사는 이상세계를 구현하려 하였다. 나무를 심을 때는 자연스런 수형을 유도하여 수목의 배치 또한 자연풍경과 비슷하게 연출하고자 하였다.

①경북 달성 하엽정(荷葉亭)

하엽정은 충정공 박팽년 선생의 11대손인 삼가헌 박성수(三可軒 朴聖洙)가 1770년(영조 46)에 살림집인 삼가헌(三可軒)의 서편에 세운 정자 이름으로, 정자 앞에는 네모난 연못을 파고 연못 중앙에는 조그마한 둥근 섬을 만들었다. 연못이 하엽정의 앞뜰 대부분을 차지하고 있으며 연못 주변에는 국화, 모란, 작약 같은 꽃과 배롱나무, 회화나무 등의 나무를 심었고 연못에는 연을 심었다.

달성 하엽정.
함안 무기연당.
영양 서석지.

② 경남 함안 무기연당(舞沂蓮塘)

약 300년 전 주재성(周宰成)이 이곳으로 입향하여 꾸민 정원으로 네모난 연못에 둥근 섬을 만들고 하환정과 풍속루를 세워 꾸몄다. 연못가에는 큰 낙락장송이 있으며 섬에는 향나무 등 작은 관목을 심었다.

③ 경북 영양 서석지(瑞石池)

경북 영양군 입암면 연당리에 있는 조선시대 민가 정원으로 정자와 연못을 위주로 한다. 주일재 앞에 사우단(四友壇)이라 하여 좁은 면적의 단을 마련하여 송, 매, 국, 죽을 심었고 그 외 연못 가장자리에 약간의 조경수를 심었다. 조선 광해군 대에 석문 정영방(石門 鄭榮邦)이 조성한 것으로 중요민속자료 제108호로 지정되었다.

④ 경북 봉화 청암정(靑巖亭)

봉화군 봉화읍 유곡리에 있는 전통 정원으로 충재 권벌이 1526년(중종 21)에 건립하였다. 청암정이 있는 유곡리는 닭실마을이라고도 부르는데 풍수에서 금계포란형(金鷄抱卵形)의 길지로 알려져 왔다. 흔히 안동 하회마을, 안동 내앞마을 및 경주 양동마을과 함께 삼남 사대길지로 꼽히는 곳이기도 하다. 연못은 마을 앞을 흐르는 작은 시내인 신탄(新灘)으로부터 냇물을 끌어들여 만들었으며, 연못 중앙에는 거북이 모양의 넓은 천연 바위가 있다. 이 바위 위에 정자를 세우고 청암정이라 하였으며 연못가에는 별당을 지었다. 청암정은 돌로 다리를 놓아 건너다닐 수 있게 하였다. 현대적 감각으로 보아도 조경 센스가 매우 뛰어난, 자연과 인공의 조화가 돋보이는 전통 정원이다.

⑤무산십이봉을 본뜬 진주 용호정(龍湖亭)

경남 진주시 명석면 용산리에 있는 전통 정원으로, 연못 가운데에 정자를 짓고 주위에는 무산 12봉을 상징하는 12개의 봉우리를 조성하였다. 조원 연대는 일제강점기인 1922년으로 그리 오래되지 않았는데 만든 동기가 아름답다. 당시 여러 해 계속되는 흉년으로 기근이 심했는데 이 마을에 살던 거부 박헌경이 주민 구휼을 목적으로 연못을 파고 정원을 만드는 공사를 하였다고 한다. 요즘 말로 일종의 취로 사업이라 할 수 있는데, 관에서 주도한 것이 아니고 재산이 넉넉하고 마음이 어질었던 한 개인이 주도했던 것이다. 여름이면 연꽃과 배롱나무 꽃이 만발하여 장관이다. 정자는 작은 배를 이용하여 출입할 수 있다.

봉화 청암정.
진주 용호정.
구례 운조루.

⑥운조루

전남 구례군 토지면 오미리에 있는 사대부가 정원으로 풍수가들은 이곳을 금환낙지(金環落地)의 길지라 여겨 왔다. 낙안군수로 있던 유이주가 1776년경 집을 짓고 조원한 것으로 대문간 앞에는 네모난 못을 파고 둥근 섬을 만들어 연못에는 연을 심고 섬에는 소나무를 심었다. 전체적으로 담장 아래에 조경수를 적당히 심고 큰 사랑채 앞에는 화계를 만들어 동백, 회양목 등의 꽃나무를 심었다.

별서 정원

선비들은 거주지 인근의 풍광이 좋은 곳에 정자와 별채 등을 지어 글쓰기와 사색, 교유를 위한 공간으로 활용하였는데 이를 별서라고 한다. 대표적인 별서 정원으로 담양 소쇄원과 보길도의 부용동 정원을 소개한다.

① 담양 소쇄원

전라남도 담양군 남면 지곡리에 있다. 양산보(梁山甫)가 스승인 조광조가 훈구파의 모함으로 유배당하자 이에 충격을 받고 고향으로 돌아와 1520년부터 1557년 사이에 조성한 것으로 자연 속에 조화롭게 인공을 더한 대표적인 별서 정원이다. 산기슭에 터를 잡아 정원의 평면적인 모습은 계류를 중심축으로 하는 사다리꼴 형태이며, 기와를 얹은 직선적인 흙돌담이 외부와 경계를 이루고 있다. 전체적으로 볼 때, 계곡의 굴곡진 경사면들을 계단상으로 처리한 노단식 정원의 일종이지만, 구성면에서는 비대칭적인 산

담양 소쇄원 대봉대.
담양 소쇄원 오곡문.

담양 소쇄원 광풍각.
담양 소쇄원 제월당.

수원림(山水園林)이다. 소쇄원은 기능과 공간의 특색에 따라 애양단 구역(愛陽壇 區域), 오곡문 구역(五曲門 區域), 제월당 구역(霽月堂 區域) 및 광풍각 구역(光風閣 區域)으로 구분할 수 있다.

애양단 구역은 이 원림의 입구인 동시에 계류 쪽의 자연과 인공물을 감상하면서 산책을 즐길 수 있는 공간이다. 왕대나무숲 속에 뚫린 오솔길을 따라서 올라가면, 입구 왼편에 계류가 있고 담장 건너편 축대 위에 대봉대(待鳳臺)라는 자그마한 모정(茅亭)이 있는데, 이것은 근래에 복원한 것이다.

오곡문 구역은 오곡문 옆 담 아래 구멍으로 흘러 들어오는 계류와 그 주변의 넓은 암반이 있는 공간을 말한다. 오곡문의 '오곡'이란 주변의 암반 위에 계류가 다섯 번을 돌아 흘러 내려간다는 뜻에서 얻어진 이름이다.

제월당 구역은 오곡문에서 남서방향으로 놓여 있는 직선도로의 위쪽 부분으로 제월당이 중심이 된다. 제월당 앞에는 마당이 있으며, 오곡문과의 사이에 만들어진 매대(梅臺)에는 여러 가지 꽃과 나무를 심어 놓았다.

광풍각 구역은 제월당 구역의 아래쪽에 있는 광풍각을 중심으로 한 공간이다. 광풍각 옆의 암반에는 석가산(石假山)이 있었고, 광풍각의 뒤쪽에는 복사나무를 심어 무릉도원을 재현하려고 하였다.

②보길도 부용동 정원

완도군 노화읍 보길도에 있는 부용동 정원은 1636년(인조 14)에 윤선도(尹善道)가 이곳에 거처할 집을 짓고 그에 딸린 정자와 연못 등을 조성한 것이다. 원래 보길도는 기후가 온난하여 난대수림이 우거져 자연 경관이 무척 좋은 곳이었는데 이런 경관에 반한 윤선도가 이곳을 자신의 은거지로 삼은 것이다.

정원은 크게 세 구역으로 구성되어 있는데, 살림집이 있는 낙서재(樂書齋) 구역과, 휴식과 독서를 위해 마련한 건너편 산허리 바위 위의 동천석실(洞天石室) 구역, 그리고 동리 입구의 세연정(洗然亭) 구역이다.

낙서재는 서실(書室)을 갖춘 살림집으로 북향하고 있으며, 옆으로 낭음계(朗吟溪)라는 작은 개울이 흐르고, 낭음계의 양편에 곡수당(曲水堂)과 무민당(無悶堂)이라는 두 건물을 지었다. 이 두 건물의 곁에는 넓고 네모진 연못이 있다.

동천석실은 이 지역에서 가장 높은 곳에 있다. 부용동을 한눈에 굽어볼 수 있으며 낙서재에서 정면으로 바라보이는 산자락에 있다. 한 칸짜리 정자를 짓고 차를 마시며 시를 지었던 곳이다.

세연정 구역은 가장 공들여 꾸민 곳으로, 인공으로 물길을 조성하여 연못을 만들고 정자와 대(臺)를 지어 경관을 즐길 수 있도록 하였다. 연못은 곡지(曲池)와 방지(方池)로 구성되는데 동구를 흐르는 내를 돌로 된 보로 막아 만든 곡지에는

완도 보길도 부용동 정원 세연정.
완도 보길도 부용동 정원 세연정 계담.
완도 보길도 부용동 정원 세연정 계담의 판석보.

큰 바위들을 곳곳에 노출시켰으며, 방지에는 한쪽에 네모난 섬을 만들고 그 섬에 소나무 한 그루를 심어 놓았다. 방지의 동쪽 물가에는 돌로 된 네모진 단을 두 개 나란히 꾸며 놓았는데, 이곳은 무희가 춤을 추고 악사가 풍악을 울리던 자리이다.

부용동 정원은 윤선도가 죽자 곧 황폐화되었고, 과거의 건물은 모두 사라졌으나 최근 상당 부분을 복원하였다.

③대전 남간정사(南澗精舍)

남간정사는 조선 숙종대 문신이자 유학자인 우암 송시열이 세운 별서 겸 서당이다. 작은 계류에 걸쳐진 다리를 지나 진입하게 되는데 오른쪽에 기국제(杞菊齊)가 있고 왼쪽에는 둥근 섬을 가진 연못이 있다. 이 연못의 물은 남간정사 건물 아래를 통해 흘러들게 설계되어 있다. 우리나라 전통 정원에서 건물 아래로 계류를 흐르게 한 발상은 남간정사가 유일한 예이다.

④담양 명옥헌(鳴玉軒)

전남 담양군 고서면 산덕리에 있는 명옥헌은 조선 중기 오명중이 조성한 원림으로 명옥헌 뒷편은 낮은 야산이 후언 역할을 하고 앞에는 방지가 있고 주변에는 큰 배롱나무와 소나무가 우거져 있다. 조선시대의 전통 조경에서는 연못을 조성할 때 대개 사괴석이나 자연석으로 석축을

대전 남간정사.

담양 명옥헌.

쌓았지만 명옥헌 연지는 이런 돌축대 없이 만들어 소박하고 서민적인 인상을 준다.

지금은 고목이 된 배롱나무는 여름철에 아름다운 붉은 꽃이 경관을 빛내준다.

전통 사찰 정원

우리나라 전통 사찰은 대체로 깊은 산속에 있어 주변이 울창한 자연숲과 계류를 끼고 있으며 풍치가 좋은 곳에 자리하고 있다. 따로 조경을 하기보다는 자연의 경관과 잘 어울리게 건물을 배치하고 주변 경관을 조경으로 차용하는 데 더 치중하였다. 주변 산수가 모두 정원이 되는 것이다. 또 입지가 산속이라 협소하고 비탈지므로 조원할 공간 자체가 넉넉하지 않은 것도 별도의 조경 시설을 하지 못한 이유가 될 것이다. 계류에 면하여 정자나 누각을 세우고 공간을 구획하는 담 아래 등에는 화계를 만들어 모란, 작약, 국화 등 관목과 화초 위주로 심었다. 때로는 연못을 만들기도 했는데 의미 있는 이름을 붙이고 수행의 방편으로 삼기도 하였다.

①경주 불국사

불국사의 남쪽 진입로 변에는 자연곡선형의 아름다운 호수가 있고 자하문 앞과 옆으로는 낙락장송이 우거져 있어 불국토와 같은 아름다운 경관을 연출하고 있다. 일부 학자들은 진입로 변의 자연곡선형의 호수를 전통 조경과 맞지 않다고 주장하기도 하는데 우리 전통 조경에서 호수나 연못은 방지 아니면 원형이 일반적이기 때문이다. 원래 불국사에는 백운교 남쪽에 구품연지가 있었는데 발굴조사 결과 동서가 약 40m, 남북이 약 25m의 타원형 연못으로 밝혀졌다. 현재 구품연지는 메워져 사라졌다.

②순천 선암사

선암사는 조계산 동쪽 기슭 포근한 곳에 자리

해남 미황사, 기암과 상록수림이 병풍처럼 둘러싸고 있는 멋진 경관이다.

잡고 있는데 진입로는 청류가 끊임없이 흐르는 계곡을 따라 이어진다. 절 입구에는 승선교란 아름다운 홍예교를 틀었고 계곡 옆에는 강선루란 정자를 지어 운치를 더했다. 일주문 바로 아래에 원지를 만들었는데 삼인당이다.

전하기로 삼인당은 862년(신라 경문왕 2) 도선국사가 축조했다고 하는데 장타원형의 연못으로, 이 안에 섬이 조성되어 있다. 연못의 명칭에서 삼인이란, 제행무상인(諸行無常印), 제법무아인(諸法無我印), 열반적정인(涅槃寂靜印)의 불교사상을 나타낸다.

통일신라 때 조성한 불국사의 구품연지(九品蓮池)와 통도사(通度寺)의 구룡지(九龍池)는 타원형 연못이다. 하지만 모두 정형적인 정타원형의 윤곽선을 가지고 있다. 또 구룡지는 중앙에 가로지른 다리가 놓여 있는데, 구품연지의 형태를 이어받았을 것으로 추정된다. 이러한 점에서 선암사의 삼인당은 조성연대가 이보다 훨씬 앞선 신라시대인 것으로 추정된다.

경주 불국사 연못.
양산 통도사 구룡지.
대흥사 진입로. 울창한 숲길이 4km에 달한다.
해남 대흥사 무염지.

순천 선암사 강선루.
순천 선암사 삼인당.
순천 송광사 임경당과 우화루.

③송광사

송광사는 조계산 서쪽 기슭에 자리한 고찰로 수많은 고승을 배출하였기에 흔히 승보종찰로 일컬어진다. 일주문을 지나 진입하면 왼편으로 수림이 울창한 계곡이 이어지는데 이윽고 계곡을 건너 절로 들어갈 때는 우화각(羽化閣)이란 이름의 수상 누각을 지나게 된다. 속진을 떨치고 부처의 세계로 들어가는 길목이 이리 멋질 수가 없다. 우화각 옆으로는 맑은 계류에 걸쳐 멋들어지게 기둥을 세우고 누각과 정자를 지어 운치를 더했으니 침계루(枕溪樓)와 육감정(六鑑亭)이다. 조경을 위한 조경이 아닌 사찰에 필요한 건물을 자연의 아름다움을 이용하여 절묘하게 배치하고 조화롭게 연출하여 마치 지상에 있는 극락을 보는 듯하다.

④통도사

통도사에는 창건설화가 어우러진 구룡지가 있다. 신라의 자장율사가 절을 지을 자리를 찾아다니던 중, 취서산을 보고는 부처님이 설법을 베푼 영축산과 흡사하다 여겨 그곳에 절을 지으려 하였다. 그러나 아홉 마리의 독룡이 말을 듣지 않으매 법력으로 이들을 쫓아내고 못을 메워 계단을 세우고 절을 지었다고 한다. 그중 한 마리는 자장율사에게 순종하여 절을 지키도록 연못을 만들어 주었는데 그것이 구룡지라 한다. 이 연못은 적멸보궁과 삼성각 사이에 위치하는데 실제 용을 운운하기에는 너무 작은 규모이다. 타원형의 연못에 둥근 섬이 있고 가운데에 돌다리가 놓여 있다.

⑤대흥사

대흥사는 절로 들어가는 입구 길이 울창한 자연숲으로 이어져 있다. 약 4km에 달하는 이런 울창한 숲길은 내가 알기로는 대흥사가 유일하다. 숲을 이루는 수종도 동백, 비자나무 등 난대수종에서부터 갈참나무를 위시한 온대성 낙엽활엽수종까지 매우 다양하다. 우리 전통 사찰은 이처럼 자연숲을 이용하며 자연 그대로 자연환경을 최대한 보존하는 방식의 조경을 선호하였다. 대흥사 성보박물관 아래쪽에는 낙락장송이 드리워진 아름다운 인공연못이 있는데 이름 하여 무염지(無染池)이다. 무염지 주변에는 큰 소나무 외에 가시나무, 은행나무, 느티나무, 단풍나무, 향나무, 매실나무 등이 심겨 있다. 무염지의 조원 방식이 우리 전통 조경 방식에 맞는지는 논란이 있다.

서원 정원

서원은 명현의 위패를 모셔놓고 제사를 지내는 사당과 후학을 양성하는 교육기관의 역할을 겸한 시설이었다. 따라서 제향 공간으로서의 엄숙함과 또 유생들의 교육 및 생활공간으로서의 실용성을 겸한 시설을 갖추었다. 조경은 대개 주변 경치를 적극적으로 차경 하였고 소나무, 배롱나무, 은행나무 등을 심어 경관을 조성하고 때로 경내에 연못을 만들기도 하였다.

① 소수서원

경북 영주 소수서원은 조선 중종 대에 주세붕이 고려시대 유학자인 안향을 모시기 위해 세웠다. 숙수사란 옛 절터에 세워져 주변에 소나무를 위시한 숲이 울창하고 서원 동쪽으로는 죽계란 계곡이 흐르고 있어 자연 경관이 아주 좋다. 죽계에는 취한대란 정자를 세워 멋진 자연 경관을 즐기며 사색과 공부를 할 수 있게 하였다.

② 옥산서원

경주 안강 옥산서원은 회재 이언적을 모시기 위해 조선 선조 때 세워졌다. 서원 앞으로는 옥계란 계류가 있어 사철 맑은 물이 흐르며 옥계에는 너럭바위가 있어 휴식과 풍류를 즐기기 좋은 경관을 연출한다. 정문인 역락문과 누각인 무변루 사이에 인공 수로를 만들어 옥계의 물을 끌어들여 흐르게 하였는데 다른 서원에서는 볼 수 없는 독특한 조경이다. 서원에는 회화나무, 느티나무, 소나무, 향나무 등을 심었으며 지금은 거대한 노거수로 남아있다.

③ 남계서원

경남 함양 남계서원은 이곳 출신인 조선조 유학

옥산서원.

자 정여창을 모시기 위해 세워졌으며 조선 명종 때에 서원 앞에 흐르는 계류의 이름을 따서 남계서원이란 사액을 받게 되었다.

사당은 야트막한 구릉에 서향으로 앉았으며 조선시대 전형적인 사원 배치를 보이고 있다. 정문으로 쓰이는 누각 건물인 풍영루를 지나 좌우 대칭으로 작은 연당을 배치한 것이 이채롭다. 서원의 외곽 담장 주변으로는 소나무와 배롱나무를 심었고 명성당 뒤편의 가파른 경사지에는 5단의 화계를 조성하여 소나무와 배롱나무 등을 심었다.

남계서원.
소수서원 취한대.

서민 정원

경제적으로 비교적 풍족했던 사대부들에 비해 개화기 이전의 일반 서민들은 현대적 개념의 정원을 가꾸고 할 여유가 없었지만 그래도 나름대로 꽃을 사랑하고 식물을 가꾸었다. 시골 농가의 뜰은 대개 타작마당 등의 농사와 관련된 용도로 쓰므로 나무를 가꾸거나 꽃을 가꾸기 어려웠다. 대신 담장 아래나 장독대 주변 등의 공간을 활용하여 봉숭아, 국화, 참나리, 원추리 등의 꽃을 심어 가꾸었다. 또한 뜰이 좀 넓은 집에서는 뜰의 일부를 텃밭으로 활용하여 상추, 열무 등 다양한 채소를 가꾸기도 하였다. 텃밭은 농토가 좁은 우리나라에서 가장 바람직한 실용 정원으로 오래전부터 가꾸어 온 전통정원이기도 한 셈이다.

농가 정원.

중국 정원

중국은 동양문화의 발상지답게 정원 문화도 일찍이 꽃피워 기원전부터 정원을 꾸몄다는 기록이 있다. 중국의 정원은 도교의 신선사상을 바탕으로 삼신산 등의 이상적인 세계를 표현하고 이를 갈구하는 양식을 흔히 보인다. 자연풍경식 정원이기는 하나 괴석과 수목, 연못이나 호수, 삼신산 등을 만들고 정자에서 이를 완상하는 양식의 정원이 많다.

일본 정원

일본의 정원 문화는 한국을 거쳐 전래되었다고 하지만 나름대로 독창성을 발휘하여 일본식 정원으로 재탄생하면서 세계적으로도 그 아름다움을 자랑하고 있다. 일본식 정원은 자연풍경식 정원을 지향하면서도 엄청난 인공을 가한 것이 특징인데, 극단적인 조화미를 추구하고 가장 아름다운 자연 풍경을 연출하려는 인상을 받게 된다. 수백 년생의 낙락장송도 비계를 설치하여 정원사가 일일이 가지를 다듬고 모양을 가다듬어 자연스러운 아름다움을 만들어 내는 것이 일본식 정원의 실체요 관리 방식이라 할 수 있다. 그러나 일본의 개인 정원은 다정을 중심으로 실용적인 면을 중시하는 경향성도 보인다.

중국 정원 석교.
일본 천룡사 조원지 정원(曹源池 庭園).
유럽식 정원.

서양 정원유럽식 정원

영국, 프랑스 등 서양의 정원은 나라마다 또 지역에 따라 차이가 있겠지만 대체로 좌우 대칭을 보인다. 통일성, 규칙성이 강조되어 공간 구성을 단조롭고 획일적으로 하는 것이 특징이다. 수목은 곡간형보다는 직간형이 선호되며 나무를 다듬는 것도 나무의 본래 특성이나 개성을 살리기보다는 획일적이고 규칙적인 전지 전정을 하여 통일성을 강조한다. 정원을 가로지르는 길이나 산책로도 직선이며, 나무도 자연스러운 배치보다는 직선으로 열식하는 기하학적인 식재가 많다.

용도에 따른 분류

정원은 여러 목적을 가지므로 단순하게 용도를 구분 짓기는 어렵지만 크게 실용적인 면이 강하느냐, 관상 측면이 강하냐에 따라 관상 정원과 실용 정원으로 나누어 볼 수 있다.

관상 정원

수목과 화초, 정원석 등을 소재로 꾸며 관상이 주목적이 되는 정원이다.

실용 정원

정원에 식사와 차를 즐길 수 있는 공간을 마련하여 옥외실의 역할을 겸하거나 놀이 시설을 설치하거나, 또는 텃밭을 마련하여 채소를 기르고 과수 위주의 수목을 식재하여 실용성을 높인 정원을 말한다.

그 외에 수석을 취미로 하는 이가 수석이나 괴석을 위주로 하여 꾸민 수석 정원, 분재를 위주로 연출한 분재 정원, 또 장미나 모란 등 특정 식물을 애호하는 이가 꾸미는 장미원, 모란원 같은 다양한 소재와 용도의 정원으로 나눌 수도 있다.

정원 꾸미기 실제

정원 설계

스스로 연구하면서 자신만의 정원을 설계하는 것도 즐거운 일이다.

초보자라면 조경업체에 맡겨도 좋고, 전문가의 자문을 받아 스스로 설계하는 것도 좋다. 우리나라 사람들은 대개 가정 정원에 돈을 들이려 하지 않으므로 조경업체에서도 적극적으로 임하지 않는 경향이 있다. 예컨대 조경업체에 조경 견적이나 설계를 의뢰해 놓고는 그 비용이 아까워 실제 작업 의뢰는 하지 않는 경우가 많으므로 업체에 부탁해도 아예 외면하게 되는 것이다. 자신만의 정원을 스스로 설계하는 것도 즐겁고 보람 있는 일이지만 무턱대고 하다 보면 시행착오가 클 수도 있다. 스스로 만들 때는 다양한 정원 작품이나 사진 자료 등을 연구하여 아이디어를 얻고 전문가의 도움도 받으면서 세심하게 설계하고 만들어 가면 뿌듯하고 애착이 가는 정원이 될 수 있을 것이다.

설계에서 고려할 사항

정원 설계에서 가장 중요한 고려 요소는 주인의 취향이라고 할 수 있다. 또 가족의 구성도 중요한 요소가 된다. 어린아이가 있다면 정원 내에 그네나 미끄럼틀 같은 놀이기구와 모래밭 등을 설치하여 아이의 놀이 공간을 만들어 주는 것이 좋을 것이며, 노인이 있다면 적당한 벤치나 휴식 공간을 마련하는 것도 필요할 것이다. 젊은 세대주를 위해서는 적당한 운동 기구나 공간을 설치하는 것도 좋은 선택이 될 것이다.

경비 문제도 중요한 고려 사항이다. 값비싼 시설물이나 고가의 수목을 들이려면 상당한 비용이 들게 되므로 어느 정도의 비용으로 정원을 꾸밀지는 매우 중요한 문제다. 다음으로 정원의 주된 목적 또한 고려해야 한다. 감상 위주의 정원으로 할지, 과일이나 채소밭을 겸하는 실용적인 정원으로 할지 아니면 초화 위주의 꽃밭을 중심으로 할지, 조경수목 위주의 정원으로 할지 등도 설계 시 고려해야 할 사항이다.

정원 시공 시기

정원을 어떻게 꾸밀 것인지 구상과 설계가 끝나면 다음은 실제 정원을 만들 차례이다. 공공 정원의 경우 조성 시기에 융통성이 없는 경우가 많으므로 계절에 관계없이 공사에 들어가게 마련이지만 가정 정원의 경우 정원을 조성하는 일은 대개 시급성을 띠는 일은 아니다. 정원 시공은 주택의 완공에 맞춰 수요가 발생하지만 계절적으로 정원 시공에 어려움이 있을 수도 있다. 이럴 경우 계절의 구애를 받지 않는 공사부터 먼저 하고 계절의 영향을 받는 일은 뒤로 미루면 좋을 것이다. 정원 조성에서 가장 중요하고 핵심적인 일은 조경수를 심는 일인데 계절적으로 봄이나 가을이 좋으며 한여름이나 한겨울에는 하자가 많이 발생하므로 피하는 게 좋다.

반면에 잔디밭을 만들거나 보행로를 만드는 일 등은 계절에 관계없이 할 수 있다. 물론 잔디 심는 일도 봄철이 가장 좋지만 비교적 계절의 영향을 덜 받는 작업이라 할 수 있다. 더운 여름이나 겨울에 주택 공사가 끝나서 정원을 시공하게 되면 서두르지 말고 잔디밭 정도만 만들어 두고 조경수 식재 작업은 느긋하게 가을이나 이듬해 봄으로 미루는 게 좋다. 가을이나 봄에는 다양한 조경수를 구하기도 쉽고 가격도 상대적으로 저렴하므로 경비 절감 차원에서도 유리하다.

정원의 구성 요소

정원수

정원에서 가장 중요하고 필수적인 요소는 정원수이다. 다양한 정원수를 어떻게 배식하느냐에 따라 정원의 품격과 가치가 결정된다고 해도 과언이 아니다. 따라서 가장 신중하게 생각하고 취사선택하여 아름다운 정원을 만들려면 정원수에 대한 이해가 뒤따라야 할 것이다. 여기서는 정원을 조성할 때 필요한 조경수에 대한 기본적인 사항만 다루고 정원에 심기 좋은 정원수는 '5. 정원수'에서 다시 구체적으로 다루기로 한다.

정원수 심고 가꾸기

- 환경에 맞는 향토 수종을 식재하는 것이 좋다.
- 정원의 면적을 고려하여 나무의 수량과 크기가 결정되어야 한다. 정원이 넓은데 작은 나무만 심으면 어울리지 않으며, 또 좁은 정원에 너무 큰 나무를 많이 심어도 정원이 좁게 느껴지고 갑갑해진다. 큰 나무는 비용이 많이 들기 때문에 작은 묘목 위주로 심으려고 하는 경향이 강한데 조경수는 커질수록 조경 가치가 크게 증가하므로 너무 비용에 얽매이면 제대로 된 조경이 이루어지지 못한다.
- 햇볕이 잘 드는 정원에는 양수를, 그늘진 곳에는 음수를 심는다. 소나무 같은 강한 양수는 그늘에 심으면 제대로 살지 못하며 전나무, 구상나무, 만병초 같은 강한 음수는 햇볕이 너무 강한 곳에 심으면 고사하거나 잎 뎀 현상이 심하게 나타난다.
- 낙엽수 위주로 심으면 겨울에 쓸쓸하고 허전하다. 가능하다면 상록수 위주로 심는 것이 정원의 품격을 높여 주지만 상록수 일색이면 계절의 변화를 느끼기 어려우므로 적당히 혼합하여 식재한다.
- 꽃이 피는 나무는 개화기를 고려하여 계절별로 다양한 꽃을 볼 수 있도록 배식한다. 일반적으로 봄에 꽃이 피는 나무가 많으므로 여름 이후에 꽃이 피는 나무를 고려할 필요가 있다.
- 건물 가까운 곳은 잔디밭을 조성하면 정원이 넓어 보이고 집도 밝아 좋다. 특히 뜰이 좁은 집의 경우 잔디밭 위주로 꾸미는 것이 효과적이다.
- 잔디밭 주변은 작은 관목이나 야생화로 된 꽃밭이 어울린다.
- 집 뒤는 대개 자질구레한 살림살이 등이 놓이게 되므로 가려지는 것이 좋다. 후원의 북쪽에는 약간 큰 나무를 심어 북풍을 가리고 외부 시선을 차단한다. 텃밭을 만들 경우 후원에 만드는 것이 여러모로 편리하다.
- 특정 이미지를 가지는 정원 구성도 좋다. 예컨대 상록수 위주의 정원, 야생화 정원, 잔디밭을 위주로 한 정원, 정원석과 작은 관목 위주의 정원, 야외 테이블과 그네 등 야외 생활을 위한 정원 등으로 꾸며 보는 것도 좋을 것이다.
- 가정 정원에서는 정원이 특별히 넓지 않은 한 너무 다양한 수종을 난삽하게 심기보다는 수격과 관상 가치가 높은 소수의 조경수로 디자인하여 어느 정도 질서 정연한 것이 보기에 깔끔하다.
- 가정 정원에 과일나무를 심을 경우에는 가급적 병해충에 강한 수종을 선택해야 관리에 편하다.

정원수 옮겨심기와 관리

정원수나 과수 등의 나무 심는 시기는 크게 봄심기, 여름심기, 가을심기로 나눌 수 있다.

봄심기

봄은 식물이 휴면에서 깨어나서 다시 활동을 시작하는 시기로 대부분의 나무들은 이때가 이식 적기가 된다. 봄에는 아직 잎이 피지 않아 식물체로부터 수분의 증산은 거의 없지만 뿌리는 활동을 시작하였으므로 이식(옮겨심기)에 유리한 조건이 되는 것이다.

특히 추위에 약한 낙엽활엽수는 봄 싹트기 전이 가장 좋은 시기가 된다. 봄심기라고 해도 실제 이식 적기는 늦추위의 피해를 입지 않으면서 아직 눈이 움직이기 전이 가장 좋은 시기이다. 남부 지방은 대체로 3월 중순을 전후한 시기, 중부 지방은 3월 하순을 전후한 시기가 이식 적기이지만, 추위에 약한 난대수종이나 어린 묘는 조금 늦게 심는 것이 안전하고 추위에 강한 나무와 큰 나무는 좀 더 앞당겨 심어도 된다.

여름심기

여름은 기온이 높아 식물의 대사가 왕성한 시기이므로 잎을 통한 수분 증산량이 많은 점이 식물의 이식에 불리한 조건으로 작용한다. 그러나 공중 습도가 높은 것은 유리한 환경이 된다. 따라서 상록활엽수들은 잎에 큐티클 층이 발달하여 잎을 통한 수분 증산량은 적으면서 보다 높은 온도를 좋아하므로 여름이 이식 적기가 된다. 상록활엽수들을 봄에 이식하면 잎은 달려 있으면서 기온이 낮아 뿌리의 활력이 약하고, 또 대기가 건조하여 고사하는 경우가 많다. 그러나 초여름에 이식하면 훨씬 잘 적응한다.

여름심기의 구체적인 시기는 6월 중순부터 7월 상순경으로 이때는 새로 자란 잎이 어느 정도 여물어지고 또 공중 습도도 높아지는 시기가 된다. 이 시기는 여름 장마철과 겹치므로 이식 후 관수할 필요도 적어 관리가 편리한 이점도 있다.

그러나 낙엽활엽수와 상록침엽수 등은 여름에 이식하는 것이 가장 나쁜 시기이므로 피치 못할 사정이 있는 경우를 제외하고는 여름심기를 삼가는 것이 좋다. 꼭 이식할 경우는 강하게 전정하여 증산을 억제해 주어야 하며, 또 낙엽활엽수의 경우 잎을 대부분 훑어 내어 증산을 억제하기도 한다.

가을심기

가을이 되면 낙엽활엽수들은 단풍이 들며 이어 낙엽이 지고 휴면에 들어가게 된다. 이 시기에 수목을 옮겨 심으면 가을부터 겨울 동안 새 뿌리가 내리며 이듬해 봄에 일찍부터 나무가 활동하고 자라기 시작하므로 성장에 유리한 측면이 있다. 따라서 낙엽활엽수 중에서 추위에 강한 수종의 경우 겨울에 추위가 심하지 않은 지방에서는 가을심기가 가장 바람직하다. 또한 가을은 정원 가꾸는 일도 수월해지는 시기이므로 봄에 심는 것보다 정원 일을 분산하는 효과도 있어 유리하다. 또 이른 봄에 꽃이 피는 나무 중에서는 봄에 심으면 꽃이 제대로 피지 못하거나 이식 후 몸살을 심하게 앓게 되어 가을에 심어야 하는 종류도 있는데 모란이 대표적인 경우이다. 그러나 겨울 동안 추위와 가뭄이 심한 지역의 경우에는 가을심기보다는 봄심기가 안전하며 특히 어린 묘의 경우에는 봄에 심는 것이 좋다. 눈이 많이 오면서 겨울이 온난한 호남 지방은 겨울심기가 가장 유리한 지역이며, 겨울 동안 추위가 심한 강원도나 경북 북부 지역 그리고 겨울 가뭄이 심한 경남 지역은 봄심기가 안전한 지역이라고 할 수 있다.

나무별 옮겨심기 적기

이해하기 쉽게 정원수 종류별로 이식 시기를 다시 한 번 정리해 보자.

상록활엽수의 옮겨심기

봄 싹트기 전이나 여름 6~7월의 장마철에 하는데 6~7월에 이식하는 경우가 성적이 더 좋다.

낙엽활엽수의 옮겨심기

가을에 낙엽이 진 후부터 얼음이 얼기 전까지와 봄에 해동 후 싹트기 전까지가 이식 적기이다. 그러나 추위가 심한 곳과 겨울 가뭄이 심한 곳, 또 어린 묘목의 경우 가을심기는 고사목이 많이 나올 수 있으므로 봄심기가 안전하다.

상록침엽수의 옮겨심기

구상나무, 전나무, 분비나무, 주목 등과 같은 한대성 상록침엽수는 추위에 강하므로 이른 봄에 심는 것이 좋다. 비자나무, 금송, 나한송, 나한백, 히말라야시다 같은 추위에 약한 상록침엽수는 좀 더 늦게 추위가 가신 후의 봄에 심는다. 요즘 조경수로 인기 좋은 소나무나 반송 등은 이른 봄에 심으며 과습을 싫어하므로 아주 메마르지 않는 한 이식 후에 물을 주지 않는 게 좋으며 또 물 빠짐이 잘 되도록 약간 돋우어 심어야 활착이 잘 된다.

정원수 굴취 및 식재 방법

굴취 방법

작은 나무는 삽으로 파되 뿌리에 가급적 많은 흙을 붙여 심으면 된다. 작은 묘목은 심기도 수월하고 심은 후 쉽게 새 뿌리가 내린다. 문제는 크게 자란 나무를 옮기는 일이다. 큰 나무를 이식할 때는 일하기 좋도록 먼저 가볍게 가지치기를 하고, 아래 가지는 끈으로 묶어 작업에 방해가 되지 않도록 한다. 그런 다음 옮겨 심을 나무 주위를 둥글게 팽이 모양으로 파 들어간다. 흔

정원수 굴취.

히 분을 뜬다고 하는데 분의 크기는 옮겨 심을 나무의 뿌리목 직경의 3배 정도로 한다. 예컨대 뿌리목의 직경이 10cm인 나무를 옮겨 심을 때는 분의 직경이 30cm 정도 되게 뜨는 것이다. 물론 이식이 쉬운 나무는 이보다 약간 작아도 되고 이식이 어려운 나무는 보다 크게 뜨는 것이 좋다. 분을 뜬 후에는 분이 깨지지 않도록 고무줄이나 새끼 등으로 단단하게 감는다. 아주 큰 나무의 경우는 고무줄로 감은 후 다시 철사로 조인다.

이식이 어렵거나 아주 큰 나무의 경우는 옮겨심기 1년 전에 파낼 곳을 미리 파고 뿌리를 끊어두는 뿌리돌림을 하기도 한다. 뿌리돌림을 하면 잔뿌리가 많이 생겨 옮겨 심은 후 활착률이 높아진다.

운반

중목의 경우는 2인 1조로 분 아래에 밧줄을 걸고 메어 옮긴다. 아주 큰 나무는 크레인이나 굴삭기를 이용한다. 중장비가 들어가지 못하는 경우에는 삼발이와 체인블록을 이용하여 옮길 수 있으나 먼 거리 이동에는 시간과 노력이 많이 요구된다.

식재 방법

묘목 심기

묘목은 적당히 땅을 판 후 구덩이에 약간의 잘

정원수 운반.

썩은 퇴비를 넣은 후 퇴비가 뿌리에 직접 닿지 않도록 부드러운 겉흙을 충분히 덮은 후 심는다. 이때 퇴비의 양이 많으면 나무가 고사할 수 있으므로 양이 지나치지 않도록 주의해야 하며 초보자는 차라리 퇴비를 쓰지 않는 것이 안전하다. 묘목은 원래 심겨 있던 깊이만큼 흙이 덮이도록 심어야 하며 너무 깊게 심으면 줄기에 부정근이 생기면서 기존의 뿌리가 죽는 현상이 생길 수도 있으므로 유의한다. 묘목을 심은 후에는 나무가 흔들리지 않게 주위의 흙을 단단히 밟은 후 충분히 물을 준다.

큰 나무 심기

큰 나무는 분의 크기보다 조금 더 크게 구덩이를 파고 부드러운 겉흙으로 속을 도로 메운 후 심는다. 땅을 파면 유기질이 거의 없는 생흙이 나오게 되므로 유기질이 풍부하여 식물의 성장에 좋은 겉흙을 아래에 깔아 주는 것이다. 그러나 이때 낙엽이나 지푸라기 등이 들어가는 것은 좋지 못하다. 구덩이에 퇴비나 비료를 넣기도 하는데 자칫 양이 많으면 나무가 고사할 수 있으므로 주의해야 한다. 퇴비를 넣을 경우에는 추후에 흙이 아래로 꺼지므로 약간 돋우어 심어야 한다. 퇴비를 넣지 않더라도 나무를 심은 후 물이 스며들고 흙이 다져지면 아래로 약간 꺼지게 되므로 이를 감안하여 약간 돋우어 심어야 나중에 물이 고이는 일이 없게 된다. 대부분의 나무는 물 빠짐이 좋아야 성장이 원활하며 물이 고이는 곳에서는 뿌리의 호흡이 나빠 나무가 고사하거나 일부 가지가 마르는 일이 생기게 된다. 큰 나무도 어린 묘목과 마찬가지로 원래 심겨 있던 깊이만큼 흙이 덮이도록 해야 하며, 분의 아래에 빈 공간이 생기지 않고 흙이 잘 들어가도록 막대기로 쑤셔 가며 빈틈없이 잘 채운다. 나무를 심은 후에는 나무의 둘레에 흙을 빙 둘러 물이 흘러나가지 않도록 얕게 둑을 만든 후 물을 충분히 준다.

식재 후 관리

가지치기

나무를 옮겨 심으면서 뿌리가 상당히 절단되고 손상되었으므로 뿌리의 물 흡수 능력이 크게 감소된다. 이에 맞추어 가지도 적당히 잘라 주어야 나무가 고사하지 않고 잘 활착하게 된다.

가지를 치는 방법은 허약한 가지와 너무 강하게 자란 도장지, 그리고 밀집한 가지는 기부에서 제거하며 길게 돌출하여 자란 가지는 길이를 적당히 잘라 줄여 주면 된다. 뿌리가 많이 절단되었을 경우 가지도 그에 비례하여 많이 잘라 주는 것이 원칙이다. 흔히 처음 나무를 심는 사람들은 가지를 잘라 내는 것이 아까워 주저하게 되는데 오히려 가지를 많이 치는 것이 빨리 새 뿌리를 내리게 하여 추후에 성장이 더 좋다는 것을 잊지 말아야 한다.

삼각지주.
줄기 감기.
스프링클러.

지주 세우기

옮겨 심은 나무는 뿌리가 많이 절단되어 나무를 지탱하는 힘이 약해지므로 비바람에 흔들리거나 쓰러지기 쉽다. 바람에 나무가 흔들리면 고사의 원인이 되므로 이를 막기 위해서 튼튼한 지주를 세워야 하는데 가장 안전한 방법은 삼각지주 세우기로 세 방향으로 지주를 세워 흔들리지 않게 잘 고정하는 것이다. 작은 나무는 1-지점식 지주나 2-지점식 지주를 세워도 무방하다. 작은 나무는 1년 정도 지난 후 지주를 제거해도 되지만 큰 나무의 경우는 뿌리가 충분히 벋어 나무를 지탱할 수 있을 때까지 수년간 지주를 세워 두는 게 안전하며 매년 지주를 살펴 나무속으로 지주가 파고들지 않도록 조치하여야 한다.

줄기 감기

큰 나무를 이식할 때나 이식이 어려운 나무를 옮겨 심을 경우, 또 수피가 연약하여 이식 후 볕뎀 현상이 잘 일어나는 경우에는 줄기 감기를 하는 것이 좋다. 줄기 감기의 방법은 거적이나 새끼로 굵은 줄기를 감는 것으로, 필요할 경우에는 그 위에 다시 진흙을 바르기도 한다. 줄기 감기는 줄기를 통한 수분 증산을 억제하고 강한 햇볕에 의한 줄기의 손상을 방지하며 병충해의 감염을 막는 효과가 있다. 소나무, 녹나무류, 가시나무, 목련 종류 등에서 효과가 크다.

물주기와 멀칭

나무를 심은 후에는 충분히 물을 준다. 옮겨 심은 나무는 뿌리가 잘려 건조에 약하므로 가뭄이 들 경우 정기적으로 물을 주어 너무 마르지 않게 관리해야 한다. 또한 수분이 과도하게 증발하지 않도록 낙엽이나 짚 등으로 뿌리목을 덮어 두는 것도 좋은 방법이 된다. 이와 같이 낙엽이나 짚 등으로 덮는 것을 '멀칭'이라 하며, 멀칭은 수분 증발을 방지할 뿐 아니라 뿌리목 토양 온도가 과도하게 변화하는 것을 막고, 잡초의 발생도 막아 주는 효과가 있다.

거름주기

특히 척박한 땅이 아니라면 이식한 수목에 시비(거름주기)를 하는 것은 필수적인 일은 아니다. 그렇지만 옮겨 심은 지 두 달 정도가 지나면 어느 정도 새 뿌리가 내리므로 가볍게 퇴비를 주면 건강과 자람을 회복하는 데 큰 도움이 된다. 시비 방법은 심은 뿌리의 둘레를 약간 파서 적당량의 퇴비를 뿌리고 흙으로 덮어 주는 것이다. 화학비료는 농도가 진하므로 삼가는 게 좋고 퇴비 또한 너무 많은 양을 주면 자칫 고사할 수도 있으므로 모자란 듯이 주는 것이 좋다.

병충해 방제

나무는 옮겨 심으면 뿌리가 손상되어 양분과 수분의 공급이 부족하게 되고 따라서 건강 상태가 나빠지게 마련이다. 따라서 병해충이 발생하지 않도록 예찰을 철저히 해야 하며, 병해충이 발생했을 때에는 지체 없이 방제약을 살포하여야 한다. 소나무의 경우 나무를 옮겨 심으면 나무가 허약해져 소나무 좀에 감염되기 쉬우므로 줄기를 새끼로 감고 진흙을 발라 주면 도움이 된다. 이와 같은 줄기 감기는 해충의 침입을 예방하고 줄기를 통한 수분의 증산도 막아 일석이조의 효과가 있다.

화초

정원에는 조경수가 주가 되는 경우가 많지만 계절감을 느끼고 또 화사한 꽃을 감상하기 위해서는 꽃밭도 필요하다. 대체로 정원에서 눈에 잘 띄며 관리하기 좋은 곳에 꽃밭을 만들면 좋다. 화단 위주의 정원은 꽃이 필 때는 화사하고 아름답지만 꽃이 없는 시기는 허전하다. 그래서 지속적으로 새로운 꽃을 심거나 대체하여야 아름다운 모습을 볼 수 있으며, 조경수 위주의 정원보다는 일손이 많이 들고 신경도 훨씬 많이 쓰인다. 계절에 따라 지속적으로 변화하는 것이 장점이지만 그런 모습을 위해서는 그만한 대가를 지불해야 하는 것이다. 또한 키 작은 화초밭에는 잡초가 무성하게 자라기 쉬우므로 잡초 제거를 위해서도 조경수 위주의 정원보다는 훨씬 많은 품을 들여야 하는 것이 단점이다.

한해살이 화초일년초

봄심기 한해살이 화초

봄에 파종하여 그해에 꽃을 보는 종류로 매년 새로이 씨앗이나 모종을 준비하여 심어야 한다. 분꽃, 채송화, 백일홍, 봉숭아, 매리골드, 나팔꽃, 해바라기, 코스모스 등이 이에 속한다. 가을에 꽃이 피는 단일식물이 많지만 봉숭아나 나팔꽃처럼 여름에 피는 종류도 있다. 이런 종류는 꽃이 지고 난 후 씨앗이 여물기를 기다려 씨앗을 받아 종이봉투에 이름과 채종 날짜를 기록하여 두었다 이듬해 봄에 다시 파종하도록 한다.

매리골드.

가을심기 한해살이 화초

온대나 냉대지역이 원산지이다. 가을에 파종하여 어린 식물체가 겨울 추위에 어느 정도 노출되어야 꽃눈 분화가 일어난다. 가을에 파종한 후 온실이나 무가온 하우스 내에서 촉성재배하여 이른 봄에 꽃을 감상하는 종류가 많아 상업적 재배에서도 중요하다. 대부분 장일식물로 봄에 꽃을 피우게 되는데 특히 일시에 많은 꽃을 피워 화단이나 공원 단장 등에 많이 이용된다. 대표적인 가을심기 일년초로는, 유채, 팬지, 금잔화, 과꽃, 시네라리아, 데이지, 금어초, 프리뮬러 등이 있다. 가을에 파종 후 겨울 동안 시설 내에서 관리해야 하는 화초는 직접 기르기보다는 봄에 모종을 구입하여 화단에 심는 것이 편리하다.

여러해살이 화초다년초

숙근 다년초

숙근 다년초는 겨울 동안 지상부가 말라 죽지만 지하의 뿌리가 살아남아 매년 봄이면 다시 싹이 자라나는 종류를 말한다. 매년 파종하고 관리해야 하는 한해살이 화초에 비해 숙근 다년초는 한 번 심어 두면 매년 자라나므로 관리하기가 훨씬 쉬워 편리하다. 그러나 심은 지 3~5년 지나면 포기가 커지고 포기 사이가 좁아져 생육이 불량해지므로 봄에 파내어 포기를 나누어 심으면 번식도 되고 생육도 좋아지게 된다. 숙근 다년초로는 국화, 작약, 범부채, 초롱꽃, 매발톱꽃, 복수초, 할미꽃, 비비추, 원추리, 꽃창포, 붓꽃 등을 들 수 있다.

팬지.

상록 다년초

보다 따뜻한 온대 지방이나 난대 지방이 원산지인 식물로 1년 내내 잎이 살아 있는 종류다. 겨울에도 잎이 녹색을 유지하므로 겨울 화단의 허전함과 삭막함을 달래 주는 소재로 쓰인다. 우리나라에서 많이 심는 상록 다년초로는 새우난초(새우란), 맥문동, 수호초, 백리향, 크리스마스로즈 등이 있다.

매발톱꽃.

구근류알뿌리화초

숙근 다년초 중에서 알뿌리를 가지는 식물을 별도로 알뿌리식물이라고 부르기도 한다. 알뿌리에 양분을 저장하며 대개 습한 환경보다는 약간 마른 환경에서 잘 자란다. 대표적인 구근식물로는 참나리, 말나리, 솔나리 등의 나리류, 글라디올러스, 상사화 종류, 다알리아, 튤립, 아마릴리스, 히아신스 등이 있다.

크리스마스로즈.

야생화

산이나 들에 자생하는 식물 중 관상 가치가 있는 종류를 말한다. 야생화도 일년초, 다년초, 구근식물 등으로 나눌 수 있지만 요즘 야생화에 관심과 흥미를 가진 사람들이 많아 꽃집 등에서도 야생화만 따로 취급하는 경우도 많다. 야생화는 자생지에 따라 다양한 성질을 가진다. 개화기 또한 이른 봄부터 늦가을까지 다양하며 당연히 재배법도 제각기 다르다. 가정 정원에 심을 때는 환경에 맞는 적당한 종류를 골라서 심는 것이 좋다. 대체로 음

다알리아.

개화 시기별 야생화

봄	복수초, 앵초, 노루귀, 홀아비바람꽃, 나도바람꽃, 변산바람꽃, 만주바람꽃, 수선화, 금낭화, 깽깽이풀, 괭이눈, 수선화, 동의나물, 삼지구엽초, 양지꽃, 얼레지, 은방울꽃, 족도리풀, 천남성, 돌단풍, 민들레, 산자고, 매발톱꽃, 할미꽃, 현호색, 제비꽃, 산마늘, 붓꽃, 새우란, 금새우란, 한라새우란, 자란, 백작약, 초롱꽃, 둥굴레, 머위, 모데미풀, 나도옥잠화, 애기나리, 큰애기나리, 두루미꽃, 큰연령초, 보춘화
여름	꽃창포, 금꿩의다리, 연잎꿩의다리, 자주꿩의다리, 개불알꽃(복주머니난), 노루오줌, 맥문동, 도라지, 동자꽃, 털동자꽃, 제비동자꽃, 벌개미취, 금불초, 범부채, 원추리, 옥잠화, 상사화, 참나리, 털중나리, 말나리, 섬말나리, 패랭이꽃, 술패랭이꽃, 곰취, 비비추, 일월비비추, 백양꽃, 여름새우란, 기린초, 삼백초, 솔체꽃, 엉겅퀴, 고려엉겅퀴, 절굿대, 뻐꾹나리, 수련, 개연꽃, 남개연꽃, 약모밀(어성초), 연꽃, 가시연꽃, 노랑어리연꽃, 매화노루발, 이질풀, 박하, 무릇, 진범, 물레나물, 큰달맞이꽃, 승마, 개승마, 촛대승마, 눈개승마, 구릿대, 갯기름나물, 단풍취
가을	꽃무릇(석산), 꽃향유, 마타리, 참취, 산오이풀, 자주쓴풀, 큰용담, 금강초롱, 배초향, 각시취, 쑥부쟁이, 구절초, 감국, 산국, 해국, 왕해국, 산비장이, 용담, 잔대, 모싯대, 층층잔대, 투구꽃, 더덕, 꿩의비름, 큰꿩의비름, 둥근잎꿩의비름, 층꽃나무, 털머위, 바위솔, 연화바위솔, 좀바위솔, 궁궁이

지에서 잘 자라는 여러해살이 야생화를 나무 그늘 등에 심어 두면 잘 적응하며 잡초 발생도 억제하여 관리하기 편하다. 볕바른 곳에서 자라는 키 작은 야생화는 끊임없이 자라나는 잡초와의 전쟁에 지칠 수 있으므로 너무 많이 심지 않는 것이 좋다. 야생화도 한두 포기씩 너무 많은 종류를 심어 두면 어수선하고 관리만 힘들어지므로 계절별로 꽃이 좋은 몇 가지 종류를 선정하여 집단 재식하면 보기에도 아름답고 관리도 편하다.

여기서는 개화 시기별로 야생화 목록만을 제시하며 구체적인 재배법 등은 '6. 정원에 심기 좋은 야생화'에서 다루기로 한다.

잔디밭

가정 정원에서 가장 중요한 요소 중의 하나가 푸르른 잔디밭이다. 잔디밭은 정원이 넓어 보이게 하며 바람이 잘 통하게 하고 또 뜰에 햇볕이 잘 들게 하는 효과가 있다. 그리고 정원 조성할 때 가장 비용이 적게 드는 부분이다. 또 한 번 심어 두면 지속적으로 자라는 것도 장점이다. 물론 잡초를 제거하는 일과 잔디를 깎아야 하는 수고를 해야 하지만 조경수나 초화 관리보다는 신경을 덜 써도 된다. 또한, 잔디는 여름철 폭우에 흙이 씻겨 내려가지 않게 해 주며, 가족의 놀이터 및 휴식의 장소로도 가장 좋은 시설이다.

들잔디

우리나라 토종 잔디로 건조에 강하고 답압(사람이 밟는 것)에도 견디며 또 너무 길게 자라지 않아 관리하기 가장 손쉬운 종이다. 우리나라 잔디밭은 거의 이 들잔디를 심는다. 들잔디 중에서 개

정원석.

량종인 금잔디는 잎이 가늘고 좀 더 길고 치밀하게 자라 잔디밭이 양탄자처럼 푹신푹신하여 아이들이 뛰어놀기 좋은 잔디이다. 들잔디는 햇볕을 아주 좋아하며 그늘진 곳에서는 견디지 못한다. 또 잔디의 키가 작기 때문에 잡초의 발생이 비교적 많으며 겨울에는 잎이 말라 누렇게 변하는 것이 결점이다.

양잔디

내한성이 강하여 겨울에도 녹색을 유지하므로 한지형 잔디라고도 부른다. 양잔디는 겨울 추위는 비교적 잘 견디지만 고온다습한 여름철에는 병이 생기는 경우가 있고 또 건조에 약하므로 건조기에는 지속적으로 물을 뿌려 주어야 하는 불편함이 있다. 원래 목초로 사용되는 풀이므로 성장이 빠르고 길게 자란다. 따라서 수시로 잔디를 깎아 주어야 하지만 잡초 발생은 들잔디보다 상대적으로 적은 편이다.

정원석과 석물, 조각품

정원은 생활공간을 인위적으로 자연에 가깝게 또 아름답게 꾸미는 것이라 할 수 있다. 수목과 화초만으로도 아름다운 정원을 만들 수 있으나 여기에 보기 좋은 정원석을 곁들인다면 더욱 자연스럽고 아름다운 정원으로 완성할 수 있을 것이다. 또 지의류가 피어 세월이 켜켜이 쌓인 석물을 배치해도 좋으며 양식 주택의 경우 서양식 돌 조각품으로 장식할 수도 있다.

정원석 배석.

동자석.
들돌.

정원석의 조건

자연석이라고 모두 정원석이 될 수는 없다. 정원석은 우선 돌의 질이 좋아야 한다. 돌이 단단하고 쉽게 풍화되지 않아야 하며 색은 흰색이나 회색 같은 밝은색보다는 검은색의 돌이 무게감도 있고 주위 배경과도 잘 어울린다. 그다음으로는 돌의 형태로 자연스러운 모양이거나 특이한 형상을 가지면 좋고, 끝이 돌출되거나 가장자리가 깨진 돌은 정원석으로 좋지 못하다. 마지막으로 자연에 노출된 지 오래되어 지의류가 자연스럽게 살아 있으면 금상첨화다. 제 아무리 돌의 모양이 좋고 질이 단단하다 해도 지금 막 땅에서 캐어 내어 정원에 놓은 돌은 세월의 무게가 느껴지지 않는다.

정원석의 배석配石

바닷가든 산기슭이든 돌은 대개 몇 개씩 모여 있게 마련인데 정원석도 자연의 풍경을 아름답게 연출한다는 마음가짐으로 배석하면 좋다. 대개 1개, 2개 또는 3, 5, 7개 정도로 배열하며 둘을 짝지어 놓을 때를 제외하고는 홀수로 배열한다.
돌의 질과 모양이 최상인 경석(景石)의 경우 하나하나가 관상 가치가 충분하므로 하나씩 따로 놓기도 한다. 대개 잔디밭의 일정 구역에 정원석 몇 개를 자연스럽게 두면 보기도 좋고 잔디밭의 활용에도 지장이 없다. 정원석을 놓을 때는 흔히 정원석이 크게 보이게 하기 위해 땅 위에 그대로 두는 경우도 있는데 불안정하게 보이므로 좋지 않다. 오히려 돌의 뿌리가 땅속에 충분히 박혀야 안정감이 있고 자연스러워 보기 좋다.

석물

우리나라 전통 조경에서 가장 많이 사용된 석물은 석연지일 것이다. 석연지는 사찰이나 궁궐 등에서 연을 심을 수 있도록 만든 돌로 된 확이다. 가정 정원에서는 이러한 용도로 돌절구나 돌확 또는 돌 드므 등을 이용하면 운치가 있어 좋다. 또 골동품 가게에서 동자석이나 문인석 등을 구입하여 정원의 큰 나무 아래 등에 배치하는 것도 좋으며 그 외에도 주인의 취향에 따라 다양한 석물을 정원의 장식으로 이용할 수 있다.

조각품

서양식 정원으로 꾸밀 경우 잔디밭이나 작은 연못 주변에 돌이나 금속으로 만든 인물상이나 동물상 등으로 장식하기도 하는데 금속보다는 돌 조각품이 우리 정서에 더 어울린다.

보행로와 포석

정원이라고 전 면적에 조경수와 꽃을 심을 수 있는 것은 아니다. 땅을 구획하여 진입로와 산책로 및 관리를 위한 길을 내어야 드나들 수 있으며 그래야 추후 관리에도 편리하다. 특히 면적이 넓은 정원의 경우에는 그 필요성이 더욱 커진다. 대문에서 집으로 들어오는 주 진입로는 충분히 넓게 낼 수 있도록 고려하여야 하며 주 진입로 좌우의 정원은 일반적으로 정원의 얼굴에 해당하므로 가장 아름답게 신경 써서 꾸밀 필요가 있다. 조경수 또한 고급 수종에 모양이 좋은 것을 식재하도록 한다. 정원의 산책로는 너무 직선적으로 내는 것보다는 약간 구부러지게 내는 게 보기에도 좋고 자연스러우며 부드럽게 느껴진다. 자주 다니게 될 길 또한 길의 폭을 충분히 넓게 할 필요가 있다. 산책로나 관리용 길의 가장자리에 관목 등을 심어 낮은 울타리를 만들 경우 나무가 자라면 길이 좁아지므로 이를 감안하여 길을 좀 더 넓게 낼 수 있도록 해야 한다. 자주 다니지 않는 길은 적당히 디딤돌을 놓

벽돌로 디딤돌을 놓은 산책로.

보행로 만들기.

는 것으로 마감하여도 좋다. 디딤돌은 자연석을 사용하여도 좋고 벽돌을 사용해도 좋다. 비용이 좀 많이 들긴 하지만 지금은 사용하지 않는 옛날 맷돌을 일정한 간격으로 배열하여 디딤돌로 쓰면 운치도 있고 멋스럽다. 정원의 진입로나 산책로를 콘크리트로 마감하기도 하는데 너무 인공적이며 주위 환경에도 좋지 못하고 또 물이 스며들지 않으므로 좋지 못하다. 잔디밭을 가로지르는 산책로의 경우 벽돌 등을 적당히 배치하여 돌 사이사이로 잔디가 자라게 하면 보기에 아주 좋다.

시설물

정원에는 수목과 초화가 주가 되지만 여기에 각종 인공물을 설치하여 경관을 조성하거나 정원 생활을 즐길 수도 있다.

퍼걸러

덩굴식물을 올려 그늘진 휴식 공간을 만드는 시설로 '녹랑'이라고도 한다. 퍼걸러의 소재로는 목재 또는 철재를 사용할 수 있는데 목재는 보기에 좋으나 수명이 짧은 것이 흠이므로 가급적 방부목을 사용하면 수명이 연장된다. 퍼걸러에 올리는 식물로는 등나무가 가장 많이 이용되며 그 외에 포도나 키위 같은 덩굴성 과일나무도 사용할 수 있고 으름덩굴을 올릴 수도 있다. 남부 지방에서는 관상 가치가 높은 멀꿀이나 남오미자 같은 상록덩굴을 올리기도 하는데 겨울에도 푸른 잎이 살아 있어 보기에 좋다.

퍼걸러.

대문 앞의 아치.
돌탁자.

아치

대문에서 집으로 들어가는 진입로가 길 경우 아치를 만들어 덩굴을 올리면 단조로움을 피하고 운치를 살릴 수 있다. 아치는 대개 퍼걸러보다 규모가 작으므로 성장이 왕성한 등나무보다는 으름이나 멀꿀, 인동, 붉은인동, 마삭줄, 송악, 으아리나 외국산 클레마티스 같은 덩굴식물을 올리면 좋다.

벤치

잔디밭 가장자리나 큰 나무 아래 등에 벤치를 설치하면 휴식과 치유의 장소가 되면서 가족 간의 대화의 장소로도 활용할 수 있으며 정원의 작은 소품으로도 기능한다. 벤치의 소재는 나무, 콘크리트, 플라스틱, 철제 등 다양하게 있으나 나무가 가장 무난하며 대부분 시중에서 구입하여 설치하면 되고 솜씨가 있다면 직접 만들어 보아도 좋다.

야외탁자

야외에서 식사를 하거나 차를 마시는 장소로 야외탁자를 만들어 두면 편리하다. 흔히 의자와 탁자 일체형을 많이 만들어 쓰는데 보기에는 좋으나 출입이 불편한 것이 흠이다. 석재상에서 판석을 구입하거나 골동품 가게에서 넓은 판석형 맷돌을 구입한 후에 받침대를 설치하여 돌탁자를 만들면 비바람에 썩지도 않고 정원의 첨경이 되면서 실용적인 시설이 될 수 있다.

그네

나무 또는 철제로 만들어진 제품이 공급되고 있어 잔디밭 가장자리 등 적당한 곳에 설치하면 좋다. 아이들이 있는 경우 활용도가 높은데 때로 줄이 끊어져 사고가 날 수도 있으므로 수시로 그네 줄을 점검하여야 한다.

도시주택의 정원

도시주택의 정원은 대체로 땅값이 비싼 탓에 넓은 정원을 만들기 어렵다. 따라서 면적이 좁은 정원이 일반적이다. 또한 주변에 주택과 건물 등이 밀집해 있는 경우가 많아 바람이 잘 통하지 않으며 햇볕이 내리쬐는 시간도 부족해 수목이나 화초가 병충해의 피해를 입기 쉽다.

도시주택의 정원은 좁은 면적에서 정원을 넓게 보이게 하고 답답하지 않게 하는 데 주안점을 두어야 하며 잔디밭 위주로 구성하는 것이 좋다. 면적이 좁은 정원에 크게 자라는 나무를 심거나 밀식하게 되면 답답한 느낌이 들게 되므로 너무 크게 자라지 않으면서 고급 이미지의 조경수를 선정하여 심는 것이 효과적이다.

전원주택의 정원

전원주택 조경의 특징

전원주택도 하나의 주택이니 조경도 주택 조경과 크게 다를 바 없다. 다만 전원주택이라 하면 몇 가지 특징이 있으니 조경에도 이를 고려하는 것이 좋을 것이다. 우선 조경적인 측면에서 전원주택의 특징부터 살펴보자.

1. 주변 환경이 우수하며 대개 그 경관도 양호하다.
2. 주택의 기능뿐 아니라 외관도 중시하므로 아름답다.
3. 일반적으로 건축주들의 개성이 강하다.

키 작은 조경수로 꾸민 도시주택의 정원.

4. 도시주택과는 달리 조경에 관심이 많다.
5. 환경적 측면이 우수하다고 하지만 그 실상은 천차만별이다.

전원주택 조경의 주안점

주변 환경을 잘 활용한다.

우리 전통 조경에서는 집 주변의 경치를 조경에 이용하는 것을 차경이라 하여 적극적으로 고려하고 또 활용하였다. 고가를 답사하다 보면 마을의 입구에는 마을 숲이 조성되어 있고 뒷동산에는 낙락장송이 우거져 있는 것을 흔히 보게 된다. 뒷동산에 있는 낙락장송은 한 폭의 그림처럼 고가를 감싸서 별다른 조경이 없어도 아름다움을 선사한다. 전원주택 주변의 경관이 좋다면 이를 적극적으로 활용하는 것이 즉각적인 조경효과도 생기고 또 조경 비용도 절감되며 자연스러운 조경이 될 것이다.

옛 집터에 집을 지을 경우 기존의 수목을 활용한다.

기존에 집이 있던 곳이라면 수목에 과일나무가

포함되어 있는 경우가 많다. 이런 경우 주택 건축에 불가피한 경우를 제외하고는 가급적 기존 나무를 살려 조경에 활용한다. 주택에 나이 먹은 큰 나무가 있으면 오래된 조경의 운치를 즐길 수 있을 뿐 아니라 비용을 절감하는 효과도 있다. 물론 이 경우는 기존의 나무를 고려하여 조화롭게 수목을 배식하는 것이 바람직하다.

우람한 담장은 어울리지 않는다.

도시의 경우 벽돌이나 블록으로 담을 친 집이 대부분이다. 시골의 경우 주민이 적어 사생활 침해의 염려가 적으므로 담을 치기보다는 노출된 정원으로 하는 것이 좋다. 밖에서 정원이 훤히 보이면 지나다니는 사람의 눈도 즐거울 테고 또 바람이 잘 통하여 수목이 병충해의 피해를 덜 받고 건강하게 자라게 된다. 집 안에서도 밖이 보이면 개방감으로 정원이 넓어지는 효과를 가진다. 다만 사생활 보호를 우선시한다면 생울타리를 조성하거나 나지막하게 목제나 철제 펜스를 설치하는 것도 좋다.

천편일률적인 조경보다는 주인의 개성과 취미를 살린 정원도 좋다.

예를 들어 골프를 좋아하는 사람들의 경우 잔디밭에 간이 연습 시설을 설치한다든지, 음악 감상을 즐기는 사람의 경우 야외에 음악 감상용 스피커를 설치하여 정원 일을 하면서 음악을 즐기는 것도 좋을 것이다.

환경 친화적인 생태 정원

사람의 생활공간으로 자연을 끌어들이고 창조하는 것이 정원이라고 한다면 가장 이상적인 정원은 자연환경과 가까운 생태 정원이라 할 수 있다. 정원을 가꾸는 것은 자연과 어울리며 교감하는 고도의 취미생활이다. 따라서 조경도 사람만이 즐기는 조경보다는 여러 생물이 깃들어 살 수 있는 생태적인 조경이 바람직하다.

생태 조경에는 다음과 같은 점이 배려되어야 한다.

- 식물의 종을 다양하게 구성한다.
- 유럽식의 정형적인 조경보다는 큰 나무와 작은 나무 그리고 야생화가 함께 어우러진 자연스런 조경이 바람직하다. 이는 우리 전통 조경과도 상통하는 방식이다.
- 아주 넓은 경우는 똑같은 콘셉트로 꾸미기보

다는 기능이 다른 여러 개의 작은 구역으로 나누어 만드는 것도 좋다. 야생화꽃밭, 관목화단, 습지식물원, 소나무원, 매원, 모란원, 장미원, 연못 등으로 적당히 구분하여 조경하면 관리도 편하게 된다. 그러나 이때도 각 구역끼리 유기적으로 연결되며 너무 이질감이 들지 않게 설계하는 것이 좋으며, 각 구역 간에는 적당히 길을 내어 관리에 편하고 산책도 즐길 수 있으면 좋다.

- 새들이 좋아하는 열매 나무를 섞어 심으면 덤으로 다양한 새들을 불러 모을 수 있어 좋다. 새가 좋아하는 열매 나무로는 목련, 낙상홍, 산수유, 산벚나무, 호랑가시나무, 피라칸다, 괴불나무류, 잣나무 등을 들 수 있다.
- 나비들이 좋아하는 꽃나무나 화초를 심어 나비를 감상하는 것도 생태 정원의 큰 즐거움이 된다. 나비가 좋아하는 꽃나무로는 산철쭉, 왜철쭉, 앵두나무, 섬머라일락(부들레야), 꽃댕강 등을 들 수 있고 초화로는 꽃잔디, 유채, 나리 종류, 배초향, 큰꿩의비름, 원추리, 참나리, 들국화 종류, 솔체꽃, 매리골드 등을 들 수 있다.
- 나무 아래에 적당한 야생화들을 심으면 나무 아래가 허전하지 않으며 비가 내려도 흙이 쓸려 내려가지 않는다.

실내 정원

우리나라는 많은 사람이 도시 아파트에 사는 주거문화를 가졌다. 2019년 기준으로 우리나라 국민 중 아파트 거주자는 50%를 살짝 넘는 것으로 나타났으며 아파트 거주자 비율은 매년 증가하는 추세이므로 우리나라 주택의 대세는 아파트라고 할 수 있겠다.

아파트도 단지별로 조경을 하지만 세대별 조경은 실내로 제한된다. 따라서 여기서는 실내조경을 다루고자 하는데 실내조경은 꼭 아파트에만 국한되는 것은 아니고 개인주택이나 다세대주택에도 마찬가지로 적용될 수 있다.

실내식물의 필요성

정서함양과 실내장식

우리는 녹색식물이나 꽃을 보면 기분이 좋고 마음이 편안해진다. 실내식물은 사람의 정신적 스트레스를 해소하고 긴장을 완화시키는 효과가 있는 것으로 여러 연구에서 밝혀진 바 있다. 나아가 사람들은 식물을 가꾸면서 생리적, 심리적 안정을 얻고 또한 그 과정에서 보람과 즐거움도 느끼게 된다.

실내에 식물을 두고 기르는 또 다른 이유는 장식효과가 있다는 것이다. 벽에 아름다운 조각품이나 미술품, 사진 등을 걸기도 하는 것은 장식을 위함이다. 실내에 식물을 두는 것은 적은 비용으로 환경 친화적으로 아름답고 생기 있게 공간을 장식하는 방편이 될 수 있다.

실내 공기 정화

아파트는 주로 도시 거주민의 주거로 이용된다. 도시는 대기 오염도가 높고 실내도 오염된 외기 유입에 더하여 각종 건축재에서 발생하는 휘발성 유기화합물과 조리 때 발생하는 일산화탄소와 이산화탄소 및 미세먼지 등에 의해 공기 오염이 가중된다. 또 밀폐된 생활을 하면 거주하는 사람에 의해 공기 중 이산화탄소 비율이 증가하게 되며 산소 농도는 떨어지게 된다. 실내 식물은 이러한 여러 가지 오염물질을 정화시켜주며 광합성으로 이산화탄소를 흡수하고 산소를 방출하여 공기를 맑게 해준다.

식물은 실내 미세먼지와 벤젠, 톨루엔, 포름알데히드, 크실렌 같은 유해한 휘발성 유기화합물 및 공기 중의 세균과 곰팡이 같은 미생물 제거에도 효과가 탁월하여 친환경적인 살아있는 공기청정기 역할을 할 수 있음이 확인되고 있다.

실내 정원 만들기와 관리

주거 공간에 어느 정도 여유가 있다면 실내 정원을 만들어도 좋다. 실내에서는 대개 화분에 심은 식물을 가꾸는 게 일반적이지만 멋진 실내 정원만큼 운치를 높이기는 어려운 노릇이다. 다만 실내 정원은 거주 공간을 일정 부분 협소하게 만들게 되므로 나중에 싫증이 날 수도 있고 또 집 주인이 바뀔 때 취향에 따라서는 오히려 불편해 할 수도 있다.

실내 정원은 거주하는 사람의 생활에 최대한 불편함이 없으면서도 아름답고 쾌적함이 유지되어야 한다. 또한 식물의 성장과 유지를 위한 채광과 배수 등 고려할 요소가 일반 옥외 정원과는 다르므로 전문가의 도움을 받거나 전문 업체에 맡겨 시공하는 게 안전하며 공사를 맡길 때에는 하자 보수에 대한 계약을 잘 해두는 것도 꼭 필요하다.

화분에 심은 반려식물을 이용한 실내조경

조경이라고 해서 반드시 땅에 식물을 심어 가꾸는 것만 의미하지는 않는다. 아파트 같은 공동주택의 경우 내가 심어 가꿀 땅이 없지만 화분에 심은 식물을 이용하여 거실이나 침실 및 아이들 방을 장식하거나 또 베란다에 식물을 두어 기를 수 있다.

실내식물의 특성과 관리

실내식물의 특성

실내식물은 재배 환경 상 크기가 제한되며 너무 큰 식물보다는 어느 정도 크기 이하의 식물이 오히려 유리하다. 또한 꽃이 아름다운 종류도 많지만 대체로 꽃보다는 잎이 주요 관상 대상이 되는 경우가 많다. 자생 환경에서는 꽃이 잘 피던 식물일지라도 일조량이 부족할 수밖에 없는 실내 환경에서는 꽃을 피우기 어려운 경우가 많다. 따라서 소수의 관화식물을 제외한 대부분의 실내식물은 잎을 위주로 감상하며 또 기를 때에도 관엽식물의 시각에서 판단하는 것이 바람직하다. 또한 전통적으로 실내식물로 많이 재배되는 종류는 열대 및 아열대 식물이 주축으로 추위에 약하므로 겨울에 얼지 않게 관리해야 하는 종류가 대부분이다. 실내는 실외 환경보다 광량이 부족하므로 음지에서 견디는 식물이라는 것도 실내식물의 중요한 특징이라고 할 수 있다.

실내식물의 재배 및 관리

모든 식물의 생존과 성장에는 햇빛, 적정 온도, 물, 양분 등의 조건이 충족되어야 한다. 이들 요소 중 어느 것이라도 결핍되면 식물은 자랄 수 없다. 화분에서 재배하는 실내식물은 햇빛이 부족하고 양분 공급이 제한되는 특수한 환경이므로 사람이 지속적으로 관리하지 않으면 살아갈 수 없다. 실내식물도 기본적으로는 일반 식물이 필요로 하는 여러 환경 조건이 충족되어야 살 수 있으며 또 성장할 수 있다.

필요한 자재

화분(식재 용기)

식재 용기로는 사기 분, 토분, 플라스틱 분 등이 있는데 실내식물용으로는 장식성이 좋은 사기 분을 주로 쓴다. 플라스틱 분은 가격이 싸면서 가볍고 충격에도 잘 파손되지 않아 실용적이다. 토분은 화분에 숨구멍이 있어 뿌리가 호흡하기 좋아 식물 생리상 유리한 측면이 있으나 무겁고 파손되기 쉬운데다 요즘 찾는 사람도 적어 공급이 거의 사라졌다. 그러나 뿌리의 통기성이 아주 중요한 난초의 경우 지금도 토분을 많이 사용하고 있다.

배양토

화분 재배용 배양토는 보습력을 가지되 물 빠짐이 좋아 공기 유통이 좋아야 하며 또 적당한 양분을 보유하고 있어야 한다. 이런 조건을 충족하기 위해 대개 일반 토양을 쓰기보다는 몇 가지 재료를 혼합하여 사용한다. 가장 많이 사용하는 재료로는 피트, 버미큘라이트, 펄라이트, 마사, 모래, 발효된 톱밥, 부엽토, 밭흙 등이다. 버미큘라이트, 펄라이트 등의 재료는 가볍고 통기성이 좋으며 마사와 모래는 통기성은 좋은 편이지만 무거운 게 흠이다. 요즘에는 꽃집이나 농자재상에서 소비자가 사용하기 좋게 경량토 위주로 혼합된 배양토를 다양한 용량으로 판매하고 있으므로 이를 구입하여 사용하는 것이 편리하다.

기본적인 실내식물 재배방법

물주기

화분에 심어 재배하는 식물은 한정된 용기에 심겨 있으므로 적당하게 물을 주지 않으면 고사하고 만다. 그러나 식물의 종류에 따라서 요구하는 물의 양은 제각기 다르므로 그 요구 정도에 따라 물을 주는 것이 필요하다. 화분에 식물을 가꾸는 사람들은 흔히 물주기 3년이라고 하는데 이 말은 물주기에 능숙해지는데 그만큼 오랜 세월이 필요하단 말이니 물을 주는 것이 그만큼 어렵다는 뜻이기도 하다. 선인장을 포함한 다육식물과 난초 종류 등은 약간 마른 환경을 좋아하므로 물을 너무 자주 주지 않도록 관리한다. 반면 수분을 좋아하는 몬스테라, 양치류 등은 건조하면 잎이 마르거나 탈락하고 성장도 멎게 된다. 일반적인 식물의 경우 화분의 겉흙이 살짝 마른 후 물을 주되 일단 물을 줄 때는 식물의 종류에 관계없이 화분 바닥의 배수구멍으로 물이 충분히 빠질 정도로 흠뻑 주는 것이 좋다.

물을 너무 뜸하게 주면 식물은 성장이 억제되며 반대로 너무 자주 주면 뿌리의 호흡이 어려워 썩기 쉽고 병이 들거나 고사할 우려가 있다.

햇빛

실내식물의 경우는 대체로 반그늘에서 잘 자라는 식물이 많지만 적당한 빛의 세기는 식물에 따라 제각기 다르다. 야자 종류나 고무나무 크로톤 등은 빛이 잘 드는 창가에서 관리하고 렉스베고니아, 동양란, 아프리칸 바이올렛 등은 직사광선이 비치지 않는 환경에서 관리한다. 하지만 직사광선을 싫어하는 식물도 대부분 겨울의 약한 광선은 적당히 쬐어주면 오히려 성장이 더 좋다. 광량이 너무 부족한 실내에서는 낮 동안 LED등을 사용하여 인공조명으로 광량을 보충해주는 것도 좋다.

실내식물에 너무 강한 햇볕을 쬐면 잎이 누렇게 변하게 되거나 잎이 타는 화상을 입을 수 있으며 반면에 빛이 너무 부족하게 되면 잎이 연약해지고 도장(徒長, 줄기나 잎이 허약하고 길게 자라는 현상)하게 되므로 기르는 식물의 잎과 줄기의 상태를 보면 빛의 적정성 여부를 판단할 수 있다.

식물에 따라서는 특정 광주기에 꽃눈이 분화하는 종류도 있으므로 꽃을 보려면 광주기도 고려해야 한다. 예컨대 국화와 포인세티아 같은 단일식물은 낮이 짧아져야 꽃눈이 분화되며 반면에 페튜니아, 옥잠화 등은 장일 조건에서 개화한다.

온도

실내식물 중 다수는 열대나 아열대 원산으로 이들은 연중 15℃ 에서 25℃ 정도의 기온이 유지되는 환경에서 잘 자라는데 이 정도 기온은 아파트에서 거주하는 일반 가정의 실내 온도와 비슷하므로 대개 큰 문제가 없다. 그러나 실내라도 난방 되지 않는 베란다나 다용도실 등은 겨울에 저온에 노출될 수 있으므로 유의해야 한다. 또한 겨울 동안 장기간 집을 비우거나 하여 실내 온도가 10℃ 이하로 떨어지면 일부 식물은 동해를 입을 수 있으므로 이럴 경우에는 거실 등으로 식물을 옮겨두거나 보일러를 외출에 맞추어 실내 온도가 너무 떨어지지 않도록 조치하여야 한다.

습도

실내 습도는 온도보다 맞추기 어려운 조건이다. 대부분의 열대 및 아열대 출신 실내식물은 공중 습도가 높은 환경을 좋아하지만 분토에 적당하게 물이 공급되는 한 대기가 상당히 건조하여도 적응하여 자라게 된다. 그러나 풍란이나 석곡, 반다(Vanda) 같이 대기 중에 뿌리가 노출되는 착생식물은 특히 공중 습도에 민감하여 습도가 너무 낮은 환경에서는 재배하기 어렵다. 온실 없이 주거 공간에서 이런 착생식물을 재배할 때는 나무나 돌에 붙여 기르기보다는 물이끼로 화분에 심는 것이 관리에 편리하다. 높은 습도를 요구하는 식물의 경우 소형 분무기로 수시로 식물체에 분무해 주면 좋다.

비료(양분)

식물은 햇빛을 받아 광합성이란 과정으로 물과 공기 중의 이산화탄소로부터 유기물을 합성할 수 있지만 식물체를 구성하는 여러 무기 원소는 환경으로부터 공급받아야 한다. 식물체를 구성하는 원소에는 40여 종이 있으며 그 중, 탄소와 산소는 공기로부터, 수소는 물로부터 얻고 나머지는 대부분 토양에서 얻는데 이들은 물에 녹은 채로 뿌리를 통해 흡수한다. 이 원소들 중에서 식물체가 가장 많이 필요로 하는 질소, 인산, 칼리를 비료의 3요소라고 부르며 비료는 대개 이들 성분을 공급하게 되며 나머지 다른 원소들은 아주 적은 양이 필요하므로 미량요소라 부른다. 미량요소는 자연에서는 결핍되는 일이 적으나 화분에서 재배하는 식물의 경우 미량요소 결핍으로 인한 장애나 성장 억제도 나타날 수 있으므로 이 역시 유의해야 한다.

화분에 재배하는 실내식물은 심은 후 6개월 내지 1년 정도 지나면 대체로 화분 내 토양의 비료 성분이 고갈되므로 이를 보충해주어야 지속적인 성장을 하고 또 건강한 모습을 유지할 수 있다.

화분에 심어 재배하는 실내식물은 실내에서 관리하는 특성 상 논밭의 작물이나 정원의 정원수나 화초에 주는 비료를 그대로 적용하기 어렵다. 그 이유는 화분이라는 제한된 적은 양의 토양에 식물이 심겨져 있으므로 정원용이나 작물용 비료를 그대로 주면 비료가 너무 진하여 심각한 피해를 입거나 고사하기 쉽기 때문이다. 따라서 원예용으로 제조된 농도가 낮은 비료를 사용하는 게 일반적이다. 농도가 묽다고 하지만 이 비료 역시 사용 방법에 따라 적당하게 희석하여 사용해야 한다. 가장 대표적인 원예용 비료로 하이포넥스가 있는데 분말 및 액비로 공급되고 있다. 이런 원예용 비료를 2,000~3,000배의 물로 희석하여 식물 성장기에 1주일 내지 열흘에 1회씩 주면 좋다. 식물의 성장이 멈추는 겨울이나 한여름에는 비료 주기를 삼가는 것이 좋다. 처음 비료를 주는 사람들은 너무 묽게 희석하는 것에 회의를 느끼고 진하게 주려는 경향이 있는데 비료는 진하게 주면 부작용이 생기거나 고사할 수 있으므로 절대로 진하게 주면 안 된다는 것을 잊지 말아야 한다.

화분 식재 및 화분갈이 방법

a. 먼저 심을 식물의 크기를 감안하여 적당한 크기의 화분과 배양토를 준비한다. 화분 크기는 식물의 뿌리가 적당히 들어가고 약간의 여유가 있는 정도가 좋다. 기존에 심겨진 식물을 화분갈이 할 때는 그 동안의 성장 정도에 따라 기존 화분을 쓰거나 또는 이전보다 조금 큰 화분을 준비한다.

b. 화분에서 식물을 뽑아낸다. 화분에 심은 지 오래된 식물은 때로 뿌리가 꽉 차서 잘 빠지지 않는 경우도 있는데 이럴 경우 화분을 거꾸로 하여 화분의 가장자리를 돌아가면서 주먹으로 툭툭 치면 빠지게 된다.

c. 뽑아낸 식물에서 배양토를 털어내고 뿌리를 정리한다. 배양토는 3분의 2 정도를 털어내고 3분의 1은 그대로 뿌리에 붙여 두어야 심은 후 빨리 안정되고 몸살을 적게 한다. 배양토를 털면서 썩은 뿌리는 모두 잘라버리며 길게 자란 뿌리는 약 3분의 1 정도를 잘라 줄인다. 뿌리를 모두 그대로 붙여 심어야 하는 줄 아는 사람이 많은데 그러면 뿌리가 자랄 공간이 부족하여 오히려 좋지 못하다. 묵은 뿌리를 자르면 새 뿌리가 내리면서 이전보다 더 성장이 왕성해지게 된다. 그러나 난초 종류나 1년생 식물은 대체로 썩은 뿌리만 제거하며 살아있는 뿌리를 제거할 필요는 없다.

d. 화분 밑바닥에 화분 조각이나 자갈, 굵은 마사 등을 적당히 깔아준다. 바닥에 화분 조각 등을 깔아주면 화분 구멍으로 흙이 흘러내리지 않게 하면서 화분 내 통기성을 좋게 해준다.

e. 식물을 화분에 넣고 준비한 배양토로 뿌리 사이사이에 흙을 잘 채운다. 막대기 등으로 쑤셔가면서 채우면 빈틈없이 채울 수 있다.

배양토는 화분 끝까지 채우지 않고 손가락 1~2마디 정도 여유를 두고 채운다.

f. 배양토를 채운 후에는 표면을 잘 고르고 그 위에 굵은 마사나 작은 자갈 등으로 덮어 마감하면 깔끔하고 보기 좋다. 마감 후에도 화분 테두리 아래에는 손가락 1마디 정도 여유가 있어야 물을 줄 때 화분 밖으로 물이 흘러 넘치지 않아 관리하기 편하다.

g. 만약 아주 큰 식물을 심었을 경우에는 식물의 뿌리가 흔들리지 않게 식물을 끈으로 십자 모양으로 묶은 후 화분에 돌려 묶어 준다.

h. 다 심은 후에는 물뿌리개로 물을 흠뻑 주고 1주일 정도 바람과 직사광선이 맞지 않는 곳에 두어 안정시킨다.

실내식물의 번식

식물 가꾸는 일에서 번식하여 늘리는 일만큼 큰 즐거움도 없다. 새로운 종류를 얻는 방법이 되기도 하며 또 한두 그루를 여러 그루로 늘려 심기도 하고 불린 식물을 이웃과 나누는 재미도 식물을 재배하는 큰 즐거움 중 하나이다. 식물의 번식법은 정원수 번식법에서 자세히 설명하기로 하고 여기서는 실내식물에 국한된 내용만 다루기로 한다.

실내식물은 주로 무성번식에 의하며 삽목이 가장 주된 번식 방법이 된다. 삽목할 때 조경수와 차이 나는 점은 조경수의 경우 주로 봄과 여름에 많이 하지만 실내식물은 열대 및 아열대 출신이 대부분이라 봄보다는 기온이 높은 6~7월이 삽목 적기가 된다는 점이다. 물론 봄에도 적당한 온도가 유지된다면 실내식물의 삽목이 얼마든지 가능하다.

구체적인 삽목 방법은 조경수 번식법에서 참고하면 되며 다만 실내식물의 경우 적당히 잎을 붙여 삽목하는 것이 잎이 없는 경우보다 발근이 더 빠르며 추후 성장에도 유리하다.

엽삽과 엽병삽

실내식물 중에는 잎을 따서 꽂거나 잎자루 채 잎을 따서 꽂아도 뿌리와 새싹이 생겨 새로운 식물체로 발달하는 종류도 있다.

실내에서 기르는 다육식물 종류인 크라슬라, 칼랑코에, 페페로미아 등의 경우 엽삽이 잘 되는데, 충분히 자란 잎을 따서 화분 위에 얹어두거나 잎의 기부를 살짝 묻어두면 잎의 기부에서 뿌리와 눈이 형성되어 새 포기를 이루게 된다. 또한 베고니아 렉스를 포함한 일부 베고니아 종류는 잎을 토막 내어 기부를 모래에 꽂아두면 뿌리와 새 눈이 자라 포기를 형성하게 된다. 아프리칸 바이올렛의 경우 잎자루를 붙여 잎을 꽂는 엽병삽으로 새 포기를 얻을 수 있다.

그러나 대부분의 식물에서는 조직배양이 아닌 한 이미 존재하고 있는 눈에서만 발아가 가능하므로 눈이 없는 가지를 잘라 꽂으면 뿌리가 내리더라도 싹이 트지 않는다.

아레카야자 *Dypsis lutescens* 야자과

성상	상록 소교목
관상 부위	잎
원산지	동남아 및 중남미 열대와 아열대 지방
최적온도/내한온도	20~27°/15°C 이상
번식	포기나누기, 종자
광선 요구도	중-강
관리 난이도	쉬움
물주기	많이 줌++

흔히 황야자라고 불리는 인기있는 야자수로 아름답고 우아하며 기품있는 식물이다. 땅속줄기에서 새로운 줄기가 자라나므로 가정에서도 번식이 쉽다.

밝은 실내에서 두는 것이 좋으며, 실온이 유지될 경우 비료는 2~3주에 1회 정도씩 2,000배로 희석한 하이포넥스를 주면 좋다. 잎과 줄기에서 흔히 소금물이 분비되는데 이는 토양 속에 있는 소금을 흡수하여 방출하는 것으로 화장지로 닦아서 제거해주는 것이 좋다.

포름알데히드, 크실렌, 톨루엔 등의 휘발성 유기화합물 제거 효과가 뛰어나며 증산능력이 좋다.

관음죽 *Rhapis excelsa* 야자과

성상	상록 소교목
관상 부위	잎
원산지	중국 남부, 타이완
최적온도/내한온도	20~27°/15°C 이상
번식	포기나누기, 종자
광선 요구도	중-강
관리 난이도	쉬움
물주기	많이 줌++

중국 남부 원산으로 인기 좋은 실내식물이다. 잎의 길이가 짧고 폭이 넓은 품종, 잎에 황색 무늬가 든 품종 등은 특히 인기가 높다. 성장은 느린 편이고 땅속줄기로 증식한다. 실내에서는 밝은 곳에 두며 물은 충분히 주는 편이 좋다. 잎이 넓어 잎에 먼지가 앉기 쉬우므로 때때로 화장실로 옮겨 샤워기로 강하게 분무하여 잎의 먼지를 씻어주면 실내 공기정화에도 효과적이고 성장에도 좋다. 거름은 하이포넥스 2,000배액을 성장기인 봄부터 여름 사이에 4주에 1회 정도 시여하면 좋다.

포름알데히드와 암모니아 제거 효과가 특히 좋은 공기정화식물로 잎이 넓고 잎의 양도 많아 실내 습도 유지에도 매우 효과적이다.

인도고무나무 *Ficus elastica* 뽕나무과

성상	상록 소교목
관상 부위	잎
원산지	인도, 말레이시아, 동남아시아 일대
최적온도/내한온도	20~30°/10℃ 이상
번식	꺾꽂이
광선 요구도	중
관리 난이도	쉬움
물주기	많이 줌++

인도를 위시한 동남아시아 원산으로 많이 재배하는 인기 좋은 실내식물 중 하나이다. 열대지방에서는 고무의 원료가 되는 라텍스를 생산하는 용도로 재배하기도 한다.

온도가 높고 충분한 빛을 받는 조건에서 잘 자라며 성장기에는 하이포넥스 2,000배 용액을 2~3주에 1회씩 준다. 번식은 꺾꽂이로 하는데 줄기에 한 장씩의 잎이 달리게 마디를 잘라 모래나 마사에 꽂아 2개월 정도 관리하면 뿌리가 내리기 시작한다. 꺾꽂이할 때 잎이 너무 크면 절반 정도를 잘라버리거나 잎을 둥글게 말아 끈으로 가볍게 묶어두면 증산량이 감소하므로 발근율을 높일 수 있다. 모래나 마사 대신 물병에 꽂아도 되는데 이 경우 가지 전체를 꽂는 게 나으며 잎을 자르지 않아도 된다. 뿌리가 충분히 내린 삽목묘는 잎겨드랑이에서 눈이 돋아 싹이 자라기 시작하므로 이 때 화분에 정식하면 된다.

인도고무나무는 특히 포름알데히드 제거 능력이 뛰어나므로 새집 증후군 예방에 효과적이다.

대나무야자 *Chamaedorea seifrizii* 야자과

성상	상록 소교목
관상 부위	잎
원산지	멕시코
최적온도/내한온도	20~27°/15℃ 이상
번식	포기나누기, 종자
광선 요구도	강
관리 난이도	쉬움
물주기	많이 줌+++

중미 멕시코 원산으로 줄기가 마치 대나무를 닮았다. 줄기가 가늘고 길게 자라며 잎은 좁고 긴 편이다. 땅속줄기로 번식하며 성장이 빠르고 크게 자라는 편이므로 좁은 공간에 두기는 다소 불편하며 넓은 거실이나 현관 등에서 기르기 좋은 식물이다. 광량이 부족하면 줄기가 곧게 자라지 못하고 휘어지므로 관상 가치가 떨어진다. 여름철 성장기에는 하이포넥스 2,000배액을 3주에 1회씩 시여하면 좋다.

포름알데히드, 트리클로로에틸렌, 벤젠 등의 휘발성 유기화합물 제거 능력이 뛰어나며 증산량이 많아 겨울철 실내 습도 유지에도 좋다.

번식은 분주와 종자로 하는데 검게 익은 열매를 따서 파종하면 잘 발아한다.

드라세나 콤팩타 *Dracaena deremensis* 'Virens compacta' 아스파라거스과

성상	상록 소교목
관상 부위	잎, 꽃
원산지	아프리카
최적온도/내한온도	16~25°/12℃ 이상
번식	꺾꽂이
광선 요구도	중
관리 난이도	쉬움
물주기	많이 줌+++

드라세나 콤팩타는 개업 선물로 인기 좋은 행운목과 같은 속의 서로 다른 종으로 성질과 재배법은 행운목과 거의 비슷하다.

잎이 아름다워 실내식물로 이미 많이 이용하고 있으며 거기다 포름알데히드와 벤젠 등 휘발성 유기화합물 제거 능력도 좋아 실내 공기정화식물로 아주 좋은 식물이다. 또한 증산작용이 왕성하여 겨울철 실내 습도 유지에 효과가 있다.

번식은 꺾꽂이로 하는데 잎이 달린 줄기 뿐 아니라 잎이 떨어지고 없는 묵은 줄기를 사용해도 된다. 모래나 마사에 꽂아도 되지만 깨끗한 물에 꽂아 두어도 뿌리가 잘 내린다.

아이비(헤데라) *Hedera helix* 두릅나무과

성상	상록만경
관상 부위	잎, 열매
원산지	유럽
최적온도/내한온도	20~25°/0℃ 이상
번식	꺾꽂이, 포기나누기, 종자
광선 요구도	강
관리 난이도	쉬움
물주기	많이 줌+++

상록덩굴식물로 우리나라에 자생하는 송악과 같은 속으로 성질이나 재배법 또한 송악과 흡사하다. 주로 실내식물로 이용하지만 우리나라 남부지방에서는 노지 재배도 가능하다.

성장 속도가 매우 빠른 덩굴식물로 화분 재배할 때는 화분에 철사로 원통형의 지주를 세워 기르거나 천장이나 벽면에 화분을 매달아 늘어뜨려 운치를 즐길 수 있다.

공기 중의 포름알데히드와 벤젠을 효과적으로 제거하며 증산작용이 왕성하여 겨울철 실내습도 유지에도 좋은 효과가 있다.

번식은 꺾꽂이, 포기나누기로 하며 꺾꽂이로 뿌리가 아주 잘 내린다.

피닉스야자 *Phoenix roebelenii* 야자과

성상	상록관목
관상 부위	잎
원산지	동남아시아
최적온도/내한온도	20~25°/15℃ 이상
번식	종자
광선 요구도	중
관리 난이도	쉬움
물주기	많이 줌++

동남아시아에서 자라는 키 작은 야자 종류로 성장은 느린 편이다. 수자(樹姿)가 우아하고 기품이 있는 고급 실내식물로 꼽힌다. 성장 속도가 느리며 거실이나 현관 등에 배치하면 좋으며 실내에서는 밝은 곳에 두는 게 좋지만 낮은 광량의 조건에서도 잘 적응한다.

크실렌, 포름알데히드, 톨루엔 등의 유기화합물 제거 능력이 뛰어나 실내 공기정화식물로 아주 좋은 식물이다.

번식은 종자로 하지만 실내 재배에서 결실하기는 어려우므로 일반인들이 번식하기는 어렵고 꽃집에서 구입하여 기르게 된다.

스파티필럼 *Spathiphyllum* 'Mauna Loa' 천남성과

성상	상록다년초
관상 부위	잎, 꽃
원산지	중미, 동남아 열대 지방
최적온도/내한온도	15~25°/10°C 이상
번식	포기나누기
광선 요구도	중
관리 난이도	쉬움
물주기	많이 줌+++

화분 재배도 많이 하고 실내 정원용으로도 인기가 높은 식물이다. 잎도 아름답지만 불염포도 나름대로 관상 가치가 있다. 비교적 가격이 저렴하고 대중적인 실내식물이지만 포름알데히드, 트리클로로에틸렌, 벤젠, 아세톤, 크실렌, 암모니아, 메탄올 등 여러 종류의 휘발성 유기화합물 제거 능력이 우수하여 뛰어난 공기정화식물로 꼽힌다.

번식은 포기에서 생겨나는 작은 포기를 떼어 심는 분주로 한다.

식물이 옥살산칼슘 결정체를 함유하여 사람이나 반려동물에 약한 독성을 가지므로 잎을 먹으면 안 되며 또 식물의 즙액이 피부에 묻으면 자극성 피부염을 일으킬 수 있으므로 주의한다.

행운목 *Dracaena fragrans* 'Massangeana' 아스파라거스과

성상	상록 소교목
관상 부위	잎, 꽃
원산지	열대아프리카
최적온도/내한온도	16~27°/15°C 이상
번식	꺾꽂이
광선 요구도	중
관리 난이도	쉬움
물주기	많이 줌+++

개업 선물로 최고 인기식물 중 하나인 행운목은 드라세나의 한 종류이다. 앞에서 설명한 드라세나 콤팩타와 같은 종의 서로 다른 품종으로 성질과 재배법도 거의 동일하다.

잎이 큰데다 무늬가 있어 매우 아름답고 포름알데히드, 크실렌, 톨루엔, 암모니아 등의 휘발성 유기화합물 제거 능력도 좋아 실내 공기정화식물로 아주 적합한 식물이다. 또한 큰 잎을 통한 증산작용도 강하여 겨울철 실내 습도 유지에 탁월한 효과가 있다.

번식은 꺾꽂이로 하는데 잎이 달린 줄기 뿐 아니라 잎이 떨어지고 없는 묵은 줄기를 사용해도 된다. 모래나 마사에 꽂아도 되지만 깨끗한 물에 꽂아 두어도 뿌리가 잘 내린다.

싱고니움 *Syngonium podophyllum* 천남성과

성상	상록다년초
관상 부위	잎
원산지	중남미
최적온도/내한온도	20~25°/15℃ 이상
번식	포기나누기, 꺾꽂이
광선 요구도	중-약
관리 난이도	쉬움
물주기	많이 줌+++

상록다년초로 큰 잎과 튼튼한 잎자루를 가졌다. 대중화된 실내식물로 값싸고 구하기 쉬운 것도 장점이다. 고온다습한 환경을 좋아하므로 공중습도가 높은 여름을 제외한 계절에는 수시로 분무해 주면 좋다. 비료는 성장기에 월 1회 정도 액비를 준다. 근경에서 새 싹이 돋아 많은 줄기가 형성되는데 번식은 이 줄기를 떼어 심으면 된다. 포름알데히드와 암모니아 제거 능력이 좋으므로 화장실 등에 두면 좋다. 잎이 많고 증산 작용도 활발한 식물로 실내습도 유지에도 아주 효과적인 식물이다.

식물체에 옥살산 칼슘 결정이 있어 즙액이 피부에 닿으면 화끈거림과 염증을 일으킬 수 있으며 눈에 들어갈 경우 시력에 손상을 일으킬 수 있다.

테이블야자 *Chamaedorea elegans* 야자과

성상	상록관목
관상 부위	잎
원산지	멕시코 남부, 과테말라
최적온도/내한온도	20~25°/15℃ 이상
번식	종자
광선 요구도	중-약
관리 난이도	쉬움
물주기	많이 줌++

수관이 좁은 편인데다 나무가 크게 자라지 않으므로 화분에 심어 재배할 때는 단식하기보다는 여러 포기를 몰아 심어 재배하는 게 보기 좋다. 테이블야자와 흡사한 아레카야자는 근경에서 잘 분얼하는데 반해 테이블야자는 분얼 능력이 없어 번식은 종자로 해야 한다. 유리창 너머의 직사광선도 싫어하므로 커튼 아래에서 재배하거나 그늘에 두어야 한다. 키 작은 나무도 꽃을 피우곤 하는데 꽃은 별다른 관상 가치도 없고 식물의 성장력만 해치므로 꽃대가 보이면 잘라주는 게 좋다. 생육기에는 액비를 적당히 희석하여 3~4주에 1회씩 준다.

포름알데히드와 암모니아 제거 효과가 좋으므로 화장실에 두어도 좋은 식물이다.

벤자민고무나무 *Ficus benjamina* 뽕나무과

성상	상록교목
관상 부위	잎
원산지	동남아시아, 호주
최적온도/내한온도	16~27°/15°C 이상
번식	꺾꽂이
광선 요구도	중-강
관리 난이도	쉬움
물주기	많이 줌++

작고 아름다운 잎으로 인기 좋은 실내식물이다. 통풍이 나쁘면 잎과 줄기에 때로 깍지벌레가 생길 수 있다. 깍지벌레는 살충제로 구제할 수 있으나 물티슈 등으로 감염 부위를 수시로 문질러 제거해도 된다. 비교적 많은 광선을 요구하며, 번식은 가지를 잘라 꺾꽂이하면 쉽게 뿌리가 내린다.

포름알데히드, 크실렌, 톨루엔, 아황산가스, 암모니아 제거에도 효과적이어서 실내 공기정화용으로 좋다. 라텍스 알레르기가 있는 사람이 벤자민고무나무 수액에 접촉할 경우 심할 경우 아나필락시스성 쇼크에 빠질 수도 있다. 식물체에도 독성이 있어 잎을 먹을 경우 구토, 현기증, 설사 등을 일으킬 수 있다.

대엽쉐프렐라 *Schefflera actinophylla* 두릅나무과

성상	상록교목
관상 부위	잎, 꽃
원산지	호주, 뉴질랜드, 뉴기니, 자바
최적온도/내한온도	18~28°/13°C 이상
번식	꺾꽂이
광선 요구도	중
관리 난이도	쉬움
물주기	많이 줌+++

다양한 실내 환경에서 잘 적응하며 잎이 아름다워 인기가 좋은 식물이다. 다만 잎과 줄기에 깍지벌레 등의 해충이 잘 생기는 게 흠인데 물티슈로 수시로 잎과 줄기를 닦아 주면 예방과 방제가 된다. 성장이 빠르므로 생육기에는 액비를 3주에 1회 정도 주면 좋다. 번식은 꺾꽂이로 하는데 기온이 높고 습도가 높은 여름에 하면 잘 된다. 잎이 있는 끝가지 뿐 아니라 잎이 없는 줄기를 꽂아도 뿌리가 잘 내린다.

포름알데히드 제거 효과가 우수하며 잎이 넓고 커서 증산작용이 왕성하여 실내 습도유지에도 매우 효과적이다. 조직 내에 옥살산칼슘의 결정을 가져 사람과 동물에 유독하므로 잎이나 줄기를 씹거나 먹지 않도록 해야 한다.

꽃베고니아(사철베고니아) *Begonia semperflorens* 베고니아과

성상	상록다년초
관상 부위	잎, 꽃
원산지	열대 아메리카
최적온도/내한온도	17~27℃/8℃ 이상
번식	포기나누기, 꺾꽂이
광선 요구도	중-강
관리 난이도	쉬움
물주기	아껴 줌+

대부분의 베고니아 종류는 음지에 잘 적응한 식물이지만 꽃베고니아는 보다 강한 광선을 요구하며 여름철 직사광선에서도 잘 견딘다. 우리나라에서는 플라워 박스나 화분 등에 심어 도로변, 공원 등의 장식에 많이 이용한다. 줄기와 가지가 많이 생기고 밀집하여 자라며 꽃도 아주 많이 핀다. 꽃은 자라면서 지속적으로 피어 감상 기간이 무척 길다. 번식은 꺾꽂이 및 포기나누기로 한다. 잎과 줄기가 많은 수분을 함유하는 다육질이어서 건조에 잘 견디므로 물을 너무 자주 주지 않도록 한다.

포름알데히드 제거 능력이 좋은 식물로 알려져 있고 증산작용에 의한 습도 유지 효과도 크다.

필로덴드론 셀로움 *Philodendron bipinnatifidum* 천남성과

성상	상록관목
관상 부위	잎, 꽃
원산지	남미 열대지방
최적온도/내한온도	15~27℃/10℃ 이상
번식	꺾꽂이, 종자
광선 요구도	중-강
관리 난이도	쉬움
물주기	많이 줌+++

원산지에서는 땅에 뿌리를 내리고 자라거나 나무에 착생하여 자라기도 하며 줄기에서 기근이 벋어 식물체를 지탱하게 된다. 볕바른 곳에서도 잘 자라지만 약한 광선 하에서도 잘 견디므로 실내식물로 기르기 쉽다. 중성 내지 약한 알칼리성 토양을 좋아하지만 염분 농도가 높은 토양에서는 견디지 못한다.

번식은 종자 및 꺾꽂이로 한다. 공기 중의 포름알데히드 제거 능력이 좋으며 잎이 넓고 면적이 커서 수분 증산이 왕성하여 실내 습도 유지에도 아주 효과적인 식물이다.

식물체에 옥살산칼슘 결정이 있는 유독식물로 먹거나 잎을 씹으면 안 된다.

산세비에리아 *Sansevieria trifasciata* 'Laurentii' 백합과

성상	상록다년초
관상 부위	잎, 꽃, 열매
원산지	서부 열대아프리카
최적온도/내한온도	18~27°/15°C 이상
번식	포기나누기, 꺾꽂이, 종자
광선 요구도	중-강
관리 난이도	쉬움
물주기	적게 줌

줄기는 땅속으로 뻗으며 잎은 마치 긴 칼처럼 생겼다. 잎과 줄기는 다육질로 많은 양의 물을 저장할 수 있어 건조한 환경에 잘 적응한다. 따라서 물을 자주 줄 필요가 없으며 너무 자주 주면 뿌리가 썩을 수 있다. 낮에는 기공(식물이 호흡하고 기체 교환을 하는 잎에 있는 현미경적인 미세한 구멍)을 닫고 밤에 기공을 열어 이산화탄소를 흡수하고 조직에 축적된 산소를 방출하므로 침실에 두면 아주 좋은 식물이다. 번식은 잎을 잘라 꽂는 꺾꽂이와 땅속줄기를 잎과 함께 나누어 심는 포기나누기로 할 수 있다. 다만 꺾꽂이로 번식할 경우 무늬가 있는 품종은 무늬가 사라질 수 있다. 포름알데히드 제거 능력이 뛰어난 것으로 알려져 있다.

필로덴드론 에루베센스 *Philodendron erubescens* 천남성과

성상	상록만경
관상 부위	잎, 꽃
원산지	콜롬비아
최적온도/내한온도	18~25°/15°C 이상
번식	꺾꽂이, 포기나누기, 종자
광선 요구도	중-약
관리 난이도	쉬움
물주기	많이 줌++

다른 나무 등에 부착하여 자라는 착생식물로 타고 오를 지주를 세워주면 좋다. 너무 크게 자라면 적당히 순을 질러 제한하면 되는데 이 때 잘라 낸 순을 꺾꽂이하여 포기를 불릴 수 있다. 공중 습도가 높은 환경을 좋아하며 낮은 광선하에서도 잘 견딘다. 거름은 생육기에 하이포넥스 3,000배액을 월 2회 정도 주면 된다.

포름알데히드 제거 능력이 좋으며 큰 잎을 통한 증산활동이 왕성하여 실내 습도 유지에도 효과가 좋다. 식물체가 약한 독성을 가지므로 잎을 먹거나 씹어서는 안 되며 또 식물의 즙액이 피부에 묻으면 사람에 따라서는 자극성 피부염을 일으킬 수 있으므로 주의한다.

아라우카리아 *Araucaria heterophylla* 아라우카리아과

성상	상록교목
관상 부위	잎
원산지	남태평양 노포크 섬
최적온도/내한온도	15~25°/7°C 이상
번식	종자, 꺾꽂이
광선 요구도	중–강
관리 난이도	쉬움
물주기	다소 적게 줌

호주 노포크 섬 원산으로 호주삼나무라고도 부르나 식물학적으로 삼나무와는 과(科)도 서로 달라 거리가 먼 식물이다. 원산지에서는 크게 자라는 상록교목이지만 화분에서는 약 1~3m 정도까지 자란다. 더위와 강한 일광을 싫어하므로 여름철 직사광선은 피하는 것이 좋으나 너무 어두운 곳에 두면 나무가 허약해지고 수형도 흐트러지므로 가급적 밝은 곳에 두어야 한다. 번식은 종자번식과 꺾꽂이에 의하지만 꺾꽂이의 발근율은 높은 편이 아니다.

재배와 관리가 쉽고 공기정화능력이 좋은데 특히 포름알데히드 제거능력이 뛰어나다.

마란타 류코네우라 *Maranta leuconeura* 마란타과

성상	상록다년초
관상 부위	잎, 꽃
원산지	남미(브라질)
최적온도/내한온도	16~27°/15°C 이상
번식	포기나누기, 꺾꽂이, 종자
광선 요구도	중
관리 난이도	쉬움
물주기	많이 줌++

잎은 독특한 무늬가 있는데 낮에는 펼쳐지고 밤에는 닫히는 일주운동을 한다. 이처럼 잎이 밤이면 마치 기도하는 사람이 손을 모으듯이 오므라지는 데서 영명이 prayer plant(기도하는 풀)가 되었다. 잎의 길이는 30cm에 너비는 25cm 정도로 자란다. 따뜻하고 다습한 환경에서 잘 자라며 10도 이하의 저온에서는 낙엽 지는 등의 피해가 발생하기 쉽다. 번식은 포기 나누기와 꺾꽂이, 종자로 하는데 꺾꽂이가 가장 쉽다. 포름알데히드 제거 능력이 좋으며 잎이 넓고 커서 증산작용에 의한 실내습도 유지에도 효과가 크다.

게발선인장 *Schlumbergera* spp. 선인장과

성상	상록다년초
관상 부위	잎, 꽃
원산지	브라질
최적온도/내한온도	18~25°/10°C 이상
번식	꺾꽂이
광선 요구도	중-강
관리 난이도	쉬움
물주기	적게 줌

게발선인장이란 이름은 줄기의 모습을 딴 영명인 'crab cactus'를 우리말로 그대로 옮긴 것이다. 영어권에서는 'crab cactus'로도 부르지만 그 보다는 Christmas cactus(크리스마스 선인장)란 이름이 더 많이 사용되는데 아름다운 꽃이 크리스마스 무렵에 피며 또 크리스마스 장식용으로 많이 이용되기 때문이다.

꺾꽂이는 여름에 하면 좋은데 그 이유는 기온이 높고 또 일장이 길기 때문이다. 게발선인장은 같은 기온이라도 낮이 길고 밤이 짧은 일장 조건에서 발근이 더 잘된다. 꺾꽂이는 2~3마디씩 잘라 꽂는다.

맥문동 *Liriope platyphylla* 백합과

성상	상록다년초
관상 부위	잎, 꽃, 열매
원산지	전국
최적온도/내한온도	20~25°/~5°C 이상
번식	종자, 포기나누기
광선 요구도	중-강
관리 난이도	쉬움
물주기	보통++

우리나라의 산지 숲속이나 풀밭에서 자라는 백합과의 상록다년초로 사철 푸른 잎과 여름에 피는 보라색 꽃이 아름답다.

양지와 음지를 가리지 않고 잘 자라며 번식은 종자와 포기나누기로 한다. 종자 번식은 가을에 흑자색으로 익는 열매에서 종자를 채취하여 직파하거나 열매를 마르지 않게 비닐봉지에 담아 냉장고에 저장했다가 이듬해 봄에 채종하여 파종한다.

포기나누기는 심어두면 근경에서 번져 큰 무더기가 되므로 이를 캐어 나누어 심는 방법으로 봄에 새싹이 나기 전에 심으면 된다.

포름알데히드, 암모니아 등 휘발성 유기화합물을 잘 제거하므로 공기정화용 식물로 가치가 높다.

덴드로비움 노빌 *Dendrobium nobile* 난초과

성상	상록다년초
관상 부위	꽃, 잎과 위구경
원산지	동남아시아, 중국 남부
최적온도/내한온도	15~25°/7°C 이상
번식	포기나누기, 꺾꽂이
광선 요구도	중
관리 난이도	쉬움
물주기	적게 줌

동남아시아 원산의 난초과 식물로 꽃이 아름다운데다 재배하기 쉬워 인기가 높은 종이다. 대개 화분에 물이끼나 난석 등으로 심어 재배한다. 번식은 포기 나누기와 꺾꽂이로 하는데 포기나누기는 2~3개씩 줄기를 붙여 나누어 심으면 된다. 꺾꽂이는 잎이 떨어진 묵은 줄기(위구경)를 잘라 물이끼에 꽂는데, 꽃이 피지 않은 눈에서 새로이 싹이 자라 새로운 포기를 형성한다. 덴드로비움의 꺾꽂이는 꽂은 줄기에서 직접 뿌리가 내리는 것은 아니고 새로 자라는 싹에서 뿌리가 내리는 점에서 일반 식물의 꺾꽂이와는 다르다.

나비난초(접란) *Chlorophytum comosum* 백합과

성상	상록다년초
관상 부위	잎, 꽃
원산지	열대 및 남부 아프리카
최적온도/내한온도	15~27°/5°C 이상
번식	포기나누기
광선 요구도	중~강
관리 난이도	쉬움
물주기	많이 줌+++

나비난초 또는 한자말인 접란(蝶蘭)으로 불리지만 난초과는 아니고 백합과에 속하는 상록다년초이다. 잎은 근경에서 무더기로 나며 매우 아름답다. 열대 및 남부아프리카 원산이지만 저온에도 상당히 강한 식물로 영상 5도 정도에서도 잘 견딘다. 성장이 빠른 식물로 생육기에는 액비를 2~3주에 1회씩 주면 좋다. 새끼 식물이 많이 달린 큰 포기는 벽 등에 걸어 장식하면 잘 어울린다. 포름알데히드와 크실렌 제거 능력이 좋으며 실내습도 유지 효과도 높아 공기정화용 실내식물로 좋다.

안스리움 *Anthurium andraeanum* 천남성과

성상	상록다년초
관상 부위	잎, 꽃
원산지	중미(에콰도르, 콜롬비아)
최적온도/내한온도	15~27°/10℃ 이상
번식	포기나누기
광선 요구도	중~약
관리 난이도	쉬움
물주기	보통++

광택이 나는 진녹색의 아름다운 잎과 역시 광택이 나는 선홍색의 아름다운 꽃(실제는 불염포)이 특징이다. 꽃은 수명이 무척 길어 수개월간 지속된다. 공중습도가 높은 환경을 좋아하므로 실내에서 재배할 때 이따금 식물체에 분무를 해주면 좋다.

번식은 포기나누기와 종자로 하지만 실내에서 결실하는 경우는 드물다. 포름알데히드, 크실렌, 톨루엔, 암모니아 등의 휘발성 유기화합물 제거에 효과가 좋은 것으로 알려져 있다.

식물체에 사포닌과 옥살산 칼슘 같은 독성 물질이 있어 사람과 반려동물에 유독하므로 먹거나 씹으면 입이 화끈거리고 설사, 구토 등의 증상이 나타날 수 있다.

크로톤 *Codiaeum variegatum pictum* 대극과

성상	상록관목
관상 부위	잎
원산지	인도네시아, 말레이지아
최적온도/내한온도	18~27°/15℃ 이상
번식	꺾꽂이, 종자
광선 요구도	중~강
관리 난이도	쉬움
물주기	많이 줌++

화가가 물감으로 그린 듯 알록달록한 색깔의 잎을 가진 열대식물로 아주 인기 좋은 실내식물이다. 잎은 너무 광선이 부족한 상태에서 기르면 녹색에 가까워지고 밝은 곳에서 기르면 보다 밝고 화사한 색을 가지게 된다. 그러나 강한 직사광선을 받으면 오히려 퇴색된다. 번식은 꺾꽂이로 하는데 잎을 1~2매 정도 붙여 꽂으며 50~60일 정도 지나면 뿌리가 내린다. 물병꽂이도 잘 된다.

포름알데히드 제거 능력이 좋고 증산율도 높아 실내 습도 유지에도 기여한다.

크로톤은 잎, 수피, 뿌리, 수액에 독성을 가지는데 피부에 수액이 닿으면 사람에 따라 가렵고 진물이 나는 등의 피부염이 생길 수 있다.

포인세티아 *Euphorbia pulcherrima* 대극과

성상	상록관목
관상 부위	잎, 포엽
원산지	멕시코
최적온도/내한온도	15~27°/10℃ 이상
번식	꺾꽂이
광선 요구도	중
관리 난이도	쉬움
물주기	많이 줌 +++

크리스마스와 연말연시에 가장 인기 높은 장식식물 중 하나로 꼽힌다. 전 세계적으로 100가지 이상의 품종이 재배되고 있다. 꽃으로 오해하기 쉬운 붉은 포엽은 꽃이 아니고 잎으로 그 중앙에 꽃이 발달한다. 번식은 꺾꽂이로 하는데 온도와 습도가 높은 여름이 적기이며 꽂은 지 2개월 정도면 뿌리가 내린다.

포인세티아는 한 때 유독식물로 간주되기도 했지만 독성이 약하여 크게 걱정할 필요는 없다.

알로에 베라 *Aloe vera* 백합과

성상	상록다년초
관상 부위	잎, 꽃
원산지	아라비아반도, 아프리카
최적온도/내한온도	18~27°/10℃ 이상
번식	포기나누기, 종자
광선 요구도	강
관리 난이도	쉬움
물주기	적게 줌

물을 많이 저장하는 다육식물이므로 건조에 강하며 물을 자주 줄 필요가 없다. 강한 광선을 좋아하므로 실내에서 재배할 때는 창 아래 두어 충분한 빛을 받게 해야 건강하게 자란다. 번식은 대개 땅속줄기로 벋어나는 작은 포기를 떼어 심는 포기나누기로 한다. 포름알데히드 제거 능력이 좋으며 CAM식물로 야간에 이산화탄소를 흡수하고 산소를 방출하므로 침실이나 아이들 방에 두면 좋다.

알로에 베라는 오랜 기간 인류가 약용으로 이용해 왔으며 특히 화상이나 일광 화상 치료에 사용해왔으며 화장품 원료로도 많이 이용하고 있지만 원래 독성식물이므로 함부로 먹어서는 안되며 심각한 복통과 설사를 유발할 수 있다.

시클라멘 *Cyclamen persicum* 앵초과

성상	상록다년초
관상 부위	잎, 꽃
원산지	중동, 북아프리카
최적온도/내한온도	15~25°/8℃ 이상
번식	종자
광선 요구도	중–강
관리 난이도	쉬움
물주기	적게 줌

시클라멘은 화려한 꽃을 감상하기 위해 재배하지만 알록달록한 잎도 아름답다. 대표적인 겨울꽃으로 가을부터 피기 시작하여 이른 봄까지 지속된다. 시클라멘 재배는 대개 꽃이 핀 것을 구입하여 겨울 동안 감상하게 된다. 직접 번식하고 재배하여 꽃을 피우기는 까다로운 식물이다. 포름알데히드 제거 능력이 좋은 것으로 확인되었으며 식물이 작고 꽃이 아름다우므로 현관이나 거실 등에 두면 좋다.

여름 기후가 시원한 아프리카 고산지대에서 자라던 식물로 여름에 물을 적게 주고 시원하게 관리해야 구근이 썩지 않고 건강한 상태를 유지하게 된다.

팔레놉시스(호접란) *Phalaenopsis* spp. 난초과

성상	상록다년초
관상 부위	잎, 꽃, 열매
원산지	동남아, 중국 남부, 호주, 뉴기니
최적온도/내한온도	18~27°/15℃ 이상
번식	종자, 조직 배양
광선 요구도	약
관리 난이도	쉬움
물주기	적게 줌

꽃이 화려한 대표적인 양란이지만 실제 자생지는 중국 남부와 동남아 등지이다. 우리가 동양란, 서양란으로 구분하는 것은 자생지를 기준으로 구분하는 것이 아니고 동양에서 전통적으로 기르던 난이냐 아니면 서양에서 주로 육종이 이루어져 기르게 되었느냐를 기준으로 따지기 때문이다.

호접란은 축하 화분으로 인기가 높으며 꽃이 무척 오래 가므로 실내 장식용으로도 아주 좋다. 저온에 무척 약하며 가온하지 않은 실내에서는 견디지 못한다. 번식은 주로 조직배양으로 하며 일반인이 번식하기는 어렵고 꽃집에서 구입해 길러야 한다. 직사광선을 피하되 밝은 곳에서 길러야 꽃이 잘 핀다.

칼랑코에 *Kalanchoe blossfeldiana* 돌나물과

성상	상록다년초
관상 부위	잎, 꽃
원산지	마다가스카르
최적온도/내한온도	15~27°/12°C 이상
번식	꺾꽂이, 종자
광선 요구도	중-강
관리 난이도	쉬움
물주기	적게 줌

진한 녹색의 도톰한 다육질 잎과 선명한 색의 꽃이 아름다운 상록다년초이다. 주황색, 홍색, 분홍, 흰색 등 다양한 꽃색의 품종이 출시되고 있다. 자생지는 산지 고원지대이므로 너무 더운 기후는 싫어한다. 꽃은 늦가을부터 초겨울 사이에 피기 시작하는데 차례차례 피므로 화기가 꽤 길다. 다육식물이므로 건조에 잘 견디며 물을 너무 자주 주면 뿌리가 상하고 잎이 떨어지기 쉬우므로 약간 건조한 듯이 관리해야 한다. 번식은 가지를 잘라 꺾꽂이로 하는데 꺾꽂이 후 너무 습하지 않게 관리해야 한다. 포름알데히드 제거 능력이 좋으며 CAM식물로 야간에 산소를 방출하고 이산화탄소를 흡수하므로 침실에 두면 좋다.

호야(옥접매) *Hoya carnosa* 박주가리과

성상	상록다년초
관상 부위	잎, 꽃
원산지	동남아, 남중국, 호주
최적온도/내한온도	16-29°/10°C 이상
번식	꺾꽂이, 종자
광선 요구도	중-강
관리 난이도	쉬움
물주기	적게 줌

호야란 이름은 이 식물의 속명이며 옥접매라 부르기도 한다. 영명인 wax plant는 밀랍식물이란 뜻으로 밀랍으로 만든 것 같은 독특한 질감의 꽃에서 온 이름이다. 윤기 나는 다육질 잎과 꽃이 아름다운 아열대성 덩굴식물이다. 건조에 견디는 힘이 강하므로 너무 습하지 않게 관리하는 게 재배 요령이다. 배양토는 굵은 마사 등을 충분히 섞어 물이 잘 빠지게 심도록 하며 아름다운 꽃을 보려면 광량이 너무 부족하지 않게 관리해야 한다. 번식은 대개 꺾꽂이로 하는데 20°C 이상의 온도만 유지되면 계절을 가리지 않고 할 수 있다. 벤젠, 톨루엔 등 휘발성 유기화합물 제거 효과가 좋아 실내 공기정화용으로도 좋다.

나만의 정원 만들기

수석 정원석정, 경석 정원

정원석은 조경의 중요한 구성 요소로 사용되어 정원의 품격을 높여 주고 운치를 돋우어 준다. 멋진 소나무 옆에 적당히 배치된 돌 한 덩이는 나무나 풀만으로는 표현할 수 없는 자연스러움과 멋스러움을 보여줄 수 있다. 나아가 수석을 취미로 하는 사람에게는 잘생긴 돌이 정원의 보조적 요소가 아니고 주된 전시 및 표현 수단이 될 수도 있다. 수석을 정원석으로 사용할 때는 가급적 크기가 큰 것이 어울리며 작은 돌들은 벽면에 붙여 장식하거나 별도로 수석 정원을 만드는 것이 보기도 좋고 산만하지 않게 된다.

정원석으로 사용하는 돌은 색이 검고 석질이 단단한 것을 높게 친다. 물론 모양도 중요하다. 또한 토목 공사 등으로 땅에서 파낸 지 오래되지 않은 돌보다는 오랜 기간 풍우에 노출되어 지의류가 생겨 자연스러움을 보이는 돌이 정원석으로 좋다. 물론 모양이 아주 좋다면 세월의 흔적이 쌓이지 않은 돌도 정원석으로 사용할 수 있으며 결국은 세월의 흔적이 돌 위에 앉게 되

정원석(경석).

겠지만 지의류가 끼인 돌과 그렇지 않은 돌에서 느껴지는 맛에는 차이가 크다. 모양이 아주 좋고 석질도 우수한 돌은 구하기 쉬운 것이 아니며 또 가격도 만만치 않으므로 평범한 돌로 정원을 장식하는 것도 방법이다. 이런 경우에도 돌이 너무 무르고 밝은 색과 깨진 자국이 남은 돌은 피하는 게 좋다.

정원석을 배치하는 방법은 대체로 몇 개씩 모아 배치하는 방법을 쓰는데 그 수는 홀수가 되게 하여 1, 3, 5, 7, 9개를 조화롭게 배치한다. 아주 멋스러운 돌의 경우에는 1개씩 배치하여도 좋지만 대개 그런 경우 크기가 어느 정도 커야 어울린다. 정원석을 배치할 때는 자연스럽게 배치하되 정원석의 옆에는 야생화나 키 작은 관목을 심어 멋스럽게 연출할 수도 있다. 정원석을 크게 보이도록 뿌리를 땅에 묻지 않고 지면에 그대로 두기도 하지만, 자연스러움이 덜하며 적당히 묻혀야 안정감이 있고 보기에도 좋다.

야생화 정원

예전에는 정원이나 꽃밭에서 기르는 꽃으로 외래종이 오히려 더 많았으나 이제는 우리 토종 야생화가 하나의 대세가 되었다. 우리 땅에 우리 자생종을 심어 가꾸는 것은 매우 자연스럽고 바람직한 현상이라 생각한다. 또한 우리 땅과 기후에 잘 적응하여 자라는 식물이니 대체로 기르기 쉽다는 것도 장점이다. 면적이 넓지 않으면 정원을 통째로 야생화로 가꾸는 것도 좋겠지만 면적이 넓다면 추후 관리도 생각해 봐야 한다. 왜냐하면 야생화 위주의 정원은 잡초가 많이 발생하므로 끝없이 자라는 잡초와의 전쟁을 피하기 어렵다. 물론 야생화를 심더라도 조경수를 심어 두고 나무 아래에서 잘 자라며 그늘을 좋아하는 야생화를 심으면 이런 수고는 덜 수 있다. 어쨌거나 정원의 일부를 할애하여 야생화를 심되 양지에서 자라는 키가 작은 야생화의 면적은 합리적으로 조절할 필요가 있다. 자칫하면 잡초 밭으로 변하기 쉬운 것이 양지에서 자라는 키 작은 야생화 밭이다. 그 이유는 양지는 여러 종류의 풀들이 자라기 좋은 조건인 데다 키 작은 야생화는 다른 잡초를 압박하지 못하기 때문이다.

한라새우란과 금새우란이 어우러진 야생화 정원.

장미원

장미속(Rosa)의 식물은 원종만 해도 전 세계적으

장미원.

로 120종 이상이 알려져 있으며 그 분포는 북반구의 대부분을 차지할 정도로 넓다. 북으로는 스칸디나비아와 캄차카부터 아시아와 유럽 대부분을 포함하고, 남으로는 아프리카 북부에까지 이르며 북미대륙 전역에도 분포한다. 장미는 꽃의 여왕으로 칭송될 정도로 아름답고 향기 또한 좋아 전 세계인의 사랑을 받는 대표적인 꽃나무이다. 우리나라 사람들은 장미에 대한 열정이 유럽만큼 높지는 않지만 그래도 인기 높은 꽃나무로 정원에서도 빠지지 않는 소재이다. 그러나 사실 장미는 다른 조경수와는 잘 어울리지 않는 특성을 갖고 있다. 키가 크게 자라는 것도 아니고 수관이 웅장한 것도 아니라서 정원에서 핵심적인 자리를 차지하기 어렵다. 이런 면에서 장미 애호가는 차라리 정원 전체 또는 일부를 장미원으로 꾸미고자 하는 욕구를 갖게 된다. 전체가 아니더라도 정원의 일부를 장미원으로 꾸며 다양한 품종의 장미를 심어 개성 있는 정원으로 꾸미는 것도 좋다고 생각된다. 장미는 볕바른 곳을 좋아하고 또 기름진 땅을 좋아하므로 집단으로 심어 두면 관리하기도 좋다. 5월에 흐드러지게 피는 장미향을 맡는 것만으로도 장미원 소유자는 행복감에 젖을 수가 있을 것이다. 장미는 여름철에 눈접으로 번식하면 되므로 꽃이 핀 상태를 보고 좋은 품종을 수집할 수 있는 매력도 있다. 매년 꽃을 잘 피우려면 늦가을쯤 강한 전정을 하고 또 포기 주변에 겨울 동안 잘 썩은 퇴비를 충분히 주는 게 좋다. 성장기에는 진딧물이 발생하기 쉬우므로 잘 관찰하여 진딧물이 보이면 톡스 등의 살충제를 뿌려 주도록 한다.

매화원

매화는 우리나라 선비들이 가장 좋아하던 꽃 중의 하나이다. 매난국죽은 선비들이 좋아하는 네 가지 식물이라 하여 사군자로 꼽았는데 그중에서도 매화가 으뜸이었다. 매화는 추운 겨울을 이기고 이른 봄에 꽃을 피우니 봄의 전령사로 가치가 높은 데다 그 고고한 향기 또한 천하일

매원.

품이라 많은 사람들의 사랑을 받아 왔다. 거기다 열매는 각종 음료와 건강식품의 재료가 되고 약용으로도 이용되니 실용적 가치 또한 매우 높다. 매실은 소화불량을 치료하고 식중독을 예방하는 효과가 탁월하며 구연산을 비롯한 각종 유기산을 함유하고 있어 피로 회복에도 효과가 좋다. 조경수로서의 매화나무는 수명이 길고 나무가 단단하여 절단면이 잘 썩지 않아 전정과 전지에도 잘 견디므로 멋진 모양으로 다듬어 가며 오래 가꿀 수 있는 것도 장점이다. 백년 이상 묵어 고태미가 풍기는 매화나무 고목 한두 그루만 있어도 정원의 품격이 달라진다. 정원 전체나 일부에 다양한 품종의 매화를 심어 매원을 조성하여 멋진 수형의 매화나무들을 배양한다면 매우 개성 있고 독특한 정원이 될 수 있을 것이다.

모란원

모란은 꽃이 매우 크고 화려하지만 키가 크게 자라지 않아 다른 조경수와 어울리기 어렵다. 모란 애호가들은 차라리 따로 모란원을 만들어 관리하는 방법을 택한다. 원래의 모란 색은 자주색이지만 흰색, 황금색, 분홍색 등 아주 다양한 꽃 색의 모란 품종이 있으므로 이런 다양한 품종으로 모란 밭을 만들면 더욱 좋다. 모란은 이른 봄에 싹이 트는 모습이 아름답고 5월에 피

모란원.

는 꽃이 매우 아름답지만 꽃이 지고 나면 허전한 게 모란원의 가장 큰 단점이다. 따라서 특히 모란의 신품종을 육종 개발하는 등의 이유가 아니라면 정원의 전부를 모란 밭으로 꾸미기보다는 일부분을 모란원으로 관리하는 것이 바람직할 것이다. 또 모란은 키가 작으면서 햇볕을 좋아하므로 자연 모란원에는 잡초가 번성하기 쉬운 것도 관리의 어려움 중 하나이다. 모란의 번식은 종자로 하거나 접붙이기로 한다. 접붙이기는 모란 뿌리나 작약 뿌리를 대목으로 하여 가을에 한다. 모란원을 조성하는 묘목으로는 작약 뿌리보다는 모란 뿌리를 사용하여 증식해야 세력이 왕성하고 보다 키가 크게 자라는 모란을 얻을 수 있다. 모란은 건조도 싫어하지만 다습을 견디지 못하므로 물이 잘 빠지는 곳을 택해야 하며 꽃을 피우는 데 영양분 소모가 크므로 겨울 동안 뿌리목에 적당히 거름을 주면 매년 좋은 꽃을 감상할 수 있다.

미니 식물원

다양한 나무와 야생화, 그리고 진기한 식물을 수집하는 것은 대부분의 정원 애호가들이 즐기고 선호한다. 이러한 다양하고 진기한 식물 위주로 정원을 꾸미는 것도 개성 있는 정원이 되겠다. 미니 식물원을 겸하는 정원은 사시사철 다양한 꽃과 열매를 감상할 수 있는 장점이 있고 많은 식물의 생태를 연구하고 이해하는 데도 도움이 된다. 또한 식물 수집은 대부분의 식물 애호가나 정원 애호가들이 열망하는 부분이므로 많은 동호인들과 교류할 수 있는 연결고리가 되기도 한다. 전문가급이 되면 희귀한 식물의 번식법을 터득하여 자연에 되돌릴 수 있어 사회에 기여할 수도 있다. 그러나 미니 식물원은 면적이 충분치 않을 경우 좁은 면적에 수많은 식물을 밀식하게 되므로 식물의 특성을 제대로 발휘할 수 없게 하고 또 정원이 너무 무질서하고 난삽해지기 쉬운 단점이 있다. 따라서 과도한 욕심으로 너무 많은 식물을 입식하지 않는 절제도 필요하다.

텃밭 정원

요즘 도시에 살면서 주말 농장 등을 이용하여 텃밭을 가꾸는 사람이 늘고 있다. 원래 텃밭은 자급자족하기 위해 각종 채소 등을 심는 집에 딸린 작은 밭을 뜻하는데 정원 자체를 이런 텃밭으로 가꾸는 사람도 늘고 있다. 텃밭을 가꾸

화초와 채소를 가꾸는 텃밭 정원.

사과나무를 심은 과수 정원.

는 가장 큰 장점은 정원 가꾸는 재미를 보면서 건강한 먹거리까지 생산한다는 데 있다. 상추나 배추 등의 씨앗을 뿌리고 이윽고 싹이 돋으며, 또 비를 맞고 부쩍 자란 채소밭을 보는 기쁨은 여느 화초나 야생화를 기르는 재미 못지않다. 거기다 안전한 먹거리까지 덤으로 생산되니 일석이조라 하겠다. 그러나 정원 전체를 텃밭으로 가꾸면 겨울에는 너무 황량하고 을씨년스러우므로 정원을 구획하여 일부는 잔디밭을 만들거나 조경수 등을 심고 일부 구획을 텃밭으로 이용하면 그런 결점을 상당 부분 보완할 수 있다. 텃밭으로 가꾸는 정원은 어떤 작목을 재배하느냐에 따라 차이는 있지만 대체로 조경수나 화초를 심는 정원보다 햇볕이 더 잘 들어야 하고 또 기름진 땅이 적당하다. 따라서 개간지나 생토를 복토한 정원의 경우에는 매년 퇴비를 충분히 넣어 땅심을 높이도록 한다.

과수 정원

처음 정원을 꾸미거나 가꾸는 사람들에게 물어보면 최우선적으로 심고 싶은 나무는 대부분 과일나무이다. 그도 그럴 것이 과일나무는 대개 꽃도 볼 수 있고 또 과일이 익으면 열매도 감상할 수 있으며 거기다 열리는 과일은 따서 이용할 수 있으니 조경 효과도 높으면서 실용적 가치도 높으니 자연 관심이 많은 것 같다. 실제 과일나무 위주로 정원을 구성하면 좋은 조경 효과와 실용적 효과를 거둘 수도 있다. 다만 대부분의 과일나무는 병충해에 약하기 때문에 과일을 수확하려면 병충해 방제에 적지 않은 힘과 노력을 쏟아야 한다. 또한 수종을 선택할 때 가급적 병충해에 강한 수종과 품종을 선택하여 품을 줄이도록 할 필요가 있다. 우리나라 중부 지방에 적합한 과일나무로는 잣나무, 사과나무, 살구나무, 감나무, 대추나무 등을 들 수 있고 남부 지방에 적합한 과일나무로는 매실나무, 살구나무, 감나무, 대추나무, 무화과 등을 들 수 있으며, 남부 해안 지방의 경우 여기에 비파를 추가할 수 있다.

다정茶庭

차를 즐기는 사람이라면 정원에 차를 마실 수 있는 시설을 해 두는 것도 좋다. 작은 정자를 지어 차를 마실 수 있는 공간을 만들거나, 그늘을 만드는 녹음수를 심고 그 아래에 나무나 돌로 탁자와 의자를 자연스럽게 만들어 두면 차를 즐길 수도 있고 또 그 자체로 좋은 조경적 요소가 될 수도 있다. 이 경우 정원이 담이 없어 개방적이라면 어느 정도 가림이 되는 공간을 만들어 사생활을 지키는 것도 필요하다. 상록관목을 둘러 심어 시선을 차단하는 것도 좋은 방법이 된다. 정자를 만든다면 수도와 전기시설까지 곁들인 완벽한 다실을 만들 수도 있겠으나 주전자와 다기는 필요할 때마다 내실에서 가져다 쓸 수도 있다. 가족끼리 또는 방문객들과 다정에서 차를 즐기며 담소하는 것은 상상만 해도 멋진 풍경이 된다.

나만의 연못 만들기

대개 연못은 정원의 주체가 되기보다는 정원의 한 구성 요소로 만들게 된다. 그러나 경우에 따라서 연못이 정원의 주가 되는 경우도 있다. 연못의 깨끗하고 맑은 물은 사람의 마음을 편하게 해 주고 정갈한 느낌을 주므로 그것만으로도 정원의 효과가 크다. 다만 소규모 연못일 경우에는 수돗물이나 지하수 등으로 수원을 해결할 수도 있지만 연못의 규모가 어느 정도 되려면 수원이 확보되어야 하므로 입지가 중요할 수밖에 없다. 정원 부지 인근에 계곡이 있거나 흐르는 물줄기가 있다면 이를 끌어들여 연못을 만들면 아주 자연스럽고 멋진 정원이 될 수 있다. 연못의 물은 적당히 흘러 들어오고 흘러 나가는 것이 가장 이상적이지만 그렇지 않을 경우 물레방아나 분수 등의 인공시설을 이용하여 물을 흘려주어야 한다. 그래야 물속에 산소가 용해되어 들어가므로 물이 썩지 않고, 또 연못에서 기르는 잉어나 붕어 그리고 자연적으로 서식하게 되는 각종 수중 생물이 생존할 수 있게 된다. 이런 장치가 번거로우면 수초를 적당히 심어 두면 수초가 광합성을 하면서 산소를 공급하므로 어느 정도 해결이 될 수 있다. 지하수나 수돗물에 의존하여 연못을 만들 때에는 바닥과 측면을 진흙층으로 잘 다지거나 콘크리트를 사용하여 물이 새지 않게 하여야 물의 소비를 줄일 수 있다. 그러나 콘크리트를 사용할 경우 인공적인 기분이 들어 좋지 않으므로 최종 마감은 자연석을 이용하여 석축을 쌓으면 물도 새지 않고 보기도 좋은 연못이 될 수 있다.

연못의 형식

자연식 연못

자연에서 볼 수 있는 연못의 형태로 자연스러운 곡선 형태의 연못이다. 연못을 축조하는 재료 또한 자연석 등을 이용하여 막돌 쌓기 등의 방식을 이용하여 자연스럽게 연출하면 좋다.

정형식 연못

서양식 정원에서 일반적으로 사용하는 연못으로 기하학적인 직선 위주로 연못을 만들며 축조 재료는 돌이나 콘크리트, 타일 등이 주로 사용된다. 연못에 각종 물고기를 기르며 연못 주위에는 조각품이나 소형 분수 등을 설치하는 것이 일반적이다. 양식 주택에 어울리지만 부드러운 곡선을 좋아하는 우리 정서와는 약간 어울리지 않으므로 양식 주택이라고 해서 꼭 정형식 연못을 만들 이유는 없다고 본다. 대체로 부드럽기보다는 깔끔하고 세련된 느낌을 주는 것이 정형식 연못의 장점이라 하겠다.

전통 정원의 연못

우리 전통 정원에서도 흔히 연못을 만들어 연꽃과 각종 수초 그리고 물고기 등을 기르곤 했다. 전통 정원의 경우 방지원도형(네모난 연못에 둥근 섬이 있는 형태) 또는 원지원도형(타원형의 연못에 둥근 섬이 있는 형태)이 일반적인데 이는 하늘은 둥글고 땅은 네모지다는 천원지방 사상에 근거한 것이다. 전통 정원의 연못은 기하학적인 구조이지만 호안을 자연석으로 쌓고 괴석 등을 배치하고 원도에는 나무를 심어 자연스러운 멋을 연출하였다.

연못 만들기에 필요한 재료와 소품

축조 재료

자연식 연못을 쌓는 재료로는 사괴석(사고석), 견치석, 막돌 등이 있는데 사고석이나 막돌이 좋다. 사고석은 안정감이 있고 튼튼하지만 비용이 비싸다. 옛 돌담장 등을 쌓았던 막돌을 이용하여 연못을 축조하면 매우 자연스럽고 운치 있지만 잘 쌓을 수 있는 기술자가 흔하지 않으며 인건비가 많이 드는 단점이 있다. 정형식 정원은 대개 콘크리트를 치며 치장을 위해서 균일한 돌로 마감하거나 타일을 붙이기도 하는데 오히려 경비는 적게 들며 보기에 깔끔하다.

연못 장식품

자연식 연못에는 물레방아, 석등, 연자방아나 다양한 모양의 돌확 등을 놓아 장식하면 좋다. 자연식 연못의 경우 물을 흘리기 위한 장치로 분수는 어울리지 않으며 물레방아를 돌리거나 아니면 소형의 돌 수구를 이용하여 자연스럽게 물을 흘러내리게 한다. 이런 시설은 부품을 구입하여 직접 설치하여도 좋지만 전기를 시설해야 하고 꽤 복잡하므로 자신이 없으면 조경 기

사고석으로 쌓은 전통 연못.
정자와 돌다리가 조화를 이룬 남원 광한루원 연못.
강릉 선교장 활래정.

술자에게 의뢰하는 것이 좋다. 연못 안에 둥근 섬을 만들 경우 돌다리나 나무다리를 설치하여 드나드는 통로로 이용하면 좋다.

전통 정원의 연못에서 가장 흔하게 등장하는 장식은 정자이다. 정자는 휴식과 사교의 장소도 되며 정원 전체의 운치를 높여 주는 구실까지 하지만 비용이 많이 들고 공간을 많이 차지하므로 정원이 좁은 경우에는 적용이 어렵다.

정형식 연못의 경우 오줌 누는 소년상, 백조, 오리, 물개, 인어상 등을 흔히 설치하며 작은 분수를 설치하여 물을 흘리도록 하여야 물이 썩지 않는다.

조경수 및 수초

연못에는 식물을 곁들여야 자연스럽고 보기에도 좋다. 우리 전통 정원의 연못에는 대개 주위에 버드나무나 소나무, 배롱나무, 느릅나무, 오죽, 대 등을 심고 섬 안에는 소나무나 배롱나무 등을 많이 심었다. 연못에 연이나 수련 등을 심으면 수생생물에게 산소를 공급할 수 있고, 연못에서 생기는 물고기의 배설물 등을 식물이 이용하므로 물이 썩지 않고 연못 내에 작은 생태계가 완성되어 좋다. 연못 가장자리에는 석창포, 큰고랭이, 창포, 부들 등을 심어 자연스럽게 연출하면 좋다.

관상어 기르기

연못에서 비단잉어나 붕어 등 물고기를 기르려면 단순히 물만 제공해서는 안 되며 물고기가 살 수 있는 환경을 갖추어 주어야 한다. 돌 등을 쌓아 물고기가 숨고 쉴 수 있는 공간도 마련해 줄 필요가 있으며 황량하지 않도록 적당히 수초를 심어 알도 낳고 다른 수서생물도 함께 서식할 수 있도록 해 주어야 한다. 바닥과 벽을 콘크리트로 마감했더라도 바닥의 일부에는 다시 흙을 깔아야 다양한 수서생물이 살 수 있으며 또 그래야 수초가 자랄 환경이 마련된다. 연못에 수초가 없다면 반드시 물레방아나 분수 등의 시설을 마련하여 물이 계속 순환하도록 해야 공기 중의 산소가 물에 녹아들어 물고기가 살 수 있다. 연못의 마감재를 막돌로 쌓으면 물고기가 숨고 쉴 공간이 자연스레 마련되므로 매우 바람직하다. 또 겨울 추위가 심하여 물이 심하게 어는 지역의 경우 연못 전체가 얼면 물고기가 생존하기 어려우므로 물이 완전히 얼지 않도록 충분히 수심을 유지하거나 아니면 일부 지역을 보다 깊게 만들어 바닥까지 물이 얼지 않도록 유의해야 한다. 연못의 축조 시 콘크리트를 사용할 경우 시멘트는 강한 알칼리에다 독성이 있으므로 물을 가두어 시멘트 독을 완전히 우려낸 후 다시 깨끗한 물로 갈아 넣고 물고기를 입식해야 폐사하지 않게 된다.

정원에서 본 녹색비둘기와 끝검은왕나비

정원에 다양한 식물을 심고 친환경적으로 관리하는 생태 정원에서는 다양한 생물들의 생태를 함께 즐길 수 있는 장점이 있다.

필자가 가꾸는 '왕바다리의 생태 정원'에는 겨울철이면 뒤뜰에서 야생 꿩이 어슬렁거리며 먹이를 찾는 모습을 어렵지 않게 볼 수 있고 때로는 정원 풀숲에서 야생 메추라기가 인기척에 놀라 날아오르기도 한다. 청딱따구리가 큰 감나무 가지에 앉아 나무를 쪼는 모습도 볼 수 있고 멀구슬나무 줄기에 쇠딱따구리가 둥지를 파서 새끼를 키우기도 한다. 여름에 벚나무 꼭대기에서 꾀꼬리가 황홀한 자태를 뽐내며 노래하는 모습을 볼 때는 생태 정원을 가꾸는 최고의 기쁨을 느낄 수 있다. 가끔은 아주 귀한 생물들이 관찰되기도 하는데 2004년 겨울에는 녹색비둘기가 피라칸다 가지에 앉아 열매를 따 먹고 있는 모습이 관찰되기도 하였다.

당시 녹색비둘기는 우리나라에서 제주도와 흑산도에서 딱 한차례씩 발견된 이후 세 번째로 발견되는 것이었고 한반도에서 발견되기는 처음이라 방송과 신문 등에서 대대적으로 보도되기도 하였었다. 또 2007년 10월에는 붓들레야 꽃에서 꿀을 빨고 있는 희귀한 끝검은왕나비가 관찰되어 역시 몇몇 언론에 보도된 바 있다.

붓들레야의 끝검은왕나비.

녹색 비둘기.

정원의 기본 관리

관수

조경수 위주의 정원은 가뭄이 심하지 않는 한 관수의 필요가 크지 않으나 꽃밭 위주의 정원은 가뭄이 들면 적당히 물을 주어야 자람도 유지되고 꽃도 잘 핀다. 조경수도 옮겨 심은 지 2~3년 미만의 나무는 가뭄이 심할 경우 고사할 위험이 있으므로 물을 주어야 한다. 정원에서는 이런 경우에 대비하여 정원 설계 및 조성 때 수도관을 매설하고 수도꼭지를 설치하는 것이 편리하다. 정원이 좁을 경우에는 한곳에만 설치해도 되겠지만 정원이 넓은 경우에는 면적에 비례하여 두세 곳에 설치하여야 한다. 물을 줄 때는 한낮에 주면 증발량이 많고 식물도 급격한 토양 수분 변화로 스트레스를 받으므로 아침이나 저녁 무렵에 주는 것이 좋다. 한 번 물을 주기 시작하면 가급적 비가 올 때까지 매일 주는 것이 좋으며 도중에 중단하면 더 심하게 가뭄을 타게 된다. 스프링클러를 구입하여 설치하면 물을 주는 품을 줄일 수 있는데, 특히 잔디밭을 관리하는 데에 유용하다.

시비

식물은 햇빛을 받아 광합성 과정을 통해 물과 공기 중의 이산화탄소로부터 유기물을 합성할 수 있다. 그러나 식물체를 구성하는 여러 무기원소는 환경으로부터 공급받아야 한다. 식물체를 구성하는 원소에는 40여 종이 있으며 그중 탄소와 산소는 공기로부터, 수소는 물로부터 공급되고 나머지는 대부분 토양에서 뿌리를 통해 물에 녹은 채로 공급된다. 이 원소들 중에서 식물체가 가장 많이 필요로 하는 질소, 인산, 칼리를 비료의 3요소라고 부른다. 비료는 대개 이들 성분을 공급하게 되며 나머지 다른 원소들은 아주 적은 양이 필요하므로 미량요소라 부른다. 미량요소는 결핍되는 일이 적으나 때로 특정 식물이나 환경에서 결핍되어 장애가 나타나거나 성장이 억제되는 경우가 있다. 특히 연작을 하는 농경지에서 나타나기 쉬우며 조경수나 화초가 주요 식재물인 정원에서 미량요소가 결핍되어 문제가 되는 경우는 거의 없다.

다만 정원의 경우에도 산지 개발 과정에서 나온 생토 등으로 메운 매립지나 절개지 등의 경우

표토가 모두 제거되어 3요소뿐 아니라 미량요소도 결핍되는 경우가 있다. 이런 경우는 퇴비 등 유기질비료를 꾸준히 시비하면 3요소는 물론이고 미량요소도 공급되며 토양 개량과 함께 비옥화도 이루어진다.

식물에 필요한 비료 성분

질소

식물의 원형질을 구성하는 단백질과 유전정보의 저장체인 핵산의 구성 요소가 된다. 질소가 부족하면 성장이 억제되며 식물에 질소비료를 주면 그 효과가 가장 극명하게 나타난다. 하지만 너무 많이 주게 되면 식물체가 연약해지면서 키가 너무 자라고, 또 병해충에 의한 피해가 증가하는 부작용이 발생한다. 대표적인 질소비료로는 퇴비, 어박(魚粕) 썩힌 것, 유박(油粕, 깻묵) 썩힌 것 등이 있으며 화학비료로는 유안, 요소가 있다.

인산

핵산의 주성분이 되어 세포의 분열과 증식에 중요한 역할을 한다. 인산이 많이 들어 있는 비료로는 골분, 과인산석회 등이 있다.

칼리

나무 가지와 줄기를 튼튼하게 하고 식물체 내 단백질 합성 등에 관여한다. 칼리비료로는 초목회(재거름), 황산칼리, 염화칼리 등이 있다.

미량요소

마그네슘, 철분, 붕소, 염소, 황, 아연 등의 성분도 식물에 꼭 필요하지만 아주 적은 양이 요구되므로 이들을 통틀어 미량요소라 부른다. 미량요소는 특별한 결핍증이 나타날 때 시여하기도 하지만 정원수나 화초에서 그런 증상이 나타나는 경우는 드물고 일반적으로 퇴비를 적당히 주면 미량요소도 함께 공급된다.

비료의 종류

유기질비료

비료 공장에서 만든 화학비료가 아닌 잡초나 각종 동물의 분변 등을 썩혀 만든 퇴비와 같은 천연비료를 유기질비료라 한다. 퇴비는 만드는 재료에 따라 그 성분과 농도가 달라지며, 여러 성분이 들어 있으나 주성분은 질소이다. 화학비료보다 퇴비를 위주로 시비하게 되면 토양의 물리화학적 성질이 좋아지게 되고 유익한 미생물이 증가하여 식물의 건강과 성장에 효과적이므로 가급적 가정 정원에서는 유기질비료 위주로 시비하는 것이 좋다.

유기질비료도 원재료에 따라 우분퇴비, 돈분퇴비, 계분퇴비 등으로 나눌 수 있다. 우분퇴비는

유기질 비료.

소의 배설물과 깔짚 등을 썩혀 만든 것으로 거름의 농도가 약하고 섬유질이 많아 토질 개량에 가장 효과적이다. 또한 냄새가 적어 가정 정원이나 집 주변의 텃밭 등에 사용하기 편리하다. 돈분퇴비는 거름의 농도가 진하며 냄새도 많이 나는 편이다. 돈분퇴비는 가정 정원의 경우 적은 양을 사용하는 것이 좋으며 충분히 썩은 것을 사용해야 그나마 냄새가 덜하다. 계분퇴비는 퇴비 중 농도가 가장 진하며 냄새 또한 지독하다. 따라서 과수원 등에 많이 사용하며 가정 정원에의 사용은 삼가는 게 좋으며 사용할 경우에는 과잉 시비가 되지 않도록 주의해야 한다. 땅을 파고 거름을 준 후 흙으로 덮어야 악취를 줄일 수 있다.

자가 제조 퇴비

일상생활에서 많은 유기물 쓰레기가 발생하는데 이들을 썩히면 모두 좋은 퇴비가 된다. 채소를 다듬고 남은 찌꺼기, 기름 짜고 남은 깻묵, 과일 껍질과 음식 쓰레기, 커피를 내리고 남은 찌꺼기, 정원과 텃밭에서 뽑은 잡초, 가지치기 한 작은 나뭇가지와 잎, 낙엽 등은 모두 퇴비사에서 썩혀 거름을 만들 수 있다. 어떤 재료가 들어갔느냐에 따라 농도는 달라지지만 대개 우분과 비슷한 농도의 퇴비가 된다. 자가 퇴비를 만들 때 소금기가 많은 음식물 쓰레기를 그대로 썩혀 쓸 경우 염분으로 인한 장애가 나타나기 쉬우므로 소금기를 제거해야 한다. 또 잘 썩힌 후 정원에 넣어야 벌레가 생기지 않고 침출수에 의한 식물의 피해를 막을 수 있다. 퇴비사가 없을 경우 정원 구석에 자리를 마련하여 각종 유기물 쓰레기들이 생기는 대로 쌓아 썩혀도 된다. 야외 퇴비장의 경우 비가 올 때는 비닐 등으로 덮어 비를 맞지 않게 해야 거름 성분이 유실되지 않으며 어느 정도 썩은 후 쇠스랑으로 한두 번 뒤집어 주면 골고루 빨리 썩게 된다. 작은 나뭇가지나 낙엽 등으로 퇴비를 만들 때에 건조하면 썩기 어려우므로 적당히 물을 뿌려 주어야 한다. 퇴비사에 모아지는 유기물의 양이 많다면 수중 펌프를 구입하여 화장실에서 나온 정화조의 오수를 퍼 올려 수시로 퇴비사에 뿌려 주면 질소질도 추가되고 빨리 썩게 된다.

화학비료

화학비료는 농도가 아주 진하여 초보자는 실수

하기 쉬우므로 가급적 사용을 삼가는 것이 좋으며 사용하더라도 양이 과하지 않도록 특히 주의해야 한다. 조경수의 경우 농작물이나 초화에 비해 비료 흡수량이 적으므로 양을 더 줄여 시용한다. 화학비료에는 질소비료로 유안과 요소 등이 있으며, 칼리비료로 염화칼리, 인산비료로는 과인산석회와 용성인비 등이 공급되고 있다. 정원에서는 질소, 인산, 칼리가 함께 들어있는 복합비료를 사용하는 것이 편리하며 잔디밭에는 요소비료 위주로 뿌리면 된다.

재거름초목회

나뭇가지, 장작, 낙엽 등 각종 유기물을 태운 재는 여러 무기질 성분을 함유하고 있고 특히 칼리가 풍부하다. 다소 많이 주어도 장애를 일으키는 일은 없으나 성질이 알칼리성이므로 만병초, 철쭉, 진달래, 영산홍 등과 같이 산성 토양을 좋아하는 식물에는 사용하지 않는 것이 좋다.

훈탄 만들기와 효과

장작, 나뭇가지, 톱밥, 왕겨, 나뭇잎 등을 태우되 재가 될 때까지 태우지 않고 불길이 약간 약해질 무렵 물을 뿌리거나 흙을 덮어 불을 끄고 숯으로 만든다. 훈탄은 재거름과 같은 효과도 있지만 거름의 역할보다는 흙을 가볍게 하고, 공기를 잘 통하게 하는 역할을 한다. 또 산성 토양의 개량 효과와 물빠짐을 좋게 하는 등 흙의 물리화학적 성질을 좋게 해 주는 토양 개량제로 훌륭하며 특히 점질 토양 개량에 효과가 크다.

훈탄.

식물 종류별 시비 방법

가정 정원에서 식물의 종류에 따른 일반적인 시비량은 엽채류〉화초〉낙엽활엽수〉상록활엽수〉상록침엽수의 순이다. 침엽수가 비료를 가장 적게 필요로 하는데 이는 침엽수의 성장 속도가 느리기 때문이다. 또한 같은 그룹의 식물이라도 꽃이 크고 많이 피거나 열매를 많이 맺는 경우 더 많은 거름이 요구된다.

조경수목 시비

일반적으로 성목이 된 조경수에는 시비의 필요성이 없다. 아직 한창 자라야 할 어린 나무는 가을이나 이른 봄 싹트기 전에 뿌리 부근을 방사상으로 파고 퇴비를 주면 좋다. 질소 성분의 시비량이 많아지면 성장이 빨라지지만 한편으로는 진딧물 등 병충해가 많아지므로 너무 많이 주지 않도록 한다.

꽃나무 시비

모란처럼 큰 꽃을 많이 피우거나 장미처럼 봄부터 가을까지 지속적으로 꽃을 피우는 꽃나무는 다른 조경수보다 양분을 많이 요구하므로 시비의 필요성이 더 크다. 이런 꽃나무는 늦가을부터 초겨울 사이에 포기 주위를 가볍게 파고 잘 썩은 퇴비를 적당히 뿌려 준 후 흙을 덮어 주면 매년 꽃을 잘 피우게 된다.

초화류 시비

매년 꽃을 피우는 초화는 적당하게 거름을 주면 자람도 왕성하고 꽃도 크고 많이 피게 된다. 특히 개간한 땅이나 매립토 등의 경우에는 토양에 비료 성분이 부족하므로 심기 전에 퇴비를 밑거름으로 뿌리고 땅을 갈아엎은 후 화초를 심는다. 자람에 따라 한두 차례 추가로 덧거름을 주면 좋다.

잔디밭 시비

기름진 땅에 조성된 잔디밭은 시비의 필요성이 거의 없지만 메마른 땅에 조성된 잔디밭은 매년 봄에 소량의 복합비료를 뿌리고 봄부터 여름에 걸쳐 요소비료를 한두 차례 뿌려 주면 효과가 좋다. 잔디밭의 경우 잡초 등을 썩힌 퇴비나 외양간에서 나온 퇴비 등을 뿌리면 퇴비 속에 있던 잡초의 종자가 자라게 되므로 화학비료를 사용하는 것이 좋다.

가정 과수 시비

매실나무, 감나무 등의 가정 과수는 꽃이 피고 또 열매를 맺는 데 많은 양의 양분이 소요되므로 일반 조경수보다 더 많은 거름을 주는 것이 좋다. 가을에 낙엽이 진 후 나무뿌리 주위를 방사상으로 파고 퇴비나 화학비료를 약간씩 준다. 그런 다음 봄에 꽃이 핀 후 추가로 시비를 하면 된다. 과수도 시비량이 과하면 오히려 나무가 해를 입거나 병충해가 잘 발생하므로 항상 모자란 듯 시비하는 것이 안전하다.

텃밭 시비

채소 등을 가꾸는 텃밭의 경우 작물에 따라 거름의 종류와 시비량, 시기가 달라진다. 대개 파종할 때 밑거름으로 퇴비나 복합비료를 주면 좋다. 생육 기간이 긴 작물의 경우는 도중에 덧거름을 주기도 하는데, 채소밭의 경우는 요소비료를, 알뿌리 작물이나 곡물을 가꾸는 경우 복합비료를 주는 것이 좋다. 비료는 비가 온 직후나 비 오기 직전에 뿌리면 효과가 빨리 나타난다. 채소류에 화학비료를 덧거름으로 줄 때는 잎에 비료가 닿지 않도록 한다. 잎이나 포기 속에 비료를 주면 진한 비료로 인해 잎이 마르거나 포기가 시들 수 있다. 작물을 재배하는 텃밭의 경우는 계속 농작물을 수확하다 보면 거름 성분이 고갈되므로 일반적으로 꽃밭이나 조경수를 심은 정원보다 시비의 필요성이 더 크다.

거름주는 시기

비료는 식물이 성장할 때 필요하므로 이 시기에 맞추어 주는 것이 좋지만 편의성과 노동력 분배 등을 감안하여 적당한 시기에 주면 된다. 모든 식물이 생장을 시작하는 이른 봄이 시비의 적기가 된다. 또 열매를 많이 맺는 정원수의 경우 열매를 맺는 데 많은 양분이 소요되므로 꽃이 지고 난 후 열매를 위한 거름을 추비로 주면 좋다. 조경수의 경우에는 비교적 짧은 기간 재배하여 수확하는 농작물과 달리 한곳에 지속적으로 식재된 상태로 존재하므로 시비의 시기는 보다 융통성이 크다. 즉, 겨울 동안 시비해 두면 봄부터 여름에 걸쳐 지속적으로 그 효과가 나타나게 되므로 시기를 그리 따지지 않아도 되는 것이다.

잡초 제거

화초를 심은 꽃밭과 잔디밭은 잡초가 발생하기 쉽다. 잡초는 한 번 무성해지면 제거하기 힘들게 되므로 너무 크게 자라기 전에 어릴 때 제거하는 것이 좋다. 어릴 때 수시로 제거해야 잡초의 씨앗이 퍼지지 않으므로 일을 줄이게 된다. 잡초 매는 일이 싫다면 정원을 가급적 조경수 위주로 꾸미고 조경수 아래에는 음지에서 잘 자라는 둥굴레, 비비추, 새우란, 천남성 같은 야생화를 심어 두면 지면에서는 광량이 부족하여 잡초 발생을 크게 줄일 수 있다. 조경수 아래에 야생화를 심지 않더라도 깎아낸 잔디, 낙엽, 우드칩 등으로 멀칭을 하면 역시 잡초 발생을 억제하는 데 큰 효과가 있다.

정지와 전정

'정지(整枝)'는 수목의 수형을 원하는 대로 만들기 위하여 가지를 유인하거나 자르는 등의 과정을 말한다. 반면 '전정(剪定)'은 나무의 가지를 톱이나 가위로 자르는 것을 의미한다.

전정 효과

조경수는 아름다운 수형을 유지해야 하므로 불규칙적으로 자라는 가지와 돌출지 등을 잘라낼 필요가 있다. 또한 줄기와 가지를 자르면 성장이 억제된다. 너무 크게 자라 문제가 되는 정원수의 경우 적당한 전정으로 이를 억제할 수 있다. 또 꽃눈 형성을 억제하거나 촉진하기 위해 전정하기도 한다. 예컨대 배롱나무는 그해에 새로 자란 가지에서 꽃이 피므로 가지를 자르면 새 가지가 힘차게 자라게 되고 꽃이 많이 피게 된다. 거꾸로 꽃눈이 형성된 가지를 전정하면 꽃과 열매가 맺지 않아 영양 생장이 촉진될 수도 있다. 과일나무는 적당히 전정하여 나무 전체에 햇볕이 고루 잘 들게 하고 결과수를 조절하여 상품성을 높일 수 있다.

정지와 전정 방법

수형이 완성된 나무의 전정은 밀집한 가지를 솎아 내어 햇빛과 바람이 고루 들게 하고, 또 너무 세력이 강해서 돌출하여 자라는 가지는 적당한 길이로 잘라 수형이 유지되게 한다. 위를 향해 자라는 가지와 상부의 가지는 자람이 왕성하고 아래쪽 가지는 활력이 떨어지므로 위쪽 가지를 강하게 전정하여 억제하고 아래쪽 가지는 약한 가지를 솎아 주어 생장을 도와주면 좋다.
조경수의 수형을 만들 때는 그 수종 고유의 특성을 살리는 방향으로 하는 것이 자연스럽고 보기도 좋다. 간혹 단풍나무나 벚나무 등의 줄기를 과도하게 구부리거나 서로 꼬아 기이한 모양을 연출하는 경우도 볼 수 있는데 결코 바람직한 모양이 아니다. 자연스런 수형을 살린다고 해서 방임하라는 것은 아니다. 조경수는 한정된 면적에 선택된 나무이므로 자연스러우면서도 아름다운 모습을 유지할 수 있도록 다듬고 관

잘 가꾸어진 소나무.

리해야 할 필요가 있다. 또 너무 크게 자라서 문제가 되는 나무도 매년 적당하게 전정하여 적절한 크기 이내로 억제한다. 대부분의 활엽수는 맹아력이 강해 필요한 곳에서 자르면 자른 부위 부근에서 새로이 싹이 자라고 가지가 생기므로 전정하기 쉬운 편이다. 그러나 소나무를 비롯한 침엽수는 대개 맹아력이 약하거나 없으므로 줄기를 자르는 데 보다 신중해야 한다.

전정 시기

조경수의 전정을 꼭 언제 해야 한다는 법은 없다. 다만 꽃 피기 전에 가지를 치면 꽃을 감상할 수 없으며 늦여름이나 초가을에 추위에 약한 수목을 강전정하면 새로 자란 가지가 미처 굳어지기 전에 겨울 추위에 노출되어 동해를 입기 쉽다. 조경수 전정은 대체로 식물이 휴면하고 있는 늦가을부터 겨울 사이에 하는 것이 좋으며 추위에 약한 종류는 겨울이 끝날 무렵이나 봄에 싹이 트기 전에 하는 것이 안전하다. 잔디밭 가에 경계 식재한 회양목이나 꽝꽝나무 그리고 생울타리로 심은 수목 등의 전정은 양손 전정가위를 이용하거나 전기로 작동하는 전동 헤지 커터(hedge cutter)를 이용하면 편리하다.

초화류 관리

초화류는 성장이 빠르고 매년 꽃을 피우므로 수목보다 더 많은 양분이 필요하다. 따라서 모종을 심거나 씨를 뿌릴 때 적당량의 퇴비나 복합비료를 뿌리고 밭을 간 다음에 심으면 성장도 좋고 꽃도 많이 핀다. 조경수는 뿌리가 깊이 벋어 웬만한 가뭄에도 별도로 관리하지 않아도 되지만 초화류는 가뭄이 들면 성장이 멈추고 꽃도 충분히 피지 못하므로 물을 주어야 한다.

잔디밭 관리

우리 토종 들잔디로 만든 잔디밭 관리에서 가장 큰 부분은 잡초를 제거하는 일이다. 들잔디는 키가 작으므로 잡초가 자라기 좋은 환경이 된다. 따라서 수시로 호미로 잡초를 제거해야 아름다운 잔디밭이 유지된다. 쌍떡잎식물만 선택적으로 제거하는 제초제를 사용할 수도 있으나 띠나 바랭이 같은 외떡잎식물은 따로 제거해야 한다. 잡초를 효과적으로 관리하는 또 다른 방법은 잔디를 자주 깎는 것이다. 잔디를 자주 깎으면 잡초는 세력이 약해지고 씨앗 생산을 하지 못하게 된다. 양잔디의 경우 잔디가 빨리 자라므로 토종 잔디밭보다 더 자주 깎아 주어야 하며 잡초 발생은 상대적으로 적은 편이지만 역시 잡초를 제거해 주어야 한다. 또한 양잔디는 가뭄에 견디는 힘이 약하므로 가뭄이 들면 스프링클러 등으로 관수하여야 아름다운 잔디밭이 유지된다.

정원 관리 도구

전정가위

전정가위는 정원 관리의 가장 필수적인 도구이다. 나무를 다듬을 때는 물론이고 나무를 파서 옮길 때, 뿌리를 끊는 데도 사용된다. 큰 가지를 자를 때는 큰 가위가 유리하며 잔가지를 다듬을 때는 양손형 가위가 편리하므로 각각 준비한다. 또 높은 곳의 가지를 자를 수 있게 손잡이의 길이를 조절할 수 있는 양손형 가위도 있다.

잔디깎기

잔디밭이 있다면 잔디깎기도 필수 도구다. 예전에는 사람이 미는 힘으로 잔디를 깎는 수동식이었지만 이제는 대부분 전동식이나 엔진식을 주로 사용한다. 대체로 가정 정원에는 엔진식보다

잔디 깎기.

는 전동식이 가격도 저렴하고 매연도 나지 않아 편리하다. 학교나 골프장 같은 대규모 잔디밭에는 사람이 승차하여 운전하는 승용형 잔디깎기를 사용하기도 한다.

톱

전정가위로 자르기 어려운 굵은 가지를 자를 때 쓰는 도구이다. 큰 나무를 옮겨 심을 때는 뿌리를 절단할 때도 필요하므로 정원 관리에서 전정가위 다음으로 많이 쓰이는 정원 도구이다.

호미

잡초를 뽑을 때는 물론이고 작은 화초나 묘목을 심을 때도 필요하다.

삽

나무를 파서 옮겨 심거나 정원의 흙을 고르거나 할 때 필요하다. 자루가 나무로 된 삽과 쇠로 된 삽이 있는데 나무로 된 것은 잘 부러지고 쇠로 된 삽이 오래 쓸 수 있다.

괭이

나무를 파내거나 흙을 파 일굴 때 사용되는 도구이다. 나무를 팔 때는 보다 무거운 괭이가 편리하고 흙을 고를 때는 가벼운 괭이가 편리하므로 용도에 따라 두어 개 준비하면 좋다.

양날도끼

비교적 큰 나무를 파낼 때 뿌리를 끊는 용도로 사용한다. 철물점에서 구입할 수 있다.

고지 가위긴 자루 가위

높은 곳의 가지를 자르거나 과일을 딸 때 편리하게 이용할 수 있다.

긴 자루 톱

자루가 달린 톱으로 높은 가지를 자를 때 편리하다. 때로는 사다리 위에 올라서서 자르기 어려운 높은 가지를 잘라 내야 하는 경우가 있는데 이런 경우에 긴 자루 톱이 유용하다. 톱날은 교체가 가능하며 자루의 길이가 조절 가능한 제품도 있다.

사다리

사다리는 큰 조경수의 가지를 다듬거나 열매를 따는 등 여러 용도에 사용되므로 높이가 높은 사다리와 낮은 사다리 등 두 개 정도를 갖추어 두면 편리하다.

전동 헤지 커터

생울타리를 다듬거나 경계 식재한 관목을 다듬을 때 편리하다. 전기로 작동되므로 힘이 덜 들지만 꽤 무겁고 소음이 상당하다. 가격은 20만원 내외이다.

손수레

소형의 손수레가 편리한데 손수레는 외바퀴 형과 두 바퀴 형이 있다. 외바퀴 형은 익숙하지 않은 사람은 다루기 어려워 자칫 쓰러질 수도 있으므로 두 바퀴 형이 쓰기에 편리하다.

전동 헤지 커터.

월별 정원 관리

1월의 정원 관리

1월은 연중 가장 추운 시기이다. 대기는 건조하고 기온은 극히 낮아 추위에 약한 수종은 동해를 입기 쉬우므로 월동 준비가 미흡할 경우 다시 한 번 살펴보고 동해를 입지 않도록 조치한다. 가장 추운 계절이지만 2월이면 서서히 봄기운이 들므로 새봄에 심을 새로운 꽃이나 묘목을 구상하고 종묘상에 미리 주문하는 것도 이 시기에 할 일이다. 어느 정도 완성된 정원에서는 크게 자란 나무의 밀집된 가지를 솎아 내고 길게 자란 가지를 잘라 수형을 다듬어 주는 것도 정원 일이 한가한 이 시기에 하면 좋다. 그러나 추위에 아주 약한 수목의 전정은 조금 더 기다렸다 2월 이후에 하는 것이 안전하다.

2월의 정원 관리

아직 겨울 추위가 매섭지만 서서히 봄의 기운이 느껴지는 시기가 2월이다. 중부 지방은 아직 겨울이지만 남부 지방은 2월 중순이면 매화가 꽃망울을 터트리기 시작한다. 봄이 오는 신호인 것이다. 다 자란 조경수에는 거름이나 비료를 줄 필요가 없지만 아직 어린 나무는 나무 주위를 빙 둘러 파고 약간씩의 퇴비를 주면 오는 봄에 나무가 자라는 데 영양소가 될 것이다. 꽃을 피우는 데 양분이 많이 소요되는 모란이나 장미 등은 이때 퇴비를 잊지 않고 주는 것이 좋으며 꽃을 피우는 야생화 등에도 잘 썩은 퇴비를 적당히 뿌려 주면 나중에 자람이 촉진된다. 동해를 염려하여 미루어 두었던 배롱나무, 무환자나무, 기타 난대성 상록수 등의 전정 적기도 바로 2월이다.

3월의 정원 관리

중부 지방은 아직 추위가 가시지 않지만 남부 지방은 한낮에는 완연히 봄기운을 느낄 수 있다. 겨울 동안 정원 일을 하지 못해 몸이 근질근질하던 사람들도 이제는 정원에서 즐거운 주말을 보낼 수 있게 된다. 매화, 산수유, 히어리, 생강나무 등의 봄꽃 소식이 남녘에서 점차 북상하며 숙근초 밭에서는 뾰족뾰족 새싹이 돋기 시작하여 야생화의 새싹을 보는 즐거움도 크다. 정원을 가꾸는 사람들에게는 하루가 다르게 계절의 변화를 실감할 수 있는 시기인 것이다.

남부 지방에서는 3월 초부터 나무 이식과 묘목 식재의 적기가 되며, 중부 지방은 3월 중순경부터가 나무 심기의 적기가 된다. 기존에 심은 조경수의 위치가 마음에 들지 않으면 이 시기에 옮겨 심으면 좋다. 또 종묘상이나 화원을 방문하여 새로운 묘목이나 화초를 사서 심는 시기이기도 하지만 아직 밤 동안에는 기온이 영하로 뚝 떨어질 수도 있는 시기이므로 추위에 약한 수종은 3월 중순이나 하순 이후로 미루어 심도록 한다. 각종 수목의 꺾꽂이에 가장 좋은 시기도 3월이므로 번식이 필요한 나무는 이 시기에 잘라 꽂는다.

4월의 정원 관리

남부 지방은 물론이고 중부 지방도 봄기운이 완연한 시기이다. 정원을 가꾸는 사람은 하루하루의 기후 변화가 반갑고 정원 일이 즐거운 시기이다. 낮도 점차 길어져 정원에서 보낼 시간이 늘어나는 것도 기분 좋은 일이다. 4월은 본격적인 봄꽃의 향연이 펼쳐지며 정원을 가꾸는 일도 감상하는 일도 모두 즐거운 계절이다. 3월에 미처 심지 못한 조경수가 있다면 식재를 서두르고 또 새로 구입하여 심는 묘목의 식재도 마무리해야 할 시기이다. 아울러 봄에 심는 구근식물이나 야생화 식재의 적기이므로 겨울 동안 구상해 둔 대로 실천에 옮긴다. 지난가을에 저장해 두었던 수목과 야생화의 종자 파종도 이때가 적기이므로 시기를 놓치지 않도록 한다. 접붙이기에 적당한 시기도 4월이니 각종 수목의 우량 품종이나 과수의 번식이 필요할 경우 이 시기를 놓치지 않도록 한다.

5월의 정원 관리

4월에 이어 많은 꽃나무와 화초들이 꽃을 피워 정원을 화려하게 수놓는 시기다. 4월에 이어 5월은 가장 많은 봄꽃들이 피어나는 시기라 정원을 가꾸느라 애쓴 지난 한 해 동안의 노력이 모두 보상 받는 계절이기도 하다. 그러나 화초를 심거나 조경수를 보살피는 등의 정원 일은 여전히 바쁠 때이다. 겨울에 가볍게 주었던 퇴비의 효력이 사라지는 시기이므로 생장을 촉진해야 할 어린 나무나 화초들에 적당히 덧거름을 주도록 한다. 퇴비나 비료는 언제나 적은 듯 주어야 탈이 없다. 빨리 기르고 번식시키려 무리하게 비료를 많이 주면 비료의 해를 입어 오히려 식물의 성장이 억제되거나 병충해가 들끓게 된다. 심하면 식물이 고사하기도 하므로 양이 넘치지 않도록 주의해야 한다.

6월의 정원 관리

화려했던 꽃의 계절이 지나고 무성한 잎의 계절이다. 조경수 중 너무 무성하게 자라는 도장지 등은 수시로 적당히 잘라 주면 보기 좋은 수형을 유지하게 된다. 잔디밭과 초화류가 심긴 꽃밭은 잡초가 무성하게 자라는 시기이므로 잡초 제거에 소홀할 수 없다. 잔디밭의 잡초는 수시로 뽑아 씨앗이 떨어지지 않게 관리해야 하며 잔디를 자주 깎아 주는 것도 좋은 제초법이 된다.

6월 하순이 되면 전국이 장마기에 접어들게 되므로 사전에 배수로를 정비하여 큰비가 와도 물이 잘 빠지게 대비해야 한다. 대부분의 식물은 물이 고이게 되면 뿌리가 호흡하기 어려워 성장이 지체되고 심하면 고사하게 되므로 물이 잘 빠지도록 정원을 관리하는 것은 매우 중요한 일이다. 또한 비가 많이 오면 유기물이 풍부한 표토가 유실되기 쉬운데 짚이나 낙엽, 깎아낸 잔디 등으로 멀칭을 하면 표토의 유실을 막을 수 있다. 장마기는 상록활엽수의 이식에 가장 적합한 시기이기도 하고 또 삽목(꺾꽂이) 적기도 되므로 이식이 필요한 나무는 이 시기를 놓치지 않도록 한다. 이식한 나무는 여름철 태풍 등에 나무가 쓰러지거나 줄기가 흔들리기 쉬우므로 반드시 지주를 세운다.

7월의 정원 관리

6월 하순부터 시작된 장마는 대개 7월 20일경까지 지속되므로 장마에 대한 대비와 처치가 7월 정원 관리의 핵심이 된다. 물이 고이는 곳이 있으면 제때에 처리한다. 6월에 이어 상록활엽수의 이식 적기가 되지만 가급적 7월 초순까지는 마치는 것이 좋으며 상록수는 지엽이 무성하므로 뿌리가 잘리는 만큼 밴 가지를 솎고 가지를 쳐 주어야 잘 활착한다. 7월은 비가 많이 오고 장마로 햇빛이 부족하며 공중 습도가 높은 시기이다. 따라서 병충해가 많이 발생하므로 주의 깊게 살펴 적당한 약제를 살포할 필요도 있다. 이 시기에 시비를 하면 식물이 연약하게 자라게 되어 병충해를 조장할 우려가 있으므로 시비는 삼가는 것이 좋다.

장미나 매실나무, 라일락 등을 눈접하기에도 좋은 계절이다. 눈접은 접수 저장 없이 바로 눈을 떼어 내어 접을 붙이므로 방법을 익혀 두면 우량 품종의 증식에 활용할 수 있다.

8월의 정원 관리

장마도 끝나고 연중 가장 무더운 여름이 지속되는 시기이다. 때로 호우가 내리기도 하고 가뭄이 지속되기도 하므로 이에 대한 대비가 필요하다. 가뭄이 들면 옮겨 심은 지 오래되지 않은 나무는 뿌리가 특히 취약하므로 적당히 물을 주어야 한다. 물을 줄 때는 나무 주위에 약간의 고랑을 파거나 북을 돋우어 물이 흘러 나가지 않게 하여야 물이 땅속으로 제대로 스며들게 된다. 물은 오후 늦은 시간이나 아침나절에 주는 것이 좋으며 낙엽이나 짚 등으로 멀칭을 하면 토양으로부터의 증발을 막으므로 효과적이다.

태풍이 자주 내습하는 시기이므로 태풍 후 줄기가 쓰러지거나 흔들린 나무가 있으면 바로 세워 주고 지주를 다시 세우도록 한다. 정원의 소나무는 봄철에 자란 새순이 너무 무성하여 보기 싫으므로 여름철에 순치기를 하면 단정하고 보기 좋은데 7~9월이 적기이다. 정원에 생울타리나 둥글게 다듬어 기른 조경수가 있다면 너무 자라 무성해지고 모양이 흐트러지므로 전정가위나 전동 헤지 커터로 다듬어 준다.

9월의 정원 관리

아직 더위가 심하지만 여름의 절정을 지났으니 다시 정원으로 나가고 싶은 마음이 드는 계절이다. 조경수의 도장한 가지와 크게 웃자란 가지는 적당히 다듬어 주어 모양을 유지한다. 그러나 추위에 약한 상록활엽수의 경우 강하게 전정하면 가을에 여린 가지가 자라 동해를 입기 쉬우므로 가볍게 다듬는다. 소나무의 순치기가 끝나지 않았으면 이달 중에 마무리한다. 꽃이 진 각종 상사화와 꽃무릇은 이 시기에 옮겨 심으면 이듬해에 꽃이 피는 데 지장이 적다.

10월의 정원 관리

가을이 무르익는 계절이다. 여름철에 걸쳐 정원

곳곳에 자란 잡초가 있다면 제거할 적기이다. 잡초는 늦게 뽑으면 이미 종자가 떨어져 지속적으로 풀이 발생하므로 씨앗이 익기 전에 예방 차원에서 미리 뽑는 것이 좋다. 각종 정원수와 화초의 씨앗이 익는 계절이므로 필요한 경우에는 종자를 채취하여 정선하고 저장한다. 대체로 종자 저장은 젖은 모래 속에 묻어 저장하면 좋다. 가을에 심는 구근 종류의 식재 적기도 된다.

11월의 정원 관리

단풍이 아름답게 물드는 계절로 식물은 한 해 동안의 성장을 마무리하고 겨울 준비에 들어가게 된다. 추위에 강한 낙엽활엽수는 11월이 이식에 가장 좋은 계절이다. 이때 나무를 심으면 가을에서 겨울 동안에 새 뿌리가 내리므로 이듬해 봄의 성장에 유리하다. 다만 추위에 약한 수목이나 너무 어린 나무는 가을에 심으면 겨울 동안 서릿발의 피해를 입기 쉬우므로 봄에 심는 것이 안전하다. 11월 중하순이면 낙엽수는 나뭇잎이 떨어지므로 수형을 파악하기 쉽고 또 나무도 휴면에 들어가므로 수목의 모양을 가다듬고 가지치기를 하기에 좋은 계절이다. 다만 추위에 너무 약한 수목의 가지를 치면 추위에 더 약해지므로 기다렸다 2월경에 치도록 한다.

겨울에 대비하여 추위에 약한 조경수의 줄기를 짚으로 싸고 뿌리목에는 짚이나 낙엽 등을 충분히 덮어 땅이 심하게 얼지 않도록 한다. 추위에 약한 숙근초도 심은 곳을 짚이나 낙엽으로 덮고 비닐을 한 겹 덮어 두면 땅이 심하게 어는 것을 막을 수 있다. 상록 야생화는 낙엽 등을 덮되 잎 끝이 살짝 살짝 보이도록 해 두어야 잎이 물러지거나 상하지 않는다. 정원에 물을 주기 위해 설치한 수도꼭지나 스프링클러 등도 겨울 동안 얼어 터지지 않도록 회수하거나 비닐 등으로 잘 싸서 겨울에 대비한다.

12월의 정원 관리

정원지기는 어느 정도 한가해지는 본격적인 겨울철이지만 그래도 할 일은 있다. 11월에 이어 월동준비를 마무리한다. 수형이 중시되는 조경수는 겨울 동안 가지다듬기와 유인 등으로 수형을 만들어 갈 수 있다. 불필요한 가지나 나무를 솎아 내는 일도 여유가 있는 겨울이 적기이다. 눈이 많이 내리는 지역에서는 겨울 가뭄 걱정이 없는 대신 상록수가 눈의 무게를 못 이겨 가지가 부러지는 피해를 입기 쉬우므로 필요하면 눈을 털어야 한다. 특히 소나무의 경우 눈으로 가지가 부러지면 수형이 망가져 정원수로서의 가치가 크게 떨어질 수 있으므로 눈 털기를 소홀히 할 수 없다.

아름다운 소나무, 정지법과 손질 요령!

먼저 밴 가지를 솎아 낸다. 밴 가지를 그대로 두면 아래 쪽 가지에 햇빛이 비치지 않아 결국 가지가 약해져 죽고 만다. 소나무는 강한 양수이므로 햇볕을 충분히 받지 못하는 가지는 쇠약해져 죽게 된다.

가지의 배치는 사방으로 벋게 조정하되 정면에서 봤을 때 좌우로 힘센 가지들이 벋도록 유도해야 아름다운 수형을 가지게 된다. 전체적으로 좌우로 지그재그 모양으로 가지를 배치하면 보기 좋은 모습이 된다.

새로 돋은 새순은 여러 개 중 한두 개만 남기고 모두 솎아 버리며 남긴 순도 1/3 정도만 남기고 순을 친다. 나무를 빨리 기르고 싶을 경우에는 절반 정도 남기며, 자라는 것을 강하게 억제하고 싶을 때는 1/4 이하로 줄여 순을 친다.

5월경에 순치기를 하면 손으로 쉬 꺾어지며 6~7월에 하면 단단하므로 전정가위를 이용한다.

* 조경수로 많이 심는 반송도 마찬가지다.

소나무 순치기.

정원수

정원수의 조건

정원에 심을 수 있는 나무에 제한이 있는 것은 아니고 어떤 수종이라도 정원수로 활용할 수 있다. 그렇지만 정원이 좁은 공간에 자연의 미를 창출해 내는 종합 예술이라면 가급적 꽃, 잎, 수형, 열매, 단풍, 수피 등 관상할 수 있는 대상이 적어도 한 가지 이상 뚜렷하게 있는 종을 심는 것이 바람직하다. 주인의 기호나 취향, 기후, 정원의 면적, 여러 자연환경적 조건 등에 따라 달라지겠지만 대체로 다음과 같은 조건을 갖춘 정원수를 선택하면 좋을 것이다.

- 꽃, 단풍, 열매, 잎, 수피, 수형 등이 관상 가치가 높은 나무
- 번식이 잘 되고 이식과 관리가 쉬운 나무
- 지역의 기후와 토양에 적응할 수 있는 나무
- 주위 환경 또는 다른 정원수들과 조화될 수 있는 나무
- 병충해에 강한 나무
- 전정을 견딜 수 있어 수형 만들기와 유지가 되는 나무
- 수명이 긴 나무

좋은 정원수 고르기와 구하기

정원수는 관상에 중점을 두는 나무인 만큼 같은 수종이라도 수령과 수형 그리고 줄기의 굵기에 따라 가격 차이가 아주 크다. 같은 수령 50년생의 소나무라 할지라도 수형이 얼마나 조화롭고 아름답냐에 따라 그 가격 차이는 몇 배에 이를 수 있다. 수형뿐 아니라 줄기의 굵기도 아주 중요한 요소가 된다. 똑같은 3m 크기의 동백나무라 할지라도 원줄기의 굵기가 굵은 나무는 훨씬 가치가 있다. 특히 가정 정원에서는 너무 큰 나무는 뜰이 좁게 보이고 이웃 나무에 그늘이 많이 드리워지므로 키가 작으면서 수형이 좋고 줄기가 굵은 나무가 선호된다.

수세도 중요하다. 너무 그늘진 환경에서 재배하여 연약하게 자란 나무는 이식 후 활착도 나쁘고 수형도 좋지 않으므로 주의해야 한다. 대체로 수관이 넓고 가지가 사방으로 고루 잘 벋으며, 잎의 색이 진녹색보다는 황록색에 가까운 나무가 햇볕을 충분히 받고 튼튼하게 자란 나무라고 생각하면 틀림없다. 반면에 키만 크고 수관이 좁으며 가지도 적게 발달한 나무는 밀식

하여 재배한 나무이므로 구입에 신중을 기해야 한다. 또 봄철에 분을 붙여서 파는 나무를 고를 때는 나무의 근분도 잘 살펴야 한다. 나무의 크기에 비해 근분이 너무 작으면 심은 후 고사의 위험이 있으므로 가급적 분이 크면서 갈라지거나 깨어지지 않고 단단하게 감긴 나무를 구입하면 좋다. 특히 크게 자란 정원수를 사서 심을 때는 여러 번 옮겨 심어 잔뿌리가 많이 발생하고 키가 너무 크게 자라지 않은 나무를 선택하면 심은 후에도 뿌리가 쉽게 내리고 몸살도 적게 한다.

관상 용도별 정원수

여러 관상 요소를 갖춘 최고의 정원수

정원에 심을 만한 나무는 정말 셀 수 없이 많은 종류가 있지만 꽃도 좋고 열매도 좋고 또 단풍도 좋은 등 관상 요소를 여럿 가지고 있다면 금상첨화다. 조경수 중에서도 가장 먼저 정원에 심어 두기를 권하고 싶은 나무를 스무 가지만 꼽아 본다.

노각나무 *Stewartia koreana*

6월 초순부터 7월 사이에 피는 흰 꽃이 아름답다. 꽃이 한 번에 피기보다는 차례차례 피어 약 20일 내외 지속된다. 꽃의 모양과 크기는 흰 동백과 흡사하다. 줄기의 수피가 불규칙적으로 벗겨져 회색 및 갈색으로 알록달록하면서 매끈하여 아주 아름답다. 노각나무는 비단나무라 부르기도 하는데 바로 매끈한 수피에서 연유한다. 수피가 아름다운 나무로는 모과나무와 배롱나무를 꼽을 수 있는데 노각나무도 이에 못지않으며 색깔도 배롱나무와 비슷하다. 또한 노각나무는 가을에 황색으로 물드는 단풍이 무척 아름다워 단풍수로도 손색이 없으니 결국 꽃, 수피, 단풍의 삼박자를 다 갖춘 우수한 조경수목이라 할 수 있다.

번식은 종자로 하는데 가을에 종자를 채취하여 젖은 모래에 묻어 두었다가 이듬해 봄에 파종한다. 파종 후에는 짚을 덮거나 해가림을 하여 마르지 않게 관리 묘목은 성장이 느려 개화까지 상당히 오랜 기간이 소요된다.

산딸나무 *Cornus kousa*

우리나라 중부 이남의 산지에 자생하는데 대개 활엽수의 수림 속에서 볼 수 있다. 5~6월에 피는 흰 꽃은 나무를 뒤덮을 정도로 풍성하며 또한 9~10월에 붉게 익는 둥근 열매도 특이하고 아름답다. 열매는 식용이 가능한데 맛은 달짝지근하며 새들도 좋아하므로 생태 정원이나 생태 공원에 심기 좋다. 가을에 홍색으로 물드는 단풍이 환상적일 정도로 아름답다. 나이를 먹으면 수피가 불규칙적으로 벗겨져 수간이 알록달록한 얼루기를 가지게 되는 점도 매력적이다. 토심이 깊은 곳에서 잘 자라지만 메마르고 건조한 환경에서의 적응력도 강하다. 번식은 종자로 하는데 가을에 종자를 채취하여 모래에 묻어 두었다가 이듬해 봄에 파종한다.

함박꽃나무(산목련) *Magnolia sieboldii*

우리나라 전역에 자생하며 대개 깊은 산의 중턱 숲 속에서 자라는데 흔히 산목련이라 부른다. 꽃은 직경이 5~7cm 정도이고, 흰 꽃잎에 붉은 수술과 노란 암술이 있어 매우 아름답다. 꽃은 맑고 깨끗하면서도 강한 향기를 자랑하는데, 5월 중순부터 피기 시작하여 6월 하순까지 약 40일간 지속된다.

함박꽃나무의 번식은 실생(實生, 종자), 휘묻이, 접붙이기로 할 수 있는데 종자로 하는 것이 가장 쉽다. 가을이면 솔방울 모양의 골돌이 열리고 빨간 종자가 노출된다. 이 빨간 종자를 채취하여 직파하거나 모래 속에 묻어 두었다가 이듬해 봄에 파종한다. 주의할 것은 다른 일년초의 종자처럼 말려 저장하게 되면 발아하지 않는다는 것이다. 휘묻이법은 연하고 늘어지기 쉬운 가지를 휘어 땅속에 묻어 두어 뿌리가 내리게 하는 방법으로 봄이나 여름에 휘묻이를 했다가 이듬해 봄, 새순이 피기 전에 떼어 심으면 된다. 접붙이기는 목련을 대목으로 사용하는데 4월경에 절접(깎아접)으로 한다.

히어리 *Corylopsis coreana*

전 세계적으로 우리나라에만 자생하는 한국 특산종이다. 우리나라에서도 지리산, 전남 광양의 백운산 등 일부 지역에만 분포하는 귀한 식물이다. 이른 봄에 매화가 필 무렵에 밝은 노란색 꽃이 늘어지며 피는 히어리는 꽃 자체도 예쁘지만 회색의 겨울에서 밝고 환한 봄을 선사하므로 더욱 반갑고 아름답게 느껴진다. 꽃이 너무 일찍 피면서 꽃 자체는 추위에 약하므로 늦추위에 꽃이 얼어 변색되는 일이 자주 일어나기도 한다. 가늘게 골이 진 잎사귀는 그 자체로도 기품이 있지만, 가을에 황색 또는 등황색으로 물드는 단풍은 정말 아름답다. 관목으로 키는 대개 3~4m 내외까지 자란다. 남부 지방에 자생하지만 추위에 강하여 전국 어느 곳이든지 재배 및 식재가 가능하다. 히어리의 번식은 종자와 꺾꽂이 및 포기나누기로 하는데 꺾꽂이의 발근율은 좋은 편이 아니다.

마가목 *Sorbus commixta*

장미과에 속하는 낙엽소교목으로 높이는 5~8m까지 자란다. 꽃은 5월경에 가지 끝에 흰색의 작은 꽃들이 밀집하게 피어 매우 아름답다. 열매는 직경이 5~8mm 정도로 둥글며 10월에 주황색으로 익는다. 우상복엽의 잎은 가을이면 황갈색으로 단풍이 든다. 여름의 무더위를 싫어하므로 남부 지방보다는 중부 지방이 적지이다. 양수로 볕바른 곳에 심어야 수형과 개화 및 결실성이 좋다. 성장 속도는 느린 편이며 토심이 깊은 곳을 좋아한다. 번식은 주로 종자로 하지만 꺾꽂이도 가능하다. 마가목의 종자는 발아가 고르지 않은 편으로 파종한 해에 발아하는 것도 있고 이듬해에 발아하기도 한다. 따라서 발아 상태가 나쁘더라도 갈아엎지 말고 이듬해까지 기다려야 한다.

아그배나무 *Malus sieboldii*

높이가 5~6m까지 자라는 낙엽교목으로 꽃은 4월 말부터 5월 초에 짧은 가지 끝에 4~5개가 산형화서로 모여 핀다. 꽃 색은 연분홍색에서 흰색으로 개체 간에 변이가 있으며 만개하면 가지가 보이지 않을 정도로 많이 피어 무척 탐스럽다. 열매는 둥글며 지름이 6~8mm이고 12mm 정도의 자루 끝에 달린다. 9~10월에 윤기가 나는 홍색이나 황색으로 익는데 결실수도 많고 아름답다. 열매는 술을 담그기도 하고 먹을 수도 있지만 떫은맛이 강하며 맛이 좋은 편은 아니다. 조경수로 많이 보급되고 있는 꽃사과와 성질이 비슷하지만 꽃사과보다 적성병(붉은별무늬병)에 대한 내병성이 강하다. 번식은 대개 종자로 하는데 우량 품종의 경우 공대에 접목(접붙이기)하기도 한다.

윤노리나무 *Pourthiaea villosa*

장미과에 속하는 낙엽소교목으로 가지가 곧고 바르게 자라므로 윷놀이할 때 쓰는 윷짝을 만드는 데 좋다고 하여 윷노리나무라 부르던 것이 전이되어 윤노리나무가 되었다고 한다. 5월에 피는 하얀 꽃, 가을의 노란 단풍과 탐스런 빨간 열매가 아름다운 나무이다. 꽃은 다섯 장의 흰 꽃잎에 많은 수술을 가진 꽃들이 산방화서를 이루어 마치 공처럼 모여 핀다. 열매의 직경은 8mm 정도이며 10월에 적색으로 익어 무척 아름다운데 새들이 즐겨 먹으므로 조류 유인목으로도 좋다. 볕바른 곳을 좋아하며 그늘진 곳에서는 개화와 결실이 나빠진다. 번식은 종자로 하는데 11월경에 잘 익은 열매를 따서 과육을 제거하고 씨앗을 발라내어 직파하거나 노천 매장하였다가 이듬해 봄에 파종하며 묘목의 성장은 느린 편이다.

산수유 *Cornus officinalis*

매화와 함께 봄을 알리는 꽃나무로 사랑받고 있다. 화기도 무척 길어 1개월 이상 지속된다. 열매는 가을에 빨갛게 익는데 매우 아름다우며 약용으로도 요긴하게 쓰인다. 또한 나이를 먹으면 줄기의 수피가 불규칙하게 벗겨져 황갈색으로 아름다운 모습을 보인다. 꽃, 열매, 수피가 모두 아름다워 조경적 가치가 크며 또 열매를 이용할 수 있어 실용적 가치까지 갖춘 나무라 하겠다. 강한 양수로 햇볕을 좋아하며 기름진 양토에서 잘 자란다. 심을 때는 가시나무나 소나무 등의 크게 자라는 상록수를 산수유의 배경목으로 심으면 밝은 색의 꽃이 더욱 돋보인다. 이식은 쉬운 편이며 2~3월 잎이 피기 전이나 가을 낙엽이 진 직후가 적기이다. 번식은 주로 종자로 하지만 휘묻이도 가능하며 또 열매를 생산하기 위한 우량 품종의 경우는 접붙이기로 번식하기도 한다.

산사나무 *Crataegus pinnatifida*

높이가 5m까지 자라는 소교목인데 가는 가지에는 가시가 있다. 잎은 난형, 또는 도란형인데 길이는 2~6cm이고 깃 모양으로 3~7개로 얕게 찢어진다. 꽃은 가지 끝에 지름 1.2~1.5cm가량의 흰 꽃이 직경 4~7cm가량의 산방화서에 모여 달린다. 가을에 붉게 익는 열매도 매우 아름답다. 열매는 관상 가치가 높으면서 또 약용이나 과일주용으로서의 실용적인 가치도 높다. 따뜻한 기후보다는 여름에 서늘하고 너무 건조하지 않은 환경을 좋아한다.

번식은 종자와 뿌리꽂이(근삽)으로 하는데 외국산의 도입종이나 원예종의 경우 접붙이기로 한다. 실생법은 가을에 익는 종자를 채취하여 열매채로 젖은 모래 속에 저장했다가 이듬해 봄에 종자를 채취하여 파종하거나 또는 가을에 종자를 채취하여 젖은 모래 속에 저장했다가 파종한다. 근삽은 이른 봄에 뿌리를 캐어 15cm 정도 길이로 잘라 심으면 뿌리 끝에서 부정아가 생겨 새 포기를 형성하게 된다.

배롱나무 *Lagerstroemia indica*

부처꽃과에 속하는 낙엽소교목으로 중국 남부가 원산으로 알려져 있으며 우리나라에는 일찍 도입되어 우리 향토 수종과 마찬가지로 친숙하다. 남부 지방의 사찰, 서원, 재실, 묘지, 촌락 부근 등에 많이 심겨 있다. 배롱나무의 매력은 무엇보다 여름 7월부터 9월까지 지속적으로 피는 붉은 꽃이다. 또 수피가 불규칙적으로 벗겨져 얼룩덜룩하면서도 매끈한 줄기가 매우 아름답다. 우산 모양 또는 반원형을 이루는 수형도 우아하며, 작고 윤기 있는 잎과 가을에 붉게 물드는 단풍도 아름다워 조경수로서의 여러 가지 매력을 고루 갖춘 나무라 할 수 있다.

추위에 약하여 남부 지방에서 주로 식재하며 서울 부근이 재식북한지인데 이곳에서는 겨울철 방한이 필요하다. 적응성이 뛰어나 토질은 크게 가리지 않지만 양수이므로 그늘에서는 견디지 못한다. 번식은 꺾꽂이, 종자, 휘묻이, 분주(포기나누기)로 할 수 있으나 꺾꽂이로 뿌리가 잘 내리므로 대개 꺾꽂이를 한다.

팥배나무 *Sorbus alnifolia*

장미과에 속하며 대개 소교목으로 자란다. 꽃은 4~5월 가지 끝에 흰색의 꽃이 촘촘하게 배열되어 매우 화사하고 아름답다. 가을에 홍색으로 익는 열매 또한 관상 가치가 높다. 잎의 모양과 단풍도 좋은 편인데, 단풍은 황색 또는 황갈색으로 물든다. 추위에 강하여 우리나라 전역에서 재배가 가능하다. 볕바른 곳을 좋아하는 양수지만 그늘에서 견디는 힘도 강한 편이다. 번식은 주로 종자로 하지만 뿌리꽂이도 가능하다.

동백 *Camellia japonica*

남부 해안 지방과 섬, 울릉도, 제주도 등지에 나며 우리나라에서의 북한계는 대청도이다. 대체로 바닷가나 산기슭 토심이 깊은 곳에 자생한다. 상록수들은 대개 잎이 아름다운 반면 꽃은 볼품이 없는 경우가 많지만 동백은 잎이 아름다우면서 꽃도 매우 아름답다. 꽃은 가지 끝에 하나씩 달리는데 직경이 5~6cm로 5개의 꽃잎을 가진다. 개화기는 주로 봄이지만 품종에 따라서는 가을에 개화하는 것도 있으며 따뜻한 곳에서는 겨울부터 봄에 걸쳐 피기도 한다.

남부 해안 지방이 원산인 만큼 추위에 약하여 중부 지방에서는 식재가 어렵다. 약한 알칼리성의 토양을 좋아하므로 재거름을 시용하거나 석회를 시비하면 좋다. 번식은 종자, 꺾꽂이, 접붙이기 등을 이용하는데 자생 재래종 동백의 경우에는 주로 실생법을, 원예종의 경우에는 꺾꽂이를 이용한다.

치자나무 *Gardenia jasminoides*

꼭두서니과에 속하는 상록활엽의 소관목으로 중국 원산이며 우리나라에는 약 1,500년 전에 도입되어 남부 지방에서 관상용, 약용 및 염료용 식물로 식재되어 왔다. 6~7월에 바람개비 모양으로 피는 흰 꽃의 향기가 아주 좋다. 가을에 등황색으로 익는 열매가 아름다우며 상록의 잎도 관상 가치가 높다. 열매는 동박새 등 작은 새들이 즐겨 파먹으므로 겨울 동안 새들의 먹이 자원으로도 가치가 있다.

추운 곳에서는 화분에 심어 재배할 수 있으며 아파트 등의 실내 정원용으로도 이용하지만 실내에 심을 경우 깍지벌레가 특히 많이 발생하므로 수시로 방제해야 하는 불편이 있다. 번식은 종자도 가능하지만 주로 꺾꽂이로 하며 포기나누기와 휘묻이도 잘 된다.

생강나무 *Lindera obtusiloba*

녹나무과에 속하며 대개 햇볕이 잘 드는 산의 양지쪽이나 숲의 가장자리 또는 울창하지 않은 숲 속에 자생한다. 이른 봄 잔설이 녹을 무렵 노란색으로 피는 꽃은 무척 아름답고 향기 또한 좋다. 산수유와 개화 시기가 비슷하고 꽃 또한 비슷하여 혼동하기 쉬운데 산수유는 민가 주변에서 볼 수 있는 데 반해 생강나무는 산야에서 그 아름다움을 뽐낸다.

잎은 달걀형 또는 둥근 달걀형으로 아름다우며 가을에 노랗게 물드는 단풍도 매우 좋다. 열매는 둥글며 지름이 7~8mm 정도인데 가을에 검게 익는다. 양지를 좋아하지만 내음성이 강하면서 내한성도 강하다. 번식은 종자와 꺾꽂이로 하는데 꺾꽂이의 발근율이 좋은 편은 아니다. 생강나무의 종자는 마르면 발아하지 않으므로 채종 후 젖은 모래에 묻어 두었다가 이듬해 봄에 파종하거나 가을에 채종하는 즉시 파종한다.

차나무 *Camellia sinensis*

우리나라 남부 지방에서 재배하는 상록관목으로 꽃이 귀한 9~11월의 가을에 피는 흰 꽃이 아름답다. 꽃은 잎겨드랑이에 1~3송이씩 모여 피는데 꽃도 아름답고 개화 기간도 길다. 온난 습윤한 기후를 좋아하므로 경남, 전남, 제주도 등지가 재배 적지라 할 수 있다. 음지식물이지만 볕바른 곳에서도 잘 적응하며 오후 햇볕이 가려지는 반음지를 가장 좋아한다.

번식은 대부분 종자로 하지만 꺾꽂이와 뿌리꽂이, 포기나누기도 가능하다. 차나무의 열매는 가을 10월 말경에 익는데 열매가 익어 하나씩 터져서 종자가 노출되는 시기가 채종 적기가 된다. 채취한 열매는 소쿠리 등에 담아 며칠 말리면 열매가 터져 종자가 나오므로 모아서 젖은 모래 속에 저장해 두었다가 이듬해 봄에 파종한다. 차나무는 병해와 충해가 거의 발생하지 않는 나무이므로 관리하기 무척 편한 조경수이다.

해당화 *Rosa rugosa*

전국 각지의 해안 모래땅 또는 해변 가까운 산야에 자생하는 장미과의 낙엽관목이다. 꽃은 장미와 흡사한데 5월에 새 가지 끝에 하나씩 또는 2~3송이가 달리며 꽃의 직경은 6~8cm이고 향기가 좋다. 꽃 색은 홍색인데 드물게 흰색도 있으며, 수술은 황색이고 수가 많다. 8월경에 적색 또는 황적색으로 익는 열매도 아름답다. 민간에서는 해당의 꽃과 열매를 술을 담그는 데 이용해 왔는데 특히 해당화 꽃술은 매괴주라 하여 향기가 좋은 술로 꼽힌다.

햇빛을 좋아하므로 볕바른 곳에 심으며 번식은 종자, 꺾꽂이, 포기나누기, 휘묻이 등에 의하는데 실생법이 가장 일반적이다. 실생법은 가을에 익는 열매에서 종자를 채취하여 젖은 모래 속에 저장했다 파종한다. 종자는 마르면 발아하지 않으므로 말리지 않도록 주의해야 한다. 꺾꽂이는 3~4월에 지난해에 자란 가지를 15cm 정도로 잘라 꽂는데 뿌리가 잘 내리는 편은 아니다.

병아리꽃나무 *Rhodotypos scandens*

장미과에 속하는 낙엽관목으로 높이는 2m 정도 자란다. 꽃은 새 가지 끝에 하나씩 달리는데 순백색이고 직경이 3~4cm 크기이다. 열매는 3~4개가 모여 달리며 7~8월에 익는데 어릴 때는 녹색에서 점차 붉어지다가 완전히 익으면 검정색을 띤다. 거치가 강하고 주름이 진 잎도 아름다운데 가을에 노랗게 단풍이 든다.

번식은 종자, 꺾꽂이, 휘묻이, 포기나누기 등이 가능하며 대량 재배는 주로 종자와 꺾꽂이로 한다. 실생법은 여름에 익는 종자를 채취하여 직파하거나 또는 종자를 젖은 모래 속에 저장했다가 이듬해 봄에 파종한다. 삽목은 숙지삽과 녹지삽 모두 가능한데, 숙지삽은 4월 상순경 싹트기 전에 어린 가지를 15cm 정도의 길이로 잘라 꽂으며 녹지삽은 6월 하순~7월 중순경에 새로 자란 가지를 잘라 아래 잎을 따 버리고 꽂는다.

그 외 여러 관상 요소를 갖춘 최고의 정원수

멀꿀 · 165쪽, 매실나무 · 160쪽, 모과나무 · 162쪽

꽃이 좋은 상록활엽수

애기동백 *Camellia sasanqua*

차나무과의 상록소교목으로 초겨울부터 이른 봄에 걸쳐 피는 꽃이 아름답다. 동백과 흡사하나 잎과 꽃이 동백보다 작고 눈에 작은 털이 많이 나 있는 점이 다르다. 동백이 이른 봄부터 꽃이 피는 데 반해 애기동백은 겨울에 꽃이 피므로 정원의 겨울 꽃나무로 아주 좋지만 추위에는 동백보다 더 약하므로 중부 지방에서는 식재가 어렵다. 반그늘이나 볕바른 곳에 심는데 번식은 꺾꽂이나 종자로 한다.

홍가시나무 *Photinia glabra*

장미과에 속하는 상록활엽수로 일본과 중국 원산으로 우리나라 남부 지방에 식재한다. 키가 3~5m 정도 자라는 관목 내지 소교목으로 새로 피는 잎이 붉은 색을 띠므로 홍가시나무라는 이름이 붙었지만 식물학적으로 가시나무와는 거리가 멀다. 사철 푸른 녹색의 잎과 봄철에 돋는 붉은색의 새잎이 아름답다. 꽃은 5월에 피는데 나무 전체를 하얀 꽃으로 뒤덮을 정도로 화사하여 꽃나무로도 가치가 크다. 열매는 크기가 작지만 모여 달려 아름답다. 맹아력이 좋아 전정에 아주 강하며 가지가 치밀하게 배열되는 데다 잎도 무성하여 생울타리로 아주 적합한 수종으로 꼽히며 토피어리용으로도 이용할 수 있다. 번식은 꺾꽂이와 종자로 한다.

만병초 *Rhododendron fauriei*

진달래과의 상록관목으로 지리산, 울릉도, 강원도 및 북부 고산지대에 자생하는데 넓고 큰 잎과 꽃이 아름다워 인기가 매우 높다. 분포지가 제한된 희귀식물로 재배 및 번식도 어려워 시장에 공급량이 적으므로 매우 값비싼 꽃나무이다. 재배지는 물빠짐이 잘 되어야 하지만 너무 메마른 곳도 싫어하므로 가뭄이 심하면 관수가 필요하다. 산성 토양을 좋아하므로 재배하는 곳의 토질이 중성이라면 포기 주위에 유황을 뿌려 주면 서서히 산화되어 토양 산도를 높여 주게 된다. 추위에는 강하지만 여름의 더위를 싫어하므로 중부 지방에 더 적합한 수종이며 볕바른 곳보다는 오후 햇볕이 가려지는 반그늘 정도가 좋다.

번식은 종자로 하는데, 11월경에 열매를 따서 며칠 말린 후 종자를 채취하여 직파한다. 파종 장소는 겨울에 얼지 않는 무가온 온실이나 비닐하우스 안이 좋으며 양이 적으면 화분에 파종하여 관리하는 것도 좋다. 종자 채취 후 너무 말리면 발아가 불량해지므로 주의해야 하며 종자의 크기가 아주 작으므로 깊게 심지 않도록 한다. 파종 후 1개월 정도 지나면 발아하기 시작한다. 어릴 때는 입고병과 같은 곰팡이병의 발생이 심하므로 수시로 다이센과 같은 살균제를 뿌려 예방하는 것이 안전하다.

화훼시장에는 우리 토종 만병초의 공급은 거의 없는 실정이고 대개 대만 만병초나 서양 만병초가 공급되는데 우리 토종보다 꽃이 화려하여 인기가 더 좋은 편이다. 서양 만병초도 성질과 재배 방법은 토종 만병초와 비슷하지만 추위에 대한 저항력은 품종마다 다르며 중부 지방에서 노지 월동이 어려운 품종도 많다.

돈나무 *Pittosporum chinensis*

돈나무과에 속하는 상록관목으로 전남과 경남의 해안과 도서 지방 그리고 제주도에 자생한다. 작고 둥근 녹색의 잎이 아름다우며, 꽃은 5월에 피는데 처음 필 때는 흰색이지만 시일이 지나면 차츰 황색으로 변한다. 꽃송이는 작지만 모여 피므로 아름답고 또 향기가 매우 좋다. 열매는 둥글며 11월이면 노랗게 익으면서 봉선이 터져 주황색의 종자가 노출되는 모습이 아름답다. 돈나무의 내한성은 동백보다 약하며 후피향나무와 거의 비슷한 수준이다. 키가 작으므로 가정 정원의 상록 꽃나무 겸 열매나무로 좋으며, 건물의 하부 식재, 화단이나 정원의 경계식재 등의 용도로 이용한다. 원대에서 여러 개의 가지가 나와 관목상으로 자라며 가지가 치밀하게 자라므로 생울타리용으로도 좋다. 번식은 종자와 꺾꽂이로 한다.

서향(천리향) *Daphne odora*

팥꽃나무과에 속하는 키 작은 상록관목으로 이른 봄에 피는 꽃이 향기가 매우 좋고 강하여 흔히 천리향이라고 부른다. 꽃도 좋지만 잎도 아름다워 인기가 높은 꽃나무이다. 식재 장소는 너무 볕바른 곳 보다는 오후 햇빛이 가려지는 정도의 반그늘이 가장 좋다. 메마른 환경을 싫어하므로 건조한 곳이나 척박한 땅은 피해야 한다. 어린 묘목은 이식에 잘 견디지만 크게 자란 나무는 이식이 어려운 편이다. 따라서 10년 이상 자란 나무를 옮겨 심을 때는 이식 적기인 여름 장마철에 옮겨 심도록 하며 가지를 적당히 잘라버리고 심어야 활착이 쉽다.

번식은 삽목으로 하는데 이른 봄이나 여름 장마철에 한다. 삽목할 때는 아래 잎은 따버리고 꼭대기 잎 1~2장만 남겨 꽂으며 삽목 후 적당히 해가림을 해 주고 마르지 않게 관리한다.

그 외 꽃이 좋은 상록활엽수(봄꽃나무)

동백 · 131쪽

태산목 *Magnolia grandiflora*

북미 원산의 목련과의 상록교목으로 6월에 흰색의 커다란 꽃이 피는데 아름답고 향기가 무척 강하다. 열매는 골돌과로 붉은 종자가 알알이 박힌다. 추위에 약하여 남부 지방에 한하여 심을 수 있으며 어릴 때는 반그늘에서 잘 자라지만 나무가 어느 정도 자란 이후에는 볕바른 곳이 좋다. 번식은 목련을 대목으로 하여 접붙이기를 하거나 종자로 한다.

협죽도 *Nerrium indicum*

협죽도과의 상록관목으로 인도 원산의 난대성 꽃나무이다. 육지에서는 월동이 어렵고 우리나라 남해안 및 서남해안의 섬과 제주도에서 식재 가능하다. 꽃은 6~9월에 걸쳐 지속적으로 피는데 꽃 색은 흰색, 붉은색 등 여러 품종이 있으며 무척 화려하고 소담스럽다. 맹독성 식물로 잎과 가지를 함부로 입에 넣거나 씹거나 삼키면 마비가 와서 위험하므로 주의해야 한다. 볕바른 곳에 심으며 번식은 꺾꽂이로 하는데 봄이나 여름에 꽂으면 뿌리가 아주 잘 내린다.

후피향나무 *Ternstroemia gymnanthera*

차나무과에 속하는 상록교목으로 제주도에 자생하며 우리나라에서는 남부 지방의 조경수로 식재되고 있다. 둥글고 조그마한 잎이 치밀하게 배열되며 전체적인 수형이 균형 잡혀 아름답고 우아하다. 후피향나무를 정원수의 왕이라 일컫는 것도 수형과 잎이 이처럼 아름답기 때문이다. 꽃은 6~7월에 흰색의 작은 꽃이 모여 달려 아름다우며 향기 또한 강하다. 조롱조롱 매달려 발그레하게 익는 가을 열매도 고운데, 완전히 익으면 터져 빨간 종자가 노출된다. 수형이 아름다운 고급 정원수이며 원래 꽤 크게 자라는 나무지만 성장이 무척 느리므로 정원에서는 관목형으로 관리하는 것이 일반적이다. 번식은 종자와 꺾꽂이로 하는데 꺾꽂이의 발근율은 좋은 편이 아니다.

남오미자 *Kadsura japonica*

오미자과에 속하는 난대성 상록덩굴식물로 전남과 경남의 해안 및 섬 지방과 제주도 등의 숲속에 자생한다. 꽃은 8~9월에 걸쳐 피며 열매는 9~10월에 붉은색 공 모양의 작은 열매가 모여 달려 매우 아름답다. 남오미자 열매도 오미자 열매와 마찬가지로 약용으로 이용된다. 난대수종으로 추위에 약하며 내한성은 마삭줄이나 멀꿀보다 더 약한 편이며, 추운 곳에서는 월동하더라도 겨울에 낙엽이 지기도 한다. 열매 외에 상록의 잎과 꽃도 모두 아름다우므로 추운 지방에서는 화분에 심어 가꿀 만하며 실제로 일본에서는 분재 소재로도 많이 이용된다. 덩굴식물이므로 퍼걸러(pergola), 아치, 펜스, 절개지 녹화 등에 이용하면 좋다. 번식은 종자와 꺾꽂이 및 휘묻이로 하는데 꺾꽂이로 뿌리가 잘 내리므로 삽목법을 이용하는 것이 편하다.

그 외 꽃이 좋은 상록활엽수(여름꽃나무)

치자나무 · 131쪽

금목서 *Osmanthus fragrans* var. *aurantiacus*

중국 원산으로 우리나라 남부 지방에 식재되는 상록활엽관목으로 높이는 4m 정도까지 자란다. 꽃은 9~10월에 오렌지색의 작은 꽃이 무수히 모여 피어 아름답고 향기가 무척 강하다. 금목서의 향기는 너무나 강하여 향기 좋은 꽃나무를 꼽을 때 단연 으뜸이라고 할 수 있을 정도이며 뜰에 한 그루만 있으면 온 정원에 향기가 가득 차게 된다. 대개 둥근 공 모양으로 가꾸며 조경적 가치가 높아 정원의 주목으로 심으면 좋다. 내한성은 돈나무나 후피향나무보다는 강하며 동백이나 구골나무보다는 조금 약하다. 우리나라에서는 거의 결실하는 경우가 드물어 대개 꺾꽂이와 휘묻이로 번식한다. 삽목은 여름철의 녹지삽이 뿌리가 잘 내린다.

은목서 *Osmanthus fragrans*

중국 원산으로 추위에 약하여 우리나라 남부 지방에 식재한다. 은목서는 흰색의 꽃이 피는데 금목서와 꽃의 색만 서로 다를 뿐 잎의 모양이나 습성 등은 거의 같아 사실상 구별이 어렵고 재배법과 조경적 용도도 동일하다. 은목서의 꽃도 9~10월에 피며 향기가 매우 좋고 강하지만 금목서보다는 조금 약하다. 번식 역시 금목서와 마찬가지로 꺾꽂이와 휘묻이로 한다.

구골목서 *Osmanthus fortunei*

은목서와 구골나무의 교잡종으로 잎이 넓고 크며 추위에도 강한 특성이 있다. 이 구골목서를 은목서로 잘못 아는 사람이 많은데 이는 일부 잘못된 도감 등에도 책임이 있다. 꽃은 9~10월에 흰색으로 피는데 다른 목서류와 마찬가지로 향기가 매우 좋다. 구골나무나 목서보다 성장이 빠르며 더 크게 자란다. 잡종이므로 결실하는 경우는 없으며 번식은 꺾꽂이로 하는데 다른 목서 종류보다 발근율이 훨씬 좋다. 조경적 이용은 구골나무 및 금목서 은목서와 비슷하다.

보리밥나무 *Elaeagnus macrophylla*

황해도 이남의 서남 해안 지방에 자생하는 상록 덩굴식물로 내한성도 꽤 있어 우리나라 남부 지방과 중부 서해안 지방에 식재할 수 있다. 꽃은 9~10월에 피는데 흰색이고 작지만 향기가 강하다. 열매는 약간 길쭉한데 길이가 1.4~1.8cm 정도로 이듬해 3~4월에 익으며 먹을 수 있다. 뿌리에는 근류균이 공생하므로 따로 질소비료를 줄 필요가 없으며 척박한 땅에서도 잘 자란다. 덩굴성이므로 아치에 올리면 좋지만 도장지를 잘라 내고 그냥 둥글게 다듬어 기르기도 한다.

그 외 꽃이 좋은 상록활엽수(가을꽃나무)

차나무 · 132쪽

구골나무 *Osmanthus ilicifolius*

일본 원산으로 잎이 호랑가시나무를 닮아 혼동하기 쉬우며 도감 등에서도 구골나무를 호랑가시나무로 잘못 설명하는 경우도 종종 있다. 구골나무와 호랑가시나무를 구별하는 가장 간단한 방법은 구골나무는 물푸레나무과에 속하므로 잎이 마주나는 데 반해 호랑가시나무는 감탕나무과로 잎이 어긋난다는 점이다. 또 호랑가시는 4~5월에 꽃이 피며 가을에 홍색의 열매가 열리는 데 반해 구골나무는 11~12월에 꽃이 피며 5~6월에 검정색의 열매가 열리는 점도 구별된다. 꽃이 귀한 초겨울에 꽃이 피므로 이 시기의 꽃나무로 매우 좋은데 향기가 좋고 강해서 더욱 매력적이다. 식물학적으로 가까운 사이인 금목서와 은목서 및 구골목서 등에 비해 추위에 견디는 힘이 강하여 남부 지방은 물론이고 일부 중부 지방에서도 노지 월동이 가능하다. 생울타리, 정원의 주목, 잔디밭 가장자리 등에 심기 좋으며 번식은 늦봄에 익는 열매에서 종자를 채취하여 직파하거나 꺾꽂이로 한다.

팔손이나무 *Fatsia japonica*

두릅나무과에 속하는 상록관목으로 남해안 섬의 산기슭이나 골짜기의 숲 속에 자생한다. 상록의 잎은 넓고 광택이 있어 매우 아름답다. 꽃은 흰색인데, 대부분의 식물이 겨울 휴면에 들어가는 시기인 11~12월에 피어 신비롭다. 열매는 장과로 5월에 검고 둥글게 익으며 익었을 때도 아름답지만 덜 익은 녹색의 윤이 나는 열매도 사랑스럽다. 열매는 여러 종류의 새들이 즐겨 먹으므로 조류 유치목으로도 좋다. 음수로 반그늘 정도에서 가장 잘 자란다. 번식은 종자, 꺾꽂이, 포기나누기 등으로 하는데 대량으로 하는 영리 재배의 경우 주로 종자로 한다. 종자 번식법은 5월에 검게 익은 열매를 채취하여 씨앗을 발라내어 직파하는데, 그해에 발아한다. 내한력이 약해 실내 관엽식물로 적합하다.

그 외 꽃이 좋은 상록활엽수(겨울꽃나무)

비파나무 · 167쪽

꽃이 좋은 낙엽활엽수

가침박달 *Exochorda serratifolia*

가침박달은 이름만 박달이지 자작나무과가 아닌 장미과에 속하는 낙엽소교목이다. 꽃은 4~5월경 총상화서를 이루어 피는데, 화관은 지름이 4cm로 백색이며 꽃잎은 5개이다. 내한성이 강하며 우리나라 전역에서 재배 가능하다. 양수로 햇볕이 잘 쬐는 곳에서 재배하며 산성의 비옥한 토양에서 잘 자란다.

번식은 종자, 꺾꽂이로 하는데 열매가 잘 맺고 발아력이 좋으므로 실생법이 편리하다. 실생법은 가을에 종자가 흩어지기 전에 열매를 따 그늘에서 말린 후 종자를 채취하여 모래 속에 묻어 저장하거나 마르지 않게 냉장고에 저장했다가 이듬해 봄에 파종한다. 꺾꽂이는 숙지삽과 녹지삽 모두 가능한데, 숙지삽은 4월 상순경 지난해에 자란 가지를, 녹지삽은 6~7월경 당년에 자란 어린 가지를 잘라 꽂는다.

골담초 *Caragana chamlagu*

콩과에 속하는 낙엽관목으로 높이가 1.5m 정도까지 자라며 가지에는 가시가 있다. 꽃은 1~2개씩 달리며 아래로 늘어지는데 마치 나비를 연상시키는 귀엽고 특이한 모양이다. 길이는 2.5~3.5cm로 처음 필 때는 황색이나 나중에는 적황색이 된다. 뿌리를 신경통 등의 질환에 이용하는 약용식물이므로 흔히 뜰이나 밭둑 등에 심어 재배한다. 볕바른 곳을 좋아하며 토질을 가리지 않고 콩과 식물이라 척박한 곳에서의 적응력도 아주 좋다.

번식은 근삽(뿌리꽂이), 포기나누기, 종자로 하는데 실제 결실하는 경우가 드물기 때문에 근삽이 가장 편하고 실용적인 방법이 된다. 근삽은 이른 봄에 연필 굵기 전후의 뿌리를 캐어 10~15cm 정도의 길이로 잘라 심는다. 골담초는 뿌리에서 땅속줄기가 자라 나와 여러 줄기를 형성하게 되므로 이를 나누어 심는 포기나누기도 가능하다. 이식 적기는 새싹이 나기 전인 봄 3월경이다.

라일락 *Syringa vulgaris*

물푸레나무과의 낙엽소교목으로 4~5월에 피는 꽃은 매우 탐스럽고 향기 또한 좋다. 라일락은 이처럼 꽃이 좋으므로 전 세계적으로 인기 좋은 꽃나무이다. 전국적으로 식재 가능하지만 여름이 서늘한 중부지역에서 더 잘 자라는 수종이다. 볕바른 곳에 심으며 번식은 꺾꽂이, 종자, 접붙이기로 하는데 접붙이기의 경우 개회나무나 쥐똥나무 또는 라일락을 대목으로 사용하며 봄에 절접으로 하거나 여름에 눈접을 하면 된다.

명자꽃 *Chaenomeles lagenaria*

장미과의 낙엽관목으로 높이가 2m 정도 자라며 가지의 끝은 가시로 변한다. 꽃은 4월에 짧은 가지에 몇 개가 모여 달리는데 품종에 따라 홍색, 분홍색, 흰색 등 다양하며 무척 아름다워 꽃나무로 인기가 좋다. 꽃이 피기 직전의 봉오리도 무척 탐스럽다. 명자꽃을 처녀꽃, 아기씨꽃나무, 아가씨나무, 연지꽃, 산당화 등의 여러 다른 이름으로도 부르는데 거의 명자꽃나무의 발랄하고 아름다움을 묘사하는 이름들이다.

양수로 햇볕이 잘 쬐는 곳을 좋아하며 번식은 종자, 꺾꽂이, 포기나누기로 하는데 종자와 꺾꽂이 모두 용이하다. 종자 번식은 가을에 잘 익은 열매를 따서 종자를 채취하여 젖은 모래 속에 묻어 두었다가 이듬해 봄에 파종한다. 실생묘는 대개 5년생 이상 되어야 꽃이 피기 시작하는데 흔히 모주와는 다른 색의 다양한 꽃을 피우는 개체가 발생하므로 흥미롭다. 반면에 꺾꽂이묘는 모주의 형질을 그대로 물려받으므로 우량 품종을 증식하는 방법으로 좋다.

모란 *Paeonia suffruticosa*

미나리아재비과에 속하는 낙엽소관목이다. 꽃은 4월 말부터 5월 초에 새 가지 끝에 한 송이씩 피는데 꽃의 직경이 대개 15cm 이상 될 정도로 아주 크다. 화려한 자홍색이 기본이지만 색이 다른 많은 원예 품종이 개발되어 있다. 모란은 꽃 중의 왕으로 칭송되기도 하지만 또한 부귀영화의 상징으로 여겨져 부귀화라고도 불린다. 뿌리는 굵으며 향긋한 한약 냄새가 나는데 귀중한 약재로 이용되어 왔다. 재배지는 배수가 잘 되는 양지쪽이 좋으며 큰 꽃을 피우는 데 많은 양의 양분이 필요하므로 비교적 비옥한 토양에서 재배해야 한다.

번식은 종자, 접붙이기, 포기나누기 등으로 할 수 있는데 접목법이 가장 일반적으로 사용된다. 접붙이는 대목으로는 모란의 실생묘나 분주묘 또는 모란이나 작약의 뿌리를 사용하며 깎아접이나 짜개접으로 하는데 그 시기는 일반적인 봄이 아니고 가을 10월경에 한다. 모란 대목보다 작약묘의 양성이 쉬우므로 작약 뿌리에 접하는 경우가 많지만 작약에 접하는 경우에는 큰 나무로 잘 자라지 않으며 분지가 많은 특징이 있다. 따라서 화분에 심는 묘목은 작약 대목을 사용하는 것이 유리하다. 반면 모란 대목에 접한 나무는 보다 크게 자라며 분얼이 적으므로 정원수로 좋다. 실생법은 가을에 익는 종자를 채취하여 젖은 모래 속에 저장했다가 봄에 파종하는데 일부는 그해에 발아하며 일부는 1년이 더 지난 이듬해 봄에 발아한다. 실생묘의 성장은 무척 느려 잘 비배해도 5~6년생 이상 되어야 비로소 꽃을 볼 수 있게 된다.

목련 *Magnolia kobushi*

목련과의 낙엽교목이다. 꽃은 4월 초에 피는데 직경이 10~12cm이고 백색이다. 화판은 6~9개이고 기부는 약간 미홍색을 띠는데 향기도 좋다. 얼핏 백목련 꽃과 흡사하지만 좀 산만한 편이며, 백목련은 6장의 꽃잎에 꽃잎과 색과 크기가 비슷한 3장의 꽃받침이 있어 마치 꽃잎이 아홉 장인 것처럼 보이는 반면에 목련은 6~9장의 꽃잎에 3개의 작은 갈색 꽃받침이 뚜렷한 점에서 서로 구분된다. 열매는 골돌과로 9월에 익으면 주황색의 종자가 노출되는데 새들이 즐겨 먹는다. 번식은 종자로 하는데, 9월 초순쯤 골돌이 열리기 전에 따서 며칠 그늘에 말려 씨앗을 채취하여 젖은 모래에 묻어 두었다가 이듬해 봄에 파종한다.

백목련 *Magnolia denudata*

목련과의 낙엽교목으로 성질은 목련과 흡사하고 키는 목련보다 작으며 성장도 목련보다 느린 편이다. 꽃은 3~4월에 피며 향기가 좋고 대형이다. 재배법은 목련과 비슷하며 번식은 종자도 되지만 대개 목련을 대목으로 하여 접붙이기로 한다.

별목련 *Magnolia stellata*

목련과의 낙엽소교목으로 성질은 목련 및 백목련과 흡사하지만 키가 크게 자라지 않으므로 뜰이 좁은 곳에 심을 수 있다. 꽃은 백색으로 3~4월에 피는데 목련이나 백목련보다 소형이며 꽃

잎의 수는 12~14장이다. 성질과 재배법은 목련과 같으며 번식은 종자, 휘묻이로 한다.

자목련 *Magnolia liliflora*

목련과의 낙엽소교목으로 자주색의 꽃이 핀다. 봄에 피는 목련 종류 중 개화 시기는 조금 늦어 4월 중순을 전후하여 핀다. 성질이나 재배법은 목련과 비슷하며 종자가 잘 맺지 않으므로 목련을 대목으로 접붙이기 하거나 휘묻이로 번식한다. 자주색 꽃이 피는 목련 중에서 자목련과 자주목련을 혼동하는 사람이 많은데 꽃잎의 안팎이 모두 자주색이면 자목련이고 꽃잎의 바깥쪽은 자주색이면서 안쪽이 백색이면 자주목련이다.

자주목련 *Magnolia denudata* var. *purpurascens*

목련과의 낙엽소교목으로 꽃잎의 바깥쪽은 자주색이지만 안쪽은 백색인 점에서 자목련과 구별된다. 꽃은 목련과 비슷한 4월 초에 핀다. 성질과 재배법은 다른 목련 종류와 비슷하며 번식은 종자, 접붙이기로 한다.

일본목련 *Magnolia obovata*

목련과의 낙엽교목으로 일본 원산이다. 잎이 초대형으로 길이가 20~40cm에 달하며 꽃도 아주 커서 직경이 15cm 정도에 달한다. 5월에 피는 꽃은 백색으로 향기가 아주 강하다. 볕바른 곳에 심는데 번식은 종자로 한다.

미선나무 *Abeliophyllum distichum*

물푸레나무과에 속하는 낙엽관목으로 키는 1~2m 정도 자란다. 꽃은 4월에 길이가 3~15cm의 총상화서에 백색 또는 연분홍색으로 피며 향기도 좋다. 열매는 시과(翅果)로 끝이 오목한 원형으로 부채를 닮았는데, 미선나무라는 이름은 부채 모양의 열매에서 온 것이다. 전 세계적으로 우리나라에만 자생하는 나무이며 우리나라에서도 충북 괴산, 진천, 영동 등의 일부 지역에 국지적으로 분포하는 희귀종으로 대부분의 자생지가 천연기념물로 지정되어 보호받고 있다. 대체로 개나리와 성질이 비슷하지만 개나리보다는 수성이 약한 편이다. 적당하게 습기가 유지되는 기름진 땅에 양지쪽을 좋아하며, 번식은 꺾꽂이, 종자, 포기나누기 및 휘묻이로 할 수 있지만, 꺾꽂이로 쉽게 뿌리가 내리므로 꺾꽂이가 가장 경제적이고 편리한 번식법이 된다.

아구장나무 *Spiraea pubescens*

장미과의 낙엽관목으로 산지 척박지나 암반 위에서 자생한다. 꽃은 흰색으로 5월에 새로 자란 가지 끝에서 산형화서로 핀다. 건조하며 볕바른 곳에 심기 좋은 꽃나무로 번식은 종자, 꺾꽂이로 한다. 같은 속의 식물로는 조팝나무, 갈기조팝나무, 인가목조팝나무, 산조팝나무, 당조팝나무, 좀조팝나무, 덤불조팝나무, 참조팝나무, 꼬리조팝나무 등이 있으며 외국산인 공조팝나무, 일본조팝나무 등도 식재되고 있는데 모두 꽃이 아름다워 조경 가치가 높다.

야광나무 *Malus baccata*

장미과에 속하는 낙엽소교목으로 주로 중부 이북 지방의 산지에 자생하며 따라서 내한성이 아주 강한 식물로 남부 지방에서도 잘 자란다. 꽃은 잎이 피기 전인 4~5월에 짧은 가지 끝에 4~6개가 산형화서로 모여 피는데 꽃 색은 대개 처음 필 때는 연분홍색이었다가 점차 흰색으로 변하며, 만개하면 가지가 보이지 않을 정도로 많이 피어 무척 아름답다. 열매는 둥글며 직경이 8~10mm이고 10월에 홍색으로 익는다. 열매는 술을 담그기도 하지만 떫은맛이 강하여 좋은 편은 아니다. 그러나 새들은 이 열매를 즐겨 먹는다.

번식은 대개 종자로 한다. 종자 채취는 10~11월경에 열매를 채취하여 그늘에 1~2개월 정도 두었다가 과육이 물러지게 되면 과육을 으깨어 채취한다. 채취한 종자는 마르지 않게 젖은 모래 속에 묻어 두었다가 이듬해 봄에 파종하면 된다.

왕벚나무 *Prunus yedoensis*

장미과에 속하는 낙엽교목으로 성장이 빠르고 꽃이 좋아 공원수나 가로수로 많이 이용된다. 꽃은 4월 초순경에 잎보다 먼저 피는데, 산방화서에 3~6개가 달리며 처음에는 담홍색이었다가 차차 백색으로 변한다. 대표적인 봄꽃나무로 전국 곳곳에 식재되어 있어 봄꽃놀이의 대상이 된다. 열매는 둥글며 6월경에 흑자색으로 익는데 새들이 좋아한다.

번식은 종자, 꺾꽂이 및 접붙이기로 하는데 접목법이 가장 일반적인 번식법이다. 왕벚나무는 결실률이 나빠 종자를 대량으로 얻기 어려우므로 접붙이기의 대목으로는 주로 산벚나무의 실생묘를 이용하며 봄에 깎아접이나 짜개접으로 한다. 왕벚나무와 유사한 벚나무 무리에는 올벚나무, 산벚나무, 참벚나무, 개벚나무, 섬벚나무 등의 종류가 있다.

정향나무 *Syringa velutina* var. *kamibayashii*

물푸레나무과의 낙엽활엽관목으로 주로 중부지방의 높은 산에 자생한다. 꽃은 5월에 전년도에 자란 가지 끝에 원추화서로 피는데 봉오리는 홍자색이고 꽃이 피면 백색으로 변한다. 꽃은 탐스럽고 향기가 매우 좋다. 볕바른 곳이나 약간 그늘지는 환경에 심으며 번식은 꺾꽂이와 종자로 한다. 정향나무 외에 개회나무, 꽃개회나무, 섬개회나무, 수수꽃다리 등도 모두 꽃이 아름답고 향기가 좋아 정원수로 좋은 수목이지만 외국에서 들여온 라일락만 심을 뿐 이를 알아보는 사람도 드물고 공급 또한 거의 없는 실정이라 아쉽다.

조팝나무 *Spiraea prunifolia*

장미과에 속하는 낙엽관목으로 높이가 2~3m까지 자라고 우리나라 전역에 분포하는데 주로 야산의 기슭, 햇볕이 잘 드는 계곡 가장자리, 산지에 인접한 밭둑 등에 자생한다. 4월에 잎이 피기 전에 온 가지를 뒤덮으며 하얗게 피는 꽃이 아름다우며 가을에 적색에서 적갈색으로 물드는 단풍도 매우 아름답다. 단식보다는 몇 그루씩 모아 심거나 생울타리로 심어도 좋다. 햇볕을 좋아하지만 그늘진 곳에서의 적응력도 좋은 편이다. 번식은 꺾꽂이, 종자, 포기나누기, 휘묻이 등으로 할 수 있는데 꺾꽂이와 실생법이 가장 일반적으로 사용된다.

개나리 *Forsythia koreana*

물푸레나무과에 속하는 낙엽관목으로 키는 3m 정도까지 자란다. 봄에 화사한 노란색으로 피는 개나리는 모르는 사람이 없을 정도로 우리에게 친숙한 꽃나무이고 또 학교, 공원, 길가, 개인 정원 등에 많이 심겨 있어 사랑받고 있는 나무이기도 하다. 아마 봄꽃 삼총사를 꼽으라 한다면 진달래, 벚꽃과 개나리가 꼽히지 않을까 싶다. 적당히 습기가 유지되는 곳이면서 볕바른 곳에서 잘 자라지만 적응력이 강하여 척박지나 약간 그늘진 곳에서도 잘 견딘다.

번식은 꺾꽂이, 포기나누기, 휘묻이, 종자로 할 수 있으나 꺾꽂이가 가장 일반적이다. 꺾꽂이는 봄 싹트기 전이나 여름 장마철에 하는데 봄에는 지난해에 자란 줄기를 10~15cm 정도로 잘라 꽂으며 여름에는 그해에 자란 가지를 잘라 아래 잎을 따 버리고 꽂는다. 개나리와 가까운 꽃나무로는 산개나리, 만리화, 장수만리화 등이 있는데 모두 개나리와 비슷한 꽃이 핀다.

쪽동백나무 *Styrax obassia*

때죽나무과에 속하며 키가 7~8m까지 자라는 낙엽소교목으로 수피는 흑갈색으로 매끈하며 약간의 광택이 있다. 잎의 길이는 10~20cm이고, 폭은 8~20cm로 큰 편이다. 꽃은 5월에 새 가지 끝에 길이 10~20cm의 총상화서에 10~20송이의 흰 꽃이 아래를 향하여 피는데 매우 아름답고 향기 또한 아주 좋다. 열매는 핵과로 황록색으로 익는데 길이는 1.5~1.8cm이고 난상 긴 타원형으로 끝이 뾰족하고 짙은 갈색을 띤다. 내한성이 강하여 우리나라 전역에서 재배 가능하다. 햇볕을 좋아하는 양수이지만 반그늘 정도에서도 잘 자란다.

번식은 전적으로 종자로 한다. 가을에 잘 익은 종자를 채취하여 건조하지 않게 젖은 모래 속에 저장했다가 이른 봄에 파종하는데 발아율이 아주 좋은 편이다. 종자가 굵고 초기 생장이 비교적 빠르므로 한 알씩 점파하는 것이 좋다.

철쭉 *Rhododendron schlippenbachii*

진달래과에 속하는 낙엽관목으로 전국의 산지에 자생하는데 높이는 1~4m 정도 자란다. 꽃은 4~5월에 피는데 모양과 색깔이 무척 우아하여 마치 귀부인을 보는 느낌이다. 꽃의 색은 대개 연분홍색이지만 백색에 가까울 정도의 연한 분홍에서부터 진한 분홍색까지 변이를 보인다. 햇볕이 잘 쬐는 곳을 좋아하며 내한성이 강하고 척박지에 대한 적응력도 좋은 나무로 우리나라 전역에서 재배 가능하다.

번식은 종자와 휘묻이로 할 수 있는데, 번식이 좀 까다로운 편이다. 종자는 10월경에 골돌을 채취하여 그늘에서 며칠 말려 종자를 얻는다. 종자는 수명이 짧으므로 채종하는 대로 직파한다. 종자가 아주 작아 너무 깊이 덮지 않도록 한다. 일반적으로 진달래과의 수목들은 종자가 작아 화분이나 가온하지 않는 프레임 내에서 파종하는 것이 편리하다. 파종 후 1.5~2개월이면 발아하는데 첫겨울은 얼지 않게 프레임 내에서 월동시키는 것이 좋다.

팥꽃나무 *Daphne genkwa*

팥꽃나무과에 속하는 작은 낙엽관목으로 키는 1m 정도까지 자란다. 꽃은 4월에 전년도에 자란 가지에 3~7개씩 모여 피는데 자홍색 꽃이 온통 나무를 뒤덮을 정도로 아름다우며 약 20여 일간 지속된다. 추위에 강한 편으로 우리나라 전역에서 재배가 가능하며 양수이므로 햇볕이 잘 드는 곳에 심어야 한다. 번식은 종자 또는 뿌리꽂이로 한다. 실생은 6~7월경에 종자를 채취하여 직파하는데 약 한 달 남짓이면 발아한다. 근삽은 봄에 뿌리를 캐어 10cm 내외로 잘라 심는 방법으로, 뿌리에서 근맹아가 생겨 새 포기를 이루게 된다.

황매화 *Kerria japonica*

장미과에 속하는 낙엽관목으로 높이는 1.5m 정도 자라는데 지하에서 새 줄기가 계속 자라 나와 큰 덤불을 이루게 된다. 가지는 가늘고 녹색이며 옆으로 비스듬히 길게 자라 약간 늘어진다. 꽃은 4~5월에 밝은 황색으로 피는데 매우 많이 피어 무척 아름답다. 홑꽃이 피는 것을 황매화, 겹꽃이 피는 것을 죽단화라 부른다. 내한성이 강하며 우리나라 전역에서 재배 가능하다. 반양수로 볕바른 곳에서 잘 자라며 꽃도 잘 피지만 상당히 강한 그늘에서도 적응하며 꽃을 피운다.

번식은 황매화는 유성, 무성 번식이 모두 가능하지만, 죽단화는 꺾꽂이, 포기나누기 등 무성 번식에 의한다.

그 외 꽃이 좋은 낙엽활엽수(봄꽃나무)

노각나무 · 125쪽, 매실나무 · 160쪽, 마가목 · 127쪽, 산수유 · 129쪽, 살구나무 · 161쪽, 석류나무 · 162쪽, 해당화 · 133쪽, 팥배나무 · 130쪽, 병아리꽃나무 · 133쪽

모감주나무 *Koelreuteria paniculata*

무환자나무과에 속하는 낙엽소교목으로 주로 바닷가에 자생한다. 꽃이 귀한 6~7월에 새 가지 끝에 큰 원추화서로 피는 황금색 꽃이 아름답다. 꽃송이의 지름은 1cm가 채 되지 않을 정도로 작지만 많은 수의 꽃이 모여 피므로 매우 아름다우며 차례로 꽃이 피어 한 달 정도 지속될 정도로 개화 기간도 길어 관상 가치가 높다. 꽃이 질 때는 마치 황금 꽃비가 내리는 느낌이 들어 영어로 golden rain tree(황금꽃비나무)라 불린다. 열매는 견과로 10월에 익는데 주머니 모양이고 익으면 3조각으로 벌어져 씨앗이 노출된다. 씨앗은 둥글며 직경이 7mm 정도에 검정색이고 단단하여 염주 만드는 데 사용하기도 하므로 염주나무라고도 부른다. 양수로 강한 햇볕에서 재배할 때 수형도 아름답고 꽃도 잘 핀다. 토질은 거의 가리지 않으며 척박한 곳에서도 잘 적응한다.

번식은 종자 외에 뿌리꽂이가 가능하며 대량 재배는 전적으로 종자에 의한다.

산수국 *Hydrangea serrata*

범의귀과에 속하는 낙엽관목으로 높이는 1m 정도로 자란다. 꽃은 6~7월에 새 가지 끝에 많은 꽃이 산방화서로 달린다. 화서의 가장자리에는 암술과 수술이 없고 직경이 2~3cm 정도인 무성화가 피며 중앙부에는 작은 유성화가 핀다. 우리의 시선을 많이 끄는 것은 무성화로 이는 꽃받침만 있어 가짜 꽃이라 할 수 있고 씨앗이 맺는 유성화는 꽃이 너무 작아 오히려 시선을 덜 받는다. 우리나라 전역에서 재배가 가능하지만 겨울이 추운 일부 지방에서는 겨울에 동해가 생기기도 한다.

반그늘이나 볕바른 곳에 심으며 번식은 꺾꽂이, 포기나누기, 종자, 휘묻이 등에 의하는데 꺾꽂이로 뿌리가 잘 내리므로 실용적인 재배에서는 거의 꺾꽂이를 이용한다. 꺾꽂이는 봄 3~4월 또는 여름에 하는데 봄에 하는 경우, 작년에 자란 가지를 10~15cm 정도로 잘라 꽂으며, 여름에 하는 녹지삽은 6~7월경에 그해에 자란 새 가지를 잘라 아래 잎을 따 버리고 꽂는다.

일본조팝나무 *Spiraea japonica*

일본 원산의 장미과에 속하는 낙엽관목으로 꽃은 5~6월에 피는데 붉은색으로 매우 아름답다. 봄의 개화 시기 이후에도 새로 자란 가지에서 꽃이 피기도 하므로 여름 이후에 꽃을 보려면 봄에 꽃이 진 후에 가지를 강하게 전정하면 된다. 뿌리목에서 수많은 가지가 발생하여 밀집한 덤불을 이룬다. 볕바른 곳에 심지만 반그늘 정도에서도 잘 적응하며 번식은 꺾꽂이나 포기나누기가 매우 잘 된다.

자귀나무 *Albizzia julibrissin*

콩과에 속하는 낙엽교목으로 산지나 들, 냇가의 볕바른 곳에 자생한다. 꽃은 6~7월에 피는데 분홍색의 실처럼 가는 꽃잎과 수술로 이루어져 있어 매우 아름답다. 꽃이 귀해지는 여름철에 꽃이 피는 데다 개화기도 길어 여름 꽃나무로 아주 훌륭하다. 꽃은 가지 끝과 잎겨드랑이에 피는데 가지 끝의 꽃은 수가 훨씬 많다. 낮에 펼쳐져 있던 잎이 밤이면 서로 껴안듯이 합쳐지는 데서 합환목(合歡木), 야합수(夜合樹), 합혼수(合婚樹) 등의 별명을 얻었는데 이 나무를 집에 심으면 가정이 화락해지고 부부 금슬이 좋아진다는 속설이 있다. 볕바른 곳에 심으며 너무 습하고 기름진 땅에서는 진딧물과 그을음병의 발생이 심하므로 약간 메마른 땅이 오히려 좋다. 번식은 전적으로 종자로 하는데, 가을에 익은 종자를 채취하여 정선 후 보관하였다가 이듬해 봄에 파종하는데 발아율은 좋은 편이다.

참조팝나무 *Spiraea fritschiana*

장미과에 속하는 낙엽관목으로 높이가 1~2m 정도 자란다. 꽃은 잎이 핀 후 5~6월에 새 가지 끝에 복산방화서로 피는데 흰색에 중심부가 홍색 또는 연한 홍색이며 화서가 아주 크고 꽃이 밀집하여 피므로 무척 아름답다. 내한성과 적응력이 강하여 우리나라 전역에서 재배 가능하며 양수로 햇볕이 잘 쬐는 곳이나 큰 나무의 그늘이 약간 지는 정도의 환경에서 잘 자란다. 번식은 종자, 꺾꽂이, 휘묻이, 포기나누기 등이 가능하지만 꺾꽂이로 뿌리가 잘 내리므로 거의 꺾꽂이로 한다.

흰인가목 *Rosa koreana*

장미과의 낙엽관목으로 우리나라 중부 이북의 높은 산에서 자생하는 한국 특산식물이다. 야생장미의 한 종류로 땅속에서 근맹아가 지속적으로 자라나와 덤불 모양을 이룬다. 꽃은 5~6월에 새로 자란 가지 끝에 1개씩 피는데 지름이 2.5~4cm 정도로 작으며 흰색이고 향기가 아주 좋다. 열매는 길이 1.5~2cm 정도로 약간 길쭉하며 10월에 홍황색으로 익는다.

볕바른 곳에 심으며 번식은 종자, 포기나누기로 한다.

그 외 꽃이 좋은 낙엽활엽수(여름꽃나무)

함박꽃나무 · 126쪽 , 배롱나무 · 130쪽

봄 마중 꽃나무

꽃나무 중에서도 아직 늦추위가 가시지 않은 아주 이른 봄에 피는 꽃은 그 시기만으로도 큰 가치가 있다. 긴 겨울 동안 움츠렸던 가슴을 펴게 해 주고 희망의 봄이 왔음을 알려 주기 때문이다. 따라서 설혹 꽃의 관상 가치가 조금 떨어지더라도 이처럼 이른 시기에 꽃이 피는 나무는 정원지기의 사랑을 듬뿍 받을 수밖에 없다. 정원에 심을 때도 건물 앞의 양지바른 곳에 심어 두면 개화가 촉진되므로 더욱 일찍 봄 기분에 젖을 수 있다.

풍년화 *Hamamelis japonica*

일본 원산의 낙엽관목 또는 소교목으로 일본산 외에 중국풍년화와 미국 원산의 풍년화 종류도 도입되어 재배되고 있는데 성질은 거의 비슷하다. 남부 지방에서는 아직 겨울 추위가 지속되는 2월부터 꽃이 피기 시작하며 겨울이 온난할 때는 1월에 꽃이 피기도 한다. 1월은 연중 가장 추울 때이니 봄맞이 꽃이라고 하기보다는 어쩌면 겨울꽃나무라고 부르는 게 옳다는 생각이 들 정도다. 번식은 종자로 하며 가을에 채취한 종자를 이듬해 봄에 파종하면 대부분 그다음 해 봄에 발아한다. 원예 품종은 종자를 심으면 형질이 유지되지 않으므로 실생 풍년화를 대목으로 접붙이기로 번식한다.

납매 *Chimonanthus praecox*

납매과의 낙엽관목으로 중국 원산이며 당매라고 부르기도 한다. 높이는 3~4m 정도까지 자라는데 뿌리목에서 여러 개의 줄기가 총생한다. 꽃은 대개 2월부터 3월에 피는데 난동(暖冬)이 지속되면 1월에 피기도 한다. 꽃의 직경은 2㎝ 정도로 소형이며 향기가 좋다. 번식은 종자, 포기나누기, 휘묻이로 하는데 포기나누기나 휘묻이는 잘 되는 편이 아니다. 우량 품종은 접붙이기로 한다.

길마가지나무 *Lonicera harai*

인동과에 속하는 낙엽관목으로 꽃은 백색 또는 연한 황색으로 아직 잔설이 남아 있는 겨울의 끝자락부터 피기 시작하여 4월까지 계속된다. 꽃은 2송이씩 밑을 향해 달리며 향기가 좋다. 이른 봄에 피는 매화나 산수유보다도 훨씬 먼저 피는 꽃이므로 봄을 맞는 영춘화로서의 가치가 매우 높은 나무다. 열매는 장과로 2개가 거의 합쳐져 거꾸로 된 하트 모양을 하며 4~5월에 붉은색으로 익는다. 열매는 모양이 특이한 데다 익어감에 따라 녹색에서 황색, 주황색, 홍색으로 차례로 변하는 것도 흥미롭다. 번식은 꺾꽂이, 종자, 포기나누기, 휘묻이로 할 수 있다.

올괴불나무 *Lonicera praeflorens*

전국의 산지에 자생하는 인동과의 낙엽관목으로 3월에 가냘프고 작은 연홍색의 꽃이 핀다. 같은 인동과의 길마가지나무와 비슷한 시기에 꽃이 피지만 길마가지나무가 차례차례 피어 개화기가 좀 긴 데 반해 올괴불나무는 일시에 피고 진다. 열매는 둥글며 홍색으로 아름다운데 5월에 익는다. 번식은 종자, 꺾꽂이, 포기나누기로 한다.

삼지닥나무 *Edzeworthia papyrifera*

일본과 중국 원산의 낙엽관목으로 추위에 약하여 우리나라에서는 남부 지방에 식재한다. 가지가 세 갈래씩 갈라지므로 삼지닥나무라는 이름이 붙었다. 꽃은 3월에 피는데 황색이며 향기가 매우 좋다. 추위에 약한 것만 빼면 아주 잘 자라며 적응력이 좋은 꽃나무라 할 수 있다. 번식은 종자, 꺾꽂이, 포기나누기로 한다.

영춘화 *Jasminum nudiflorum*

낙엽관목으로 품종에 따라 줄기는 곧게 자라거나 아래로 처진다. 가는 가지가 많이 발생하며 3~4월에 개나리꽃과 비슷한 노란색의 꽃이 핀다. 아래로 처지는 종류는 흔히 자라면서 가지가 땅에 닿으면 중간에서 뿌리가 내리기도 한다. 볕바른 곳에서 재배하며 번식은 꺾꽂이나 포기나누기로 하는데 뿌리가 아주 쉽게 내린다.

백서향 *Daphne kiusiana*

팥꽃나무과에 속하는 상록관목으로 제주도와 서남해의 일부 섬에서 자생한다. 가정에서 흔히 재배하는 서향과 흡사하여 구별이 쉽지 않은데 백서향은 흰색의 꽃이 피며 여름에 붉은 열매가 열리는 것이 특징이다. 시중에 보급되고 있는 서향은 중국 원산으로 열매를 볼 수 없지만 우리 자생종인 백서향은 열매도 아름다우므로 앞으로 많이 보급되고 또 사랑받았으면 좋겠다. 난대수종으로 남부 지방에 식재 가능하며 서향보다는 추위에 좀 더 약하다. 강한 햇볕이 쬐는 곳보다는 반그늘을 좋아하며 번식은 꺾꽂이나 종자로 한다.

빈카 *Vinca minor*

남부 유럽, 프랑스 원산의 협죽도과의 상록덩굴로 2~4월에 보라색의 꽃이 피는데 향기가 매우 좋다. 땅을 기면서 자라는데 곳곳의 마디에서 새로 뿌리가 내린다. 볕바른 곳이 적지지만 반그늘 정도는 잘 적응한다. 추위에 약하여 남부 지방에 식재하며 추운 곳에서는 화분에 심어 재배한다. 번식은 포기나누기, 꺾꽂이로 한다.

그 외 봄 마중 꽃나무

산수유 · 129쪽, 매실나무 · 160쪽, 히어리 · 127쪽, 생강나무 · 132쪽, 미선나무 · 147쪽, 애기동백 · 134쪽, 동백 · 131쪽

과수 겸용 실용 조경수

새로 정원을 꾸밀 때 가장 선호하는 나무로는 과일나무를 들 수 있다. 과일나무는 꽃도 볼 수 있고, 과일은 관상의 대상이면서 또 식용으로 이용할 수 있는 실용적인 면까지 겸하니 일석삼조의 효과를 가지기 때문이다. 그러나 가정 정원에서 아무 과수나 심어 과일을 수확할 수 있다고 생각하면 큰 오산이다. 꽃도 보고 열매도 감상하며 또 과일을 수확하는 기쁨까지 누릴 수 있다면야 좋겠지만 실제 그런 목적을 달성할 수 있는 수종은 그리 많지 않다. 대부분의 과일나무는 병충해에 아주 약하다. 그 이유는 과일나무는 과일의 품질, 즉 상품성을 위주로 개량되었기 때문에 내병성이나 내충성까지 두루 갖춘 품종은 드물기 때문이다. 이러다 보니 대부분의 과수는 재배 중에 살충제와 살균제 등 농약을 수시로 살포해야 한다. 그러나 가정 정원에서 조경수로 심은 몇 그루씩의 과일 나무에 수시로 농약을 살포하는 것이 쉬운 일도 아니고 바람직하지도 않다. 따라서 가정 정원에 심을 과수로는 무엇보다 병충해에 강하여 농약을 치지 않거나 최소한의 관리로 재배할 수 있는 종류를 선택하는 것이 중요하다. 또한 과일 자체를 목적으로 삼기보다는 꽃과 열매 등을 감상하는 데 주안을 두고 덤으로 과일을 이용한다는 생각을 하는 것이 좋다.

매실나무 *Prunus mume*

매실나무는 이른 봄에 피는 꽃이 아름답고 향기로워 예부터 많은 사랑을 받아 온 나무이다. 아직 잔설이 녹기 전 이른 봄에 맨 먼저 봄소식을 전하며 피는 꽃은 모양이 단정하고 향기도 무척 맑고 좋아 가장 기품 있는 꽃 중의 하나로 꼽힌다. 꽃만으로도 정원에 없어서는 안 될 나무인 것이다. 거기다 농약을 전혀 치지 않고도 열매를 수확할 수 있으니 정말 나무랄 데 없는 가정 과수라 할 수 있다. 또한 매실은 가정에서 잼, 장아찌, 매실액, 매실주 등 여러 용도로 이용할 수 있어 그 활용도가 무척 높은 것도 강점이다. 번식은 종자, 꺾꽂이, 접붙이기로 하는데 우량묘는 접붙이기로 증식하여야 하며 종자로 번식한 것은 열매가 작다.

살구나무 *Prunus armeniaca* var. *ansu*

복사나무와 함께 고향을 상징하는 꽃으로 인식될 정도로 우리에게 친숙한 나무지만 실제로 조경수로는 이용이 적은 실정이다. 농약 없이 방임하여도 열매가 잘 열리며 매실나무에 비해 훨씬 큰 나무로 자란다. 꽃은 4월에 잎이 피기 전에 피는데 벚꽃과 흡사하며 연분홍색으로 화사하게 피어난다. 아쉬운 점은 꽃이 아름답긴 하나 수명이 짧아 일주일 정도밖에 가지 않으며 과일의 이용도가 다소 떨어진다는 점이다. 번식은 종자와 접붙이기로 한다.

감나무 *Diospyros kaki*

예전 시골 농가에는 집집마다 감나무가 있었으며 별다른 관리를 하지 않아도 가을이면 빨갛게 물든 감들이 아름다웠다. 요즘은 상품성이 좋은 단감나무를 위주로 한 감나무 과수원이 많이 생겨 집단 재배를 하게 되자 감나무도 병충해가 심한 과수가 되었다. 단감나무는 대개 병해가 심하고 추위에도 약하므로 가정 정원에는 바람직하지 않다. 따라서 정원용으로는 단감나무보다는 병충해와 추위에 훨씬 강한 재래종 감을 심는 것이 좋다. 재래종 감 중에서 청도반시는 추위와 병충해에 강하면서 감의 모양도 아름다워 조경수 겸용으로 심기에 적합한 품종이라 할 수 있다. 감은 낙과로 주변이 지저분해질 수 있으므로 집이나 건물에서 약간 떨어진 곳에 심는 것이 좋다. 번식은 종자와 접붙이기로 하지만 과수로 이용하고자 할 경우에는 접붙이기로 해야 하며 종자로 번식한 감나무에는 열매가 아주 작은 돌감이 열리게 된다.

석류나무 *Punica granatum*

석류나무과에 속하는 낙엽소교목이다. 꽃은 당년생(當年生)의 가지 끝이나 잎겨드랑이에 나는데 등적색으로 다육질이다. 가지 끝에 열리는 과일은 등황색 내지 황적색으로 매우 크고 과피가 두껍다. 석류는 하나의 열매에 많은 씨앗이 들어 있고 익으면 과피가 터져 씨앗이 노출되는 것에서 다산을 상징하는 나무가 되었다. 예부터 석류를 집안에 심으면 자손이 많고 현명한 아들을 둔다는 속설이 있어 가정에 많이 심었으며 또 병풍이나 그림의 소재, 후원의 꽃담 등에도 석류를 그려 장식하는 경우가 많았는데 이 역시 석류가 다산과 풍요를 비는 상징이었기 때문이다. 추위에 약한 편으로 대체로 충청도와 경상도 이남에서 재배 가능하다. 번식은 주로 꺾꽂이로 하며 그 외 종자, 접붙이기, 포기나누기, 묻어떼기도 가능하다. 꺾꽂이는 봄에 새싹이 트기 전에 지난해 자란 가지를 15cm 정도로 잘라 꽂는데 뿌리가 잘 내린다.

모과나무 *Pseudocydonia sisnensis*

4월에 피는 연분홍 꽃이 아름답고 향기도 좋다. 거기다 수간의 알록달록한 수피가 아름답고 가을의 황금색 열매와 붉게 물드는 단풍도 매력적이어서 조경수로 정말 좋은 나무이다. 열매는 생식하지는 못하고 술을 담거나 차를 만들며 또 약용으로도 쓴다. 모과주와 모과차는 향기가 매우 좋으며 기침을 멎게 하는 데 특효가 있어 많이 이용되어 왔다. 부근에 향나무가 있으면 적성병에 걸리는 결점이 있으나 배나무처럼 심하지는 않다. 번식은 종자와 접붙이기로 하는데 열매의 크기는 별 문제가 되지 않으므로 종자로 번식하는 것이 편하다.

무화과 *Ficus carica*

뽕나무과의 낙엽소교목으로 잎에 깍지벌레가 생기는 외에는 병충해가 거의 없는 과일나무이다. 별다른 관리 없이 가정 정원에 심어 달콤한 열매를 즐길 수 있는 나무지만 추위에 약하여 서남부 해안 지방과 남부 지방에서만 식재할 수 있다. 과일은 여름과 가을 두 차례에 걸쳐 익는데 달고 맛이 좋지만 조경수로서의 매력은 그리 높은 편이 아니다. 번식은 포기나누기, 휘묻이, 꺾꽂이로 한다.

자두나무 *Prunus salicina*

비교적 병충해의 피해가 약한 과수에 해당한다. 꽃은 흰색으로 복사나무와 비슷한 시기인 4월에 피는데 아름다우며 여름에 익는 윤기 나는 자주색 열매도 관상 가치가 높다. 번식은 종자와 접붙이기로 하는데 열매를 이용하려면 우량 형질의 품종을 접붙이기해야 하며 종자로 증식된 나무는 열매의 품질이 좋지 못한 경우가 많다.

앵두 *Prunus tomentosa*

장미과의 낙엽관목으로 꽃은 흰색 또는 분홍색으로 4월에 잎보다 먼저 피며 열매는 6월에 붉게 익어 매우 아름답다. 병충해가 거의 없으며 꽃과 열매가 아름다워 조경용으로 좋으며 나무가 크게 자라지 않으므로 좁은 뜰에도 심을 수 있다. 앵두는 과수라고는 하나 맛이 너무 시어 생식하기는 적당치 않으며 잼과 추출액을 만들어 이용할 수 있으며 꽃과 열매가 아름다운 조경수라고 생각하는 것이 좋을 것이다. 볕바른 곳에서 재배하며 번식은 종자와 포기나누기로 한다.

양벚나무 *Prunus avium*

벚나무 종류 중 가장 먼저 꽃이 피는 나무로 '물앵두나무' 또는 '버찌나무'라고도 한다. 3월 말~4월 초에 피며 열매는 5~6월에 붉게 익는데 꽃과 열매가 모두 아름다운 나무이다. 열매가 작지만 맛이 달고 좋아 가정 과수로 심을 만하다. 열매는 새들도 무척 좋아하므로 조류 유치 식물로도 좋다. 번식은 종자, 꺾꽂이, 포기나누기, 뿌리꽂이로 한다.

멀꿀 *Stauntonia hexaphylla*

제주도와 남해안 섬 지방에 자생하는 으름과의 상록덩굴식물로 잎과 꽃, 열매가 모두 아름답다. 꽃은 4~5월에 피며 열매는 10월에 적자색으로 익는데 매우 아름답다. 열매의 크기는 장경이 7~8cm, 단경이 5~6cm 정도로 꽤 크며 속의 과육을 식용하는데 매우 달다. 추위에 약하여 남부 지방에 심을 수 있으며 덩굴이므로 시렁을 만들어 주어야 한다. 잎이 아름다우므로 추운 지방에서는 화분에 심어 실내 식물로 재배해도 좋은 나무이다. 번식은 종자, 꺾꽂이, 휘묻이로 한다.

키위 *Actinidia chinensis* var. *deliciosa*

'양다래'라고도 한다. 꽃은 5~6월에 피는데 아름답고 향기로우며 열매는 가을에 황갈색으로 익는다. 자웅이주(雌雄異株, 암수딴그루)이므로 열매를 보려면 암그루, 수그루를 모두 심어야 한다. 병충해에는 상당히 강한 과수지만 추위에 약하므로 남부 지방에 한하여 식재할 수 있으나 최근 내한성 품종도 개발되어 보급되고 있다. 덩굴성이므로 시렁을 만들어 주어 적당하게 타고 오를 수 있도록 해야 한다. 번식은 종자 꺾꽂이로 한다.

블루베리 *Vaccinium spp.*

블루베리는 북미 원산의 진달래과의 낙엽관목으로 열매가 최근 건강식품으로 각광받고 있는데 가정에서도 비교적 쉽게 재배할 수 있다. 키가 크게 자라지 않으므로 좁은 뜰에 심기도 좋다. 꽃은 작은 종 모양으로 피고 열매는 6~8월에 흑자색으로 익는데 아름답고 탐스럽다. 산성토양을 좋아하므로 심기 전에 흙에 유황을 조금 뿌려 섞어 주면 좋으며 재거름은 해롭다. 번식은 꺾꽂이, 휘묻이로 한다.

준베리 *Amelanchier alnifolia*

미국 원산의 장미과의 낙엽소교목으로 우리나라에 자생하는 채진목과 같은 속의 식물이다. 봄에 피는 흰 꽃이 아름답고 6월에 자주색으로 익는 열매도 아름다워 조경 가치가 매우 크며 열매 또한 맛이 좋은 편이다. 준베리(June berry)라는 이름은 열매가 6월에 익으므로 붙은 이름이다. 볕바른 곳에 심으며 번식은 꺾꽂이, 휘묻이, 종자로 한다.

비파나무 *Eriobotrya japonica*

중국 원산의 장미과에 속하는 상록소교목으로 키는 6~10m 정도까지 자란다. 잎의 길이가 12~25cm이고 너비가 3~9cm로 매우 큰 것이 특징이다. 비파의 잎은 차와 약재로 이용하기도 하며 건강 음료의 재료로도 이용된다. 꽃은 초겨울에 가지 끝에서 원추화서로 피는데 흰색이고 향기가 좋다. 열매는 구형 내지 타원형으로 지름이 2~5cm이고 이듬해 5~6월에 황금색으로 익어 아름답다. 우리나라에서는 과수보다는 조경수로 심지만 일본에서는 흔히 과수로 재배된다고 한다. 과일은 신맛이 강하며 열매 속의 씨앗은 독성이 있으므로 먹으면 위험하다. 번식은 종자로 하는데 과수로 재배할 때는 접붙이기를 이용하기도 한다.

꾸지뽕나무 *Cudrania tricuspidata*

뽕나무과에 속하는 낙엽교목으로 가지에는 가시가 나지만 간혹 가시가 없는 개체도 있다. 자웅이주로 열매는 육질이며 둥글며 약간 울퉁불퉁한데 9~10월에 붉게 익는다. 어린잎과 순으로 차를 만들거나 나물로 이용하기도 한다. 뿌리는 각종 암을 치료하는 민간요법으로 많이 이용해왔으며 열매도 식용 및 건강식품의 원료로 이용한다. 양수로 햇볕이 잘 쬐는 곳에 심으며 과수로 이용하려면 암그루와 수그루를 함께 심어야 잘 결실한다. 번식은 종자, 삽목 및 근삽으로 한다. 종자는 10월경에 열매를 따서 종자를 채취하여 젖은 모래에 저장했다가 이듬해 봄에 파종한다. 근삽은 봄에 뿌리를 파내어 10~15cm 길이로 잘라 심는 방법으로 근삽묘는 모주의 성을 그대로 이어받으므로 암그루만 대량 번식할 수 있는 장점이 있으며 성장도 빨라 유리하다.

대추나무 *Zizyphus jujuba* var. *inermis*

갈매나무과의 낙엽 소교목으로 열매를 얻기 위해 과수원이나 집 주변에 흔히 심는다. 꽃의 관상 가치는 없으나 열매가 조롱조롱 열린 모습은 아름답다. 열매는 식용 및 약용으로 많이 이용되며 제사상에도 빠져서는 안 되는 과일이다. 우리나라 전역에서 재배 가능한데 볕바르고 배수가 잘 되는 곳에 심는다. 번식은 종자, 접붙이기, 뿌리꽂이로 하며 우량 품종을 얻기 위해서는 접붙이기로 한다. 재배 중에 심하게 가지를 치면 빗자루병에 감염되기 쉬우므로 전정을 삼가는 것이 좋다.

포도나무 *Vitis vinifera*

포도과의 낙엽성 덩굴나무로 수많은 품종이 있으며 우리나라에서는 주로 생식 위주의 품종이 많이 재배된다. 추위에 상당히 강하지만 중부지방에서는 노지 월동이 어려운 품종도 있다. 볕바른 곳에서 재배하며 덩굴식물이므로 타고 오를 시렁 등이 필요하다. 시렁을 만들어 여름엔 그늘을 즐기고 가을엔 탐스런 포도를 감상하며 달콤한 과일까지 즐길 수 있다는 게 포도의 매력이다. 가정 정원에서 관상을 겸한 실용수로 재배하려면 비교적 병충해에 강한 캠벨 얼리나 델라웨어 등의 품종이 좋으며 최근에 국내외에서 개량된 우량 품종을 선택할 수도 있다. 번식은 삽목과 접붙이기로 하는데 삽목으로 발근이 잘 된다.

체리 *Prunus avium*

체리는 장미과에 속하며 벚나무와 가까운 사이이다. 국내에서는 기르기 어려운 과일나무로 인식되어왔으나 최근에는 국내 환경에 맞는 품종과 재배법 등이 알려지면서 재배 농가가 증가하고 있다. 대체로 물이 잘 빠지는 사질 양토가 적지이며 번식은 접목으로 한다. 대목에 따른 성장 및 적응에 차이가 크므로 전문 농장에서 묘목을 구입하여 심는 게 안전하다.

대개 접목묘를 식재하고 3~4년 정도 재배하면 열매가 열리기 시작한다.

라핀, 스위트하트 등 일부 품종은 자가수분이 가능하지만 대다수 품종이 자가수분이 안 되므로 몇 가지 품종을 섞어 심는 게 좋다. 한 두포기 심을 때는 자가수분이 가능한 품종을 골라 심어야 결실을 볼 수 있다.

아로니아(초크베리) *Aronia melanocarpa*

장미과의 낙엽관목으로 북아메리카 원산으로 관상용 및 열매를 얻기 위한 용도로 재배한다. 아로니아는 안토시아닌 함량이 베리류 중에서도 가장 높아 건강식품으로 평가받고 있지만 열매가 떫고 자극적인 맛이 나며 일반적인 새콤달콤한 과일과는 거리가 먼 맛이라 시장성이 높은 편은 아니다. 하지만 꽃이 좋고 열매도 아름다워 실용성을 가진 조경수로는 안성맞춤인 수종이다. 열매 색이 다른 레드 초크베리와 블랙 초크베리가 있는데 안토시아닌 함량이 높은 블랙 초크베리가 인기가 높아 많이 재배된다.

볕바른 곳에서 재배하며 번식은 실생, 삽목, 접목, 포기 나누기로 한다.

집 정원에 피해야 할 과일나무

• 배

배는 꽃이 아름답고 열매도 맛이 좋지만 적성병이 심해 농약을 치지 않고는 거의 수확을 하기 어렵다.

• 복숭아

꽃이 아름답고 과수로도 훌륭하지만 병해, 충해가 모두 심한 과수이다. 또한 복숭아는 예부터 집안에 심는 것을 금기시한 나무이다.

• 밤나무

밤은 그런대로 농약 없이 어느 정도 수확할 수 있으나 정원에 심으면 밤송이가 떨어져 불편하고 위험하므로 정원에 심기는 부적합하다.

• 은행

너무 크게 자라므로 어지간히 넓은 부지가 아니면 어울리지 않으며 이웃 나무에 심한 그늘을 드리우므로 가정 정원용으로는 좋지 않다. 또한 열매에서 심한 악취가 나는 것도 가정의 조경수로 식재하기 어려운 점이다. 은행 열매는 약용과 식용으로 활용도가 높지만 독이 있으므로 한꺼번에 많이 먹으면 위험하다.

❀ 열매가 아름다운 낙엽활엽수

가막살나무 *Viburnum dilatatum*

인동과에 속하는 낙엽관목으로 높이는 2~3m 정도로 자란다. 꽃은 5~6월에 짧은 가지 끝에 지름 4~10cm의 흰색 작은 꽃들이 모여 피어 아름답다. 열매는 지름 7~8mm로 9~10월경에 붉은색으로 익으며 겨울 내내 달려 있어 관상 기간 또한 길다. 보라색으로 물드는 단풍도 나름대로 매력이 있다. 수형이 정연하지 못하고 덤불 형태로 자라므로 수격이 높은 나무는 아니고 일반적으로 정원의 큰 나무 아래에 심는 하목으로 이용한다. 번식은 종자와 꺾꽂이로 하는데, 꺾꽂이로 뿌리가 잘 내린다.

괴불나무 *Lonicera maackii*

인동과에 속하는 낙엽관목으로 높이가 3~4m까지 자란다. 꽃은 5~6월에 잎겨드랑이에서 짧은 꽃자루에 흰색의 작은 꽃들이 2개씩 피어 아름다우며 향기가 좋다. 가을에 영롱하게 붉게 익는 열매는 겨울 내내 감상할 수 있다. 추위에 강하며 우리나라 전역에서 식재가 가능하며 척박한 곳에서도 잘 견딘다. 반음지 식물로 양지와 음지에서 모두 잘 적응하지만 볕바른 곳에서는 수형이 좋고 개화와 결실이 잘 된다. 번식은 종자로 하는데 가을에 잘 익은 열매를 따서 종자를 채취하여 젖은 모래 속에 저장해 두었다가 이듬해 봄에 파종한다.

까마귀밥나무 *Ribes fasciculatum* var. *chinense*

범의귀과에 속하며 높이가 1.5m 정도 자라는 낙엽관목으로 가지에는 가시가 없다. 꽃은 4~5월에 황색의 작은 꽃이 잎겨드랑이에 3~4개씩 모여 피는데 작지만 아름답다. 열매는 구형에 지름이 4~5mm이며 10월경에 붉은색으로 익는다. 까마귀밥여름나무라고도 불리며 민간에서 옻이 올랐을 때 이 나무를 치료약으로 이용하므로 칠해목이라고도 부른다. 세 갈래로 갈라지는 난원형의 잎도 관상 가치가 있는데 단풍은 홍갈색으로 물든다. 번식은 주로 종자와 꺾꽂이로 하지만 포기나누기나 휘묻이도 가능하다.

꼬리까치밥나무 *Ribes komarovii*

범의귀과에 속하는 낙엽관목으로 높이는 2.5m 정도까지 자란다. 꽃은 3~4월에 연황색의 작은 꽃이 총상화서로 피는데 향기가 난다. 세 갈래로 갈라지는 잎도 관상 가치가 있으며 단풍은 황갈색으로 물든다. 암수딴그루로 열매는 여름에 이삭처럼 달려 붉게 익는데 무척 아름답다. 볕바른 곳을 좋아하며 대개 산의 능선부에서 자생지가 발견된다. 암수딴그루이므로 열매를 감상하려면 암수그루를 모두 심어야 한다. 번식은 종자, 꺾꽂이, 포기나누기, 휘묻이로 하는데 일반적으로 실생법과 꺾꽂이가 편하다.

대팻집나무 *Ilex macropoda*

감탕나무과의 낙엽소교목으로 산야에 자생한다. 목재가 단단하고 치밀하여 대팻집을 만드는데 흔히 이용하므로 대팻집나무라 불린다. 암수딴그루로 꽃은 볼품이 없으나 가을에 붉게 익는 열매는 무척 아름답다. 볕바른 곳에 심으며 열매를 감상하려면 암그루 위주로 심되 주변에 수그루도 함께 심어야 한다. 번식은 종자와 접붙이기로 한다.

종자로 번식한 모종은 암나무와 수나무 비율이 1:1이 된다. 따라서 아름다운 열매를 감상하려면 수나무 묘목에 암나무 가지를 접붙이기하여 암나무 비율을 늘리는 것이 좋다.

낙상홍 *Ilex serrata*

감탕나무과에 속하며 높이가 2~3m까지 자라는 낙엽관목이다. 암수딴그루로 꽃은 6월에 피는데 연보라색 또는 흰색이고 꽃의 직경은 3.5~5mm 정도로 작다. 열매는 늦여름부터 초가을에 걸쳐 붉게 익는데, 직경이 3~5mm 정도로 작지만 온 가지를 뒤덮을 정도로 열매가 많이 열리므로 관상 가치가 매우 높다. 강한 양수로 햇볕이 잘 쬐는 곳에 심어야 하며 성장은 느리다. 나무가 크게 자라지 않아 가정 정원이나 전원주택 등의 조경에 특히 좋으며 또한 열매를 새들이 즐겨 먹으므로 정원의 조류 유인목으로도 좋다. 번식은 종자와 접붙이기로 하는데, 접붙이기는 열매를 맺는 암그루를 번식하기 위한 목적으로 사용하고 4월경에 깎아접이나 짜개접으로 한다.

누리장나무 *Clerodendron trichotomum*

마편초과에 속하는 낙엽관목으로 높이가 2~3m 정도까지 자란다. 잎을 건드리면 강한 누린내가 나므로 누리장나무라는 이름이 붙었다. 꽃은 흰색으로 8~9월에 가지 끝에 취산화서를 이루며 피는데 향기가 좋고, 수술이 길게 꽃 밖으로 돌출된다. 열매는 9월에 보랏빛이 도는 남색으로 익으며 붉은 꽃받침이 열매가 익을 때까지 남아 있어 마치 보석을 박은 브로치가 연상될 정도로 매우 아름답다. 번식은 종자와 꺾꽂이로 한다.

말오줌때 *Euscaphis japonica*

고추나무과에 속하며 높이가 3~4m 정도까지 자라는 낙엽관목이자 소교목이다. 잎은 기수우상복엽이고 표면에 약한 광택이 난다. 꽃은 가지 끝에서 5~6월에 피지만 관상 가치가 높은 편은 아니다. 말오줌때의 가장 큰 매력은 아름다운 열매에 있는데, 골돌과가 1~3개씩 달리며 찌그러진 타원형에 끝이 뾰족하며 붉은색에 다육질이고 그 위에 검은색의 광택이 나는 둥근 종자가 박혀 있다. 남부 지방에 자생하는 나무지만 내한성도 꽤 있어 경기와 강원도 등 아주 추운 곳을 제외하고는 식재 가능하다. 번식은 종자로 한다.

멀구슬나무 *Melia azedarach*

멀구슬나무과에 속하는 난대성 낙엽활엽수로 제주도, 경남, 전남 등 남부 지방에 자생한다. 5월 말부터 6월 초에 피는 꽃은 연보라색으로 원추화서에 작은 꽃들이 밀집하여 달려 아름답고 향기도 좋은데, 꿀이 많아 밀원식물로도 이용된다. 잎은 우상복엽으로 하나의 잎자루가 아주 크며 가을에 노랗게 물드는 단풍이 아름답다. 멀구슬나무라는 이름을 갖게 한 열매는 크기가 콩알보다 약간 크며 황갈색으로 익는다. 성장이 빠른 나무로 토질이 좋을 경우 실생 후 2년 정도 재배하면 키가 1m 이상 자라고 7~8년만 기르면 조경수로 훌륭하므로 정원을 조성하여 빠른 조경 효과를 보고자 할 때 최적의 나무 중 하나이지만 추위에 약하여 남부 지방으로 식재가 제한된다.

백당나무 *Viburnum sargentii*

인동과에 속하는 낙엽관목으로 높이가 2~3m 정도 자란다. 꽃은 5~6월에 짧은 가지 끝에 흰색의 작은 꽃들이 많이 모여 피어 아름답다. 열매는 둥글며 지름이 8~10mm 정도로 9월에 붉게 익는다. 홍갈색으로 물드는 단풍도 고운 편이다. 추위와 토질에 대한 적응성이 강해 우리나라 전역에서 재배 및 식재가 가능하다. 백당나무의 변이종인 불두화(V. sargentii for. sterile)는 사찰에 많이 식재하는데 유성화가 없이 무성화만 피므로 열매를 맺지 않는 대신 꽃은 더 탐스럽다. 번식은 종자, 꺾꽂이, 휘묻이, 포기나누기로 하는데 꺾꽂이가 가장 편하다.

섬괴불나무 *Lonicera insularis*

인동과에 속하는 낙엽관목으로 높이가 2~3m까지 자란다. 꽃은 4~5월에 잎겨드랑이에서 자란 꽃자루에 흰색의 작은 꽃들이 2개씩 피어 아름다우며 향기가 난다. 열매는 5~6월에 영롱한 붉은색으로 익는다. 추위에 강하며 우리나라 전역에서 식재가 가능하며 척박한 곳에서도 잘 견딘다. 반음지식물로 양지와 음지에서 모두 잘 적응하지만 볕바른 곳에서는 수형이 좋고 개화와 결실이 잘 된다. 번식은 종자, 꺾꽂이, 포기나누기로 하는데, 실생은 여름에 익는 열매를 따서 직파하면 그해에 발아한다. 꺾꽂이는 이른 봄에 지난해 자란 가지를 꽂아도 되고 여름에 그해 자란 가지를 잘라 꽂아도 된다.

으름덩굴 *Akebia quinata*

으름덩굴과에 속하는 낙엽성 덩굴식물로 자연 상태에서는 대개 주위의 다른 나무를 타고 오른다. 잎은 장상복엽으로 다섯 장씩 모여 달리는데, 겨울에도 완전히 낙엽지지 않고 일부가 남아 있으므로 반상록식물로 간주하기도 한다. 꽃은 4~5월에 짧은 가지의 잎겨드랑이에서 난 총상화서에 달리는데 보라색으로 매우 아름다우며 향기 또한 강하다. 꽃은 일가화(一家花)로 수꽃은 작고 많이 달리는 반면에 암꽃은 크고 수가 적은데 꽃잎은 없고 3개의 꽃받침이 꽃처럼 보인다. 열매는 장과로 길이가 6~12cm로 바나나처럼 생겼는데 익으면 세로로 터져 흰 과육이 노출되며 달고 맛이 좋다. 봄에 돋는 어린 잎을 채취하여 데쳐 나물로 이용하기도 한다. 덩굴성이므로 퍼걸러나 아치를 만들어 올리거나 펜스에 올려 기르면 좋다. 우리나라 전역에서 식재 가능하며, 번식은 종자, 꺾꽂이, 휘묻이로 한다.

이나무 *Idesia polycarpa*

이나무과에 속하는 낙엽교목으로 굵은 가지가 사방으로 벋어 수형이 정연하다. 암수딴그루로 꽃은 5월에 큰 원추화서에 연한 황색으로 피는데 아름다운 데다 향기가 매우 좋다. 암꽃보다는 수꽃이 크고 훨씬 아름다우며 대신 암그루는 아름다운 열매를 보여준다. 열매는 큰 원추화서에 붉은 열매가 포도송이처럼 달리며 직경은 8~10mm 정도이다. 피목이 산재한 밝은 회백색의 수피도 특이하며 관상 가치가 있다. 전남과 전북에 자생하며 우리나라의 자생 북한계는 전북 내장산이지만 의외로 추위에 강하여 일부 중부 지방에서도 월동이 가능하다. 번식은 종자, 뿌리꽂이, 꺾꽂이로 하며 성장이 무척 빠른 나무이다.

좀작살나무 *Callicarpa dichotoma*

마편초과에 속하는 낙엽관목으로 높이가 1.5m 정도까지 자라며 가지의 윗부분은 아래로 늘어진다. 꽃은 7~8월에 잎겨드랑이에서 연한 자주색의 작은 꽃송이가 많이 달린다. 열매는 둥글며 직경이 4mm 정도이고 가을에 보랏빛으로 익는다. 적응성이 강해 우리나라 전역에서 재배 가능하며 양지와 음지를 가리지 않고 잘 자라며 토질도 크게 가리지 않는다. 뿌리목에서 계속 가지가 새로 자라나서 덤불 모양이 되므로 잔디밭 가장자리나 생울타리 용도 등으로 활용하면 좋으며 그늘에서도 잘 견디므로 큰 나무 아래에 심는 하목으로 이용해도 좋다. 번식은 종자와 꺾꽂이로 한다.

장구밤나무 *Grewia biloba*

피나무과에 속하는 낙엽관목으로 키는 2m 정도이며 뿌리목에서 계속 분지하여 자란다. 암수딴그루로 꽃은 7월에 연황색으로 피는데 작아서 관상 가치는 거의 없다. 열매는 10월경에 큰 콩알만 한 크기로 익으며 가운데가 약간 잘록한 장구통 모양의 둥근 열매가 하나 또는 두 개씩 모여 달리는데 특이한 모양에다 열매가 익을 때는 녹색에서 황색과 주황색을 거쳐 주홍색으로 변하여 흥미롭다. 볕바른 곳을 좋아하는 양수로 주로 키 작은 나무들이 자라는 산록에 자생하며 척박한 곳에서도 잘 견딘다. 번식은 종자와 꺾꽂이로 한다.

그 외 열매가 아름다운 낙엽활엽수

마가목 · 127쪽, 길마가지나무 · 157쪽, 산딸나무 · 125쪽, 아그배나무 · 128쪽, 윤노리나무 · 128쪽

❀ 열매가 아름다운 상록활엽수

상록수는 대부분이 난대수목으로 우리나라 남부 지방이나 남해안 등 따뜻한 곳에서 식재가 가능하지만 관상 가치가 높으므로 추운 지방에서는 흔히 화분에 심어 재배하거나 실내 정원용으로 이용할 수 있다. 열매가 아름다운 상록수라고 하여 열매만 관상 가치가 있는 것은 아니며 대개 상록의 푸른 잎이 매력적이며 또한 꽃이 아름다운 종류도 있다.

광나무 *Ligustrum japonicum*

물푸레나무과에 속하는 상록소교목으로 꽃은 7월에 가지 끝에 길이가 5~12cm의 복총상화서를 이루며 흰색으로 핀다. 열매는 핵과로 직경이 7~10mm 정도이며 10월에 흑자색으로 익는다. 난대수종이지만 내한성이 꽤 강하여 대부분의 남부 지방에서 심을 수 있으며, 겨울이 따뜻한 일부 중부 지방에서도 심을 수 있다. 원래는 3~5m 정도까지 자라는 소교목이지만 흔히 관목상으로 가꾸며 가지와 잎이 무성하게 자란다. 전정에도 강하고 대기 오염과 해풍에 강하므로 바닷가에서의 차폐용이나 생울타리용 또는 방풍수로도 좋다. 번식은 종자와 꺾꽂이로 한다.

굴거리나무 *Daphniphyllum macropodum*

대극과에 속하며 추위에 약한 난대 수종으로 제주도 한라산에 많으며, 남해안과 섬 지방에도 분포한다. 상록의 큰 잎과 정연한 수형이 매력적인 나무이다. 암수딴그루이며 꽃은 4~5월에 황록색으로 피는데 너무 작아 관상 가치는 거의 없다. 열매는 핵과로 공 모양이며 직경이 약 1cm 정도로 포도송이처럼 모여 달리는데 가을에 흑자색으로 익으며 아름답다. 산지의 숲 속에서 자라는 음수지만 양지에서도 잘 적응하며 대체로 적당한 습기를 가진 양토에서 잘 자라며 공중 습도가 높은 환경을 좋아한다. 번식은 종자로 한다.

남천 *Nandina domestica*

매자나무과에 속하는 상록관목으로 일본과 중국 원산이다. 이 속의 식물은 전 세계적으로 남천 한 종뿐으로 우리나라 남부 지방과 중부 지방 대부분의 지역에서 심을 수 있지만 추운 곳에서는 겨울에 낙엽이 지기도 한다. 높이는 2~3m 정도까지 자라며 땅속줄기로 지속적으로 번진다. 잎이 아름다워 정원의 관엽식물로 가치가 높으며 꽃은 5~7월에 가지 끝이나 잎겨드랑이에서 길이가 20~40cm의 원추화서에 백색의 작은 꽃이 많이 달린다. 열매는 장과로 직경이 8mm 정도로 선홍색으로 익는데 매우 아름답고 가을에 익으면 이듬해 봄까지 달려 있어 오래도록 즐길 수 있다. 반그늘을 좋아하며 토양 수분이 적당히 유지되는 곳이 좋다. 건물의 그늘에 심어도 좋으며 실내 정원용으로도 인기가 좋다. 번식은 종자, 꺾꽂이, 포기나누기로 한다.

다정큼나무 *Rhaphiolepis umbellata*

장미과에 속하며 높이가 1~3m까지 자라는 상록관목으로 전남과 경남의 도서 지방 그리고 제주도에 자생한다. 꽃은 5월에 피는데 꽃잎은 흰색이지만 중앙의 기부는 붉은색이고 작은 꽃송이가 모여 피어 아름답다. 열매는 둥글고 지름이 7~10mm이며 9~10월에 흑자색으로 익는다. 우리나라 자생 난대수목 중에서도 추위에 약한 편으로 제주도와 전남 및 경남의 해안에 가까운 남부 지방에 한해 식재할 수 있다. 조경적 가치가 아주 우수한 나무지만 현재 우리나라에서 조경수로 이용되는 일은 미미한 실정이며 키가 작으므로 정원의 주목으로보다는 잔디밭 가장자리 등에 심거나 큰 나무 아래에 덧붙여 심는 나무로 적당하다. 번식은 종자와 꺾꽂이로 한다.

먼나무 *Ilex rotunda*

감탕나무과에 속하는 상록소교목으로 보길도, 제주도 등 남해안 섬 지방에 자생한다. 녹색의 잎을 바탕으로 보석같이 붉은 열매가 모여 달리는 모습이 참으로 아름다운데 이 열매는 10월부터 이듬해 4월경까지 달려 있으므로 동속의 호랑가시와 함께 겨울철 열매나무로 최고의 매력을 가진다. 암수딴그루로 꽃은 5월에 흰색 또는 연한 자색의 작은 꽃이 모여 핀다. 추위에 약하여 중부 지방에서는 노지 월동이 어려우며 남부 지방에서 심을 수 있다. 내한성은 호랑가시나무나 동백, 차나무, 목서류보다는 약하며 상록녹나무과 수목보다는 강한 편이다. 가정 정원의 주목으로 심기에 적합하며 열매는 새들이 좋아하니 정원에 새를 불러들이는 역할도 한다. 성장은 느리지만 꽤 크게 자라는 나무로 가로수로도 유용하다. 경남 남해와 거제도 등지에서는 먼나무를 가로수로 식재하여 호평을 받고 있다. 번식은 종자와 꺾꽂이로 한다

백량금 *Ardisia crenata*

자금우과에 속하는 상록소관목으로 제주도와 전남 홍도에 자생하며 가을에 붉게 익는 열매가 매우 아름답다. 열매 외에 두꺼운 상록의 잎과 산형화서로 피는 작고 흰 꽃도 좋다. 추위에 아주 약한 난대 수종이므로 제주도에서는 노지 식재가 가능하지만 육지에서는 온실용 식물로 이용된다. 키가 크게 자라지 않고 1m 이내인 데다 상록의 잎과 붉은 열매가 아름다워 분식용과 요즘 유행하고 있는 아파트 등의 실내 정원용으로도 아주 좋다. 실내에서 재배해도 잘 결실하며 열매의 수명이 길어 가을에서 이듬해 여름까지 선명한 적색을 유지하는 점도 실내 정원용으로 좋은 점이다. 번식은 종자와 꺾꽂이로 한다.

사철나무 *Euonymus japonica*

노박덩굴과에 속하는 상록관목으로 높이가 3m까지 자란다. 뿌리목에서 원줄기가 여러 대 나오며 가지도 많이 갈라져 밀집한 수형을 가진다. 사철 푸른 잎이 특징이며 가을에 익어 겨우내 달려 있는 주황색의 열매가 아름답다. 꽃은 6~7월에 백록색으로 피는데 꽃송이가 작아 관상 가치는 크지 않다. 상록수지만 내한성이 강하여 전국 대부분의 지방에서 심을 수 있다. 번식은 종자, 꺾꽂이, 휘묻이로 한다.

번식이 쉽고 잘 자라며 묘목 공급도 아주 많은 대중적인 조경수로 공원이나 학교원 도로변 조경 등에 널리 사용된다.

소귀나무 *Myrica rubra*

소귀나무과에 속하는 상록활엽수로 제주도 원산이며 추위에 약하여 제주도와 남부 해안 지방에서 식재할 수 있다. 암수딴그루로 꽃은 4월에 피며, 열매는 구형의 핵과로 지름이 1~2cm이고 작은 돌기가 무수히 돋아 있는데 6~7월에 암홍색으로 익는다. 열매에는 하나의 종자가 들어 있다. 열매를 과일로 이용할 수 있으므로 뜰이 넓은 가정의 조경수 겸 과수로도 좋으며 열매를 목적으로 심을 경우 암그루를 위주로 심되 수그루도 섞어 심어야 한다. 번식은 종자로 한다.

식나무 *Aucuba japonica*

층층나무과의 상록관목으로 경남과 전남의 섬 지방과 제주도, 울릉도 등지의 산골짜기 숲 속에 자생하며 우리나라 외에도 일본, 유구, 중국, 인도 등지에 분포한다. 난대성식물로 추위에 약하여 주로 남부 지방의 조경수로 이용되지만 성목의 내한성은 꽤 강하여 일부 중부 지방에서도 식재가 가능하다. 길이가 7~20cm, 폭이 3~6cm 정도의 상록의 아름다운 잎과 단정한 수형 그리고 윤기 있는 붉은 열매가 주요 관상 대상이다. 식나무는 암수딴그루이므로 열매를 감상하려면 암수그루를 함께 심어야 한다. 식나무를 한자어로 청목이라고 부르는데 이는 나무의 가지가 푸르기 때문이다. 이 푸른 가지도 식나무의 특이한 매력이라 할 수 있다. 번식은 종자와 꺾꽂이로 하는데 꺾꽂이로 하면 뿌리가 아주 잘 내린다.

아왜나무 *Viburnum odoratissimum*

인동과에 속하는 상록활엽수로 우리나라 제주도와 남해안 섬 지방에 자생하며, 대만, 일본, 중국, 인도 등지에도 분포한다. 추위에 약하여 중부 지방에서는 노지 월동이 어려우며 남부지방이 식재 적지이다. 꽃은 5월경에 흰색의 작은 꽃이 원추형으로 모여 핀다. 열매는 핵과로 도란형 또는 타원형이고 가을에 붉게 익는데 나중에 검게 변한다. 아왜나무는 꽃과 열매 외에도 가죽질에 크고 사철 푸른 녹색의 잎도 아름답다. 남부 일부 지방에서는 가로수로도 식재하고 있으며 시선을 가리는 차폐용이나 수벽, 생울타리용으로 아주 좋으며 방화수로도 이용 가능하다. 번식은 종자와 꺾꽂이로 하는데 꺾꽂이로 하면 쉽게 뿌리가 내린다.

피라칸다 *Pyracantha angustifolia*

장미과에 속하는 상록활엽수로 키는 3~5m 정도까지 자라며 줄기에는 날카로운 가시가 있다. 늦봄에 피는 꽃은 나무 전체를 하얗게 뒤덮을 정도로 아름답지만 피라칸다의 가장 큰 매력은 등황색 또는 홍색으로 익는 열매다. 열매는 가을에 익어 이듬해 봄까지 아름다움을 뽐내어 관상 기간도 아주 길다. 추위에 강하여 우리나라 대부분 지역에서 식재 가능하며, 토질도 거의 가리지 않아 활용도가 높다. 맹아력이 좋아 전정에 아주 강하며 가지에 가시가 있어 생울타리용으로도 많이 이용한다. 열매는 새들이 매우 좋아하므로 가정 정원이나 공원의 조경수 겸 조류 유치목으로 좋다. 번식은 꺾꽂이와 종자로 한다.

호랑가시나무 *Ilex cornuta*

감탕나무과에 속하는 상록수로 남부 지방과 제주도에 자생한다. 동백, 목서류 등과 비교해 볼 때 이들보다는 좀 더 추위에 강한 편이다. 잎이 아름다우며 꽃은 작고 관상 가치가 거의 없지만 향기는 좋다. 열매는 10월경에 익어 이듬해 4월까지 붉은 빛을 뽐내므로 관상 기간이 긴 것도 장점이다. 아름다운 붉은 열매는 새들이 좋아하니 정원에 새를 불러들이는 데도 크게 기여한다. 단 호랑가시나무는 암수딴그루이므로 열매를 관상하려면 암그루와 수그루를 섞어 심어야 한다. 전정에 아주 강하며 가지가 치밀하게 배열되는 데다 잎에 가시가 있고 예부터 민간에서 사귀를 쫓는 나무로 여겨져 왔으므로 생울타리용으로 최고의 나무라 하겠다. 번식은 종자와 꺾꽂이로 한다.

황칠나무 *Dendropanax morbifera*

두릅나무과에 속하며 높이가 7~10m이다. 원대는 곧으며 묵은 가지는 회색이고 새 가지는 굵고 녹색이다. 줄기에 상처를 내면 황색의 즙액이 나오는데 이를 황칠이라 하며 도료와 약용으로 이용한다. 우리나라 특산식물로 전남의 보길도, 진도 등의 여러 섬, 전북 어청도, 제주도 등지에 자생하며, 추위에 약하여 서남부 해안 지방과 일부 남부 지방에 한하여 심을 수 있다. 손바닥처럼 넓은 잎은 끝부분이 3~5개로 갈라져 얼핏 오리발을 닮았다. 꽃은 8~9월에 산형화서로 담황색의 꽃이 차례로 피는데 꽃이 작고 색이 수수하여 크게 아름다운 편은 아니다. 열매는 늦가을에 오갈피처럼 검게 익는데 여러 종류의 새들이 즐겨 먹는다. 번식은 종자와 꺾꽂이로 하며 반음수로 아주 볕바른 곳보다는 오후 볕이 가려지는 반그늘 정도에서 잘 자란다. 원래 교목성이지만 성장이 느려 대개 관목형 조경수로 이용한다.

그 외 열매가 아름다운 상록활엽수

남오미자 · 138쪽, 돈나무 · 136쪽, 홍가시나무 · 134쪽, 후피향나무 · 138쪽, 멀꿀 · 165쪽, 치자나무 · 131쪽, 비파나무 · 167쪽

초보자를 위한 정계준 교수의 정원 가꾸기 팁 넷

우리 집 정원에도 명품 조경수를!

정원에 특히 멋지고 가치가 있는 명품 조경수가 한 그루라도 있다면 정원의 품격을 훨씬 높여 줄 것이다. 명품 조경수는 구입하려고 해도 가격도 비싸고 또 구하기 어려운 점도 있다. 앞으로 수십 년 후를 생각하고 명품 조경수로 길러 보는 것도 좋을 것이다. 조경수가 다음과 같은 조건을 갖추면 명품이라 할 수 있을 것이다.

- 일반적으로 성장이 느린 나무로서 나이를 먹고 줄기가 굵으며 수형이 좋은 나무라면 명품이라 할 수 있다. 모과나무, 산수유, 매화, 소나무, 백송, 금송, 주목, 향나무 등의 수종은 빨리 자라지 않으면서 수명도 긴 나무이다. 이런 수종은 나이를 먹어 큰 나무가 되면 그 가치가 매우 높아진다.
- 나무에 따라서는 줄기가 외대로만 자라는 경우도 있고 여러 대로 자라는 경우도 있는데 같은 수종에 크기와 수형이 비슷하더라도 줄기가 여러 대 자란 나무보다는 외대로 자란 나무의 가치를 훨씬 높게 친다. 따라서 나무를 구할 때나 기를 때도 이런 면을 고려하도록 한다.
- 수형이 자연스러우면서도 균형 잡히고 아름다워야 한다.
- 키보다는 줄기의 굵기가 중요한 요소가 된다. 가정 정원에서는 너무 큰 나무는 좋지 않으므로 키는 적당히 유지되면서 줄기가 굵어 연륜이 느껴질수록 좋은 조경수로 평가된다.
- 수종이 희소하고 관상 가치가 높으면서 위의 여러 조건을 갖춘다면 금상첨화이다.

✽ 단풍이 고운 조경수

사계절이 뚜렷한 우리나라는 낙엽활엽수의 가을 단풍이 매우 아름답다. 따라서 조경수 역시 단풍이 곱게 드느냐의 여부는 중요한 고려 요소가 된다. 대부분의 낙엽수가 단풍이 들지만 그 중에서도 특히 단풍이 아름다운 나무를 골라 본다.

감태나무 *Lindera glauca*

중부 이남의 산지에 자생하는데 단풍 색은 적색, 적갈색, 황색 등으로 다양하게 나타나며 매우 아름답다. 꽃은 아주 작아 거의 눈길을 끌지 못하며 가을에 검게 익는 열매 역시 크기가 작아 크게 주목받지 못한다. 또 다른 특징으로는 회백색의 매끈한 수피와 겨울에도 낙엽지지 않는 갈색의 고엽으로 낙엽수 정원에서 이질감과 독특한 정취를 느끼게 해 준다. 잎과 가지를 꺾으면 녹나무과 특유의 방향이 나며 잎을 따서 씹으면 끈적끈적한 점액질이 나온다. 감태나무의 잎과 가지는 여러 가지 약재로 이용되기도 하는데 민간약으로는 중풍에 잎과 가지를 달여 먹기도 한다. 번식은 종자로 하는데, 10월경에 검게 익은 열매를 따서 과육을 제거하고 노천매장하였다가 이듬해 봄에 파종한다.

고로쇠나무 *Acer mono*

단풍나무과에 속하는 낙엽교목으로 우리나라 전역의 산골짜기에 자생한다. 잎은 손바닥 모양으로 갈라지며 단풍은 황색에서 황갈색으로 물들어 아름답다. 꽃은 연한 황색에 지름이 5~8mm로 작지만 작은 꽃이 수없이 많이 모여 피므로 아름답다. 산골에서는 아직 잔설이 남아 있는 2월에 고로쇠나무의 수간에 상처를 내어 고로쇠수액을 받아 약용 및 건강음료로 이용하므로 산골 마을의 큰 수입원이 되기도 한다. 볕바른 곳에 심으며 번식은 전적으로 종자로 하는데, 가을에 잘 익은 종자를 채취하여 젖은 모래와 함께 섞어 용기에 담아 섭씨 5도 정도의 냉장고에 보관하거나 모래와 섞어 노천 매장했다가 이듬해 봄에 파종한다. 성장이 매우 빠르고 크게 자라는 나무이므로 뜰이 좁은 집보다는 뜰이 넓은 전원주택 등지에 어울리는 나무이다.

단풍나무 *Acer palmatum*

단풍나무과에 속하는 낙엽교목으로 산지에서 자라는데 특히 전북 내장산은 단풍나무의 수림으로 유명하며 가을 단풍 관광지로 인기가 높다. 꽃은 봄에 잎이 피면서 뒤이어 피는데 꽃이 작아 관상 가치는 별로 크지 않다. 꽃보다는 손바닥 모양의 잎이 아름다우며 봄에 피는 신록과 가을의 단풍을 즐기기 위해 심는 나무이다. 중용수로 반그늘에서 잘 자라지만 적응성이 강하여 양지나 음지에서도 잘 적응한다. 번식은 종자로 하는데 우량 품종은 접붙이기로 한다. 종자는 익으면 날아가므로 적기에 따서 젖은 모래 속에 묻어 두었다가 이듬해 이른 봄에 파종한다. 단풍나무 종자는 너무 마르면 발아력이 떨어지게 되므로 건조·저장하면 좋지 않다. 접붙이기는 공작단풍 등 우량 원예종의 번식에 이용하는데 대목은 단풍이나 당단풍의 실생묘를 이용한다.

담쟁이덩굴 *Parthenocissus tricuspidata*

포도과에 속하는 낙엽성 덩굴식물로 다른 나무나 바위 등에 부착하여 자란다. 꽃은 작아 관상 가치가 없으며 열매는 8~10월에 검게 익는다. 주로 건물이나 황폐지 벽면, 조경석, 고사목 등을 타고 오르게 심어 운치를 살리는 데 이용한다. 건물의 벽면에 담쟁이를 올릴 경우 여름에 실내 기온을 크게 낮출 수 있어 냉방에 드는 에너지를 절감할 수 있다. 잎은 손바닥 모양이며 단풍이 들면 매우 아름답다. 번식은 종자나 꺾꽂이로 한다.

당단풍 *Acer pseudosieboldianum*

우리나라와 일본, 중국 등에 분포하는 나무로 우리나라에서는 전국 각지에 자생하며 설악산, 지리산 등 대부분의 산야에서 가을에 붉게 물드는 단풍나무가 거의 이 당단풍이다. 단풍나무류는 모두 단풍이 아름답지만 그중에서도 이 당단풍의 붉은색은 신나무 같은 빨간 단색이 아닌 황홀한 복합적인 붉은색으로 단풍 중에서도 으뜸이라 할 만하다. 꽃은 봄에 잎이 피면서 함께 핀다. 나무의 성장 속도가 느리고 단풍이 화려하므로 뜰이 좁은 가정 정원에도 적당하다. 번식은 종자로 하는데 가을에 종자가 떨어지기 전에 채종하여 노천 매장하였다가 이른 봄에 파종한다. 단풍나무과의 나무로는 당단풍 외에도 부게꽃나무, 복자기, 시닥나무, 청시닥나무, 단풍나무, 중국단풍 등이 있는데 모두 단풍이 아름답다.

무환자나무 *Sapindus mukorossi*

낙엽교목으로 키는 20m 정도까지 자란다. 꽃이 귀한 6~7월에 새 가지 끝에 큰 원추화서로 피는 흰색 꽃이 아름답다. 꽃에는 꿀이 많으므로 여름철 밀원식물로도 이용가치가 높다. 열매는 직경이 17~20mm 정도로 약간 주름진 모양이며 10월에 담황색 내지 황갈색으로 익는데 한 개의 크고 단단한 흑색 종자가 들어 있다. 종자는 매우 단단하여 스님들의 염주를 만드는 데 사용한다. 잎은 기수우상복엽으로 황색으로 물드는 가을 단풍이 매우 아름다우며 집안에 심으면 우환이 생기지 않는다는 속설이 있어 가정 조경수로 인기가 좋다. 내한성이 약한 편으로 우리나라 남부 지방에서 재배 가능하다. 번식은 종자로 한다.

복자기 *Acer triflorum*

단풍나무과의 낙엽교목으로 중부 지방의 높은 산에 자생한다. 잎은 마주나며 3개의 소엽으로 구성된 복엽이며 끝부분 가까이에 큰 톱니가 있다. 복장나무와 흡사한데 복자기의 잎은 보다 넓으며 잎의 앞뒷면에 모두 털이 나 있지만 복장나무 잎은 보다 가늘고 잎의 뒷면 맥 위에만 털이 있는 점에서 구별된다. 단풍나무 종류 중에서 성장이 느린 편이며 볕바른 곳에서 잘 자란다. 번식은 종자로 하는데 가을에 종자를 채취하여 2년간 노천 매장하였다가 파종한다.

비목나무 *Lindera erythrocarpa*

녹나무과에 속하며 잎이나 나뭇가지를 자르면 녹나무과 특유의 방향이 나는 향기식물이다. 전국의 산지에 자생하는데 주로 잡목 숲의 상층 내지 중간층을 이룬다. 꽃은 4월에 새잎이 피기 전에 연황색으로 모여 피는데 꽃송이가 작아 관상 가치는 그리 크지 않다. 꽃보다는 가을에 노랗게 물드는 단풍과 빨갛게 익는 열매가 아름답다. 열매가 아름답고 새들이 좋아하므로 공원이나 전원주택의 조류 유인목으로도 적합하다. 번식은 종자로 하는데 10월경에 익은 열매를 채취하여 과육을 제거하고 모래에 묻어 저장했다가 이듬해 봄에 파종한다.

사람주나무 *Sapium japonicum*

대극과에 속하는 낙엽관목 또는 소교목으로 높이는 5m까지 자란다. 수피와 단풍이 무척 아름다운데, 수피는 얕게 골이 지며 매끄러운 데다 회백색을 띠는 보기 드문 모습이며 큰 잎사귀는 가을에 진홍색으로 물든다. 광택이 있는 붉은 색으로 피어나는 봄의 새잎도 매력적이다. 우리나라 중부 이남에 자생하지만 주로 경상도와 전라도 그리고 충남에 분포하며 중부 내륙 지방에서는 아주 드물다. 우리나라 전역에서 재배 및 식재가 가능하며 주로 큰 나무의 아래에서 자라는 음수지만 양지에서도 잘 적응한다. 성장 속도는 활엽수 중에서는 느린 편이다. 번식은 종자로 한다.

소사나무 *Carpinus coreana*

자작나무과에 속하는 낙엽소교목으로 높이가 5~8m까지 자란다. 중부 이남의 해안가 산지에 자생하는데 남부 지방의 활엽수림의 주요 구성 요소가 된다. 소사나무의 매력은 작고 윤기 나는 난형(卵形)의 잎과 적갈색 또는 황갈색으로 물드는 가을 단풍, 조밀하게 배열되는 잔가지, 그리고 자연스러우며 치밀한 수형이다. 따라서 가을 단풍과 겨울 나목(裸木)이 아름다운 나무라 할 수 있다. 요즘은 전원주택 등에서도 녹음수로 흔히 느티나무를 심곤 하는데 느티나무는 너무 크게 자라는 데다 성장이 빨라서 가정 정원이나 전원주택에는 그리 적합하지 않으며 그런 목적이라면 소사나무가 오히려 더 나으리라 본다. 번식은 종자로 한다.

은행나무 *Ginkgo biloba*

은행나무는 지구상에 1과 1속 1종만이 존재하는 나무로, 은행나무과의 식물로는 오직 은행나무밖에 없다. 높이가 30m까지 크게 자라는 교목으로 줄기의 직경도 2~3m 정도까지 자란다. 우리나라 전역의 마을 부근이나 사찰, 향교, 제각 등에 식재되어 있다. 종자를 은행 또는 백과라고 하여 식용으로 이용하며 또 천식, 오줌싸개 등을 치료하는 용도로도 쓰는데 독성이 있으므로 많이 먹으면 위험하며 성인 기준으로 하루 15알 이내로 먹는 것이 안전하다. 가지와 잎이 무성하고 나무가 크게 자라는 나무로 가로수, 녹음수 및 정자나무로 이용되며 단풍이 선명한 노란색으로 물드는 대표적인 나무로 꼽힌다. 번식은 종자, 꺾꽂이, 접붙이기로 하는데 종자로 하는 것이 가장 일반적이며 또 실용적이다.

정금나무 *Vaccinium oldhamii*

진달래과에 속하는 낙엽관목으로 높이는 2m 정도까지 자란다. 요즘 건강식품으로 인기를 끌고 있는 블루베리와 같은 속으로 우리 자생 블루베리라고 할 수 있다. 꽃은 잎이 자란 후에 피는데 종 모양의 작은 꽃이 줄지어 달리는 모습이 앙증맞으며 초가을에 검게 익는 열매도 사랑스럽다. 작은 잎들이 불타는 듯 붉게 물드는 단풍은 매우 아름답다. 내한성이 강하며 척박지 적응력도 좋은 나무로 우리나라 전역에서 재배 가능하다. 토질은 유기질이 풍부하고 배수가 잘 되면서 적당히 수분이 유지되는 산성 토양을 좋아한다. 번식은 종자, 휘묻이, 포기나누기로 할 수 있는데, 종자는 수명이 짧으므로 9월경에 채종하는 대로 직파한다.

조구나무 *Sapium sebiferum*

대극과의 낙엽교목으로 중국 원산이다. 꽃은 관상 가치가 적으며 가을에 붉게 물드는 단풍이 훌륭하다. 추위에 약하여 중부 지방에서는 식재하기 어려우며 남부 지방에 심기 좋은 나무이다. 성장 속도가 빠르며 나무가 크게 자라므로 좁은 곳에 심기에는 부적당하며 뜰이 넓은 정원이나 공원수로 좋은 나무이다. 볕바른 곳에 심으며 번식은 종자로 한다.

화살나무 *Euonymus alatus*

노박덩굴과에 속하는 낙엽관목으로 높이는 2~3m까지 자란다. 뿌리목에서 원줄기가 여러 대 자라며 가지에는 세로로 2~5개의 코르크질 날개가 있는 것이 특징이다. 화살나무라는 이름도 가지의 날개에서 온 것이다. 꽃은 5~6월에 황록색으로 피는데 꽃송이가 작아 관상 가치는 없으며 열매는 삭과로 홍자색인데 터지면 주황색의 종자가 노출되어 아름답다. 화살나무의 단풍은 선홍색으로 물드는데 잡티 하나 없는 붉은 색은 단풍미의 극치라 할 만하다. 추위에 강하여 우리나라 전역에서 심을 수 있다. 큰 나무의 아래, 건물의 북쪽 그늘진 곳, 다른 나무를 심기 어려운 척박지 등의 조경용으로 좋으며 가지가 치밀하게 배열되므로 생울타리 나무로도 이용할 수 있다. 번식은 종자, 꺾꽂이 외에 뿌리꽂이나 휘묻이도 가능하다.

그 외 단풍이 고운 조경수

마가목 · 127쪽, 생강나무 · 132쪽, 석류나무 · 162쪽, 윤노리나무 · 128쪽, 히어리 · 127쪽, 산딸나무 · 125쪽

정원에 심기 좋은 침엽수

정원의 수목을 낙엽수 위주로 심으면 계절의 변화를 느끼기에는 좋지만 겨울에는 너무 허전하고 쓸쓸하기 마련이다. 겨울에 녹색을 유지하는 상록활엽수를 적당히 심으면 좋은데 추운 중부지방에서는 심을 만한 상록활엽수가 거의 없다는 것이 문제다. 상록침엽수는 대체로 겨울 추위에 강하므로 추운 지방의 겨울을 장식하는 나무로 안성맞춤이다.

소나무 *Pinus densiflora*

소나무과의 상록 침엽교목으로 우리나라 산지에서 가장 중요하고 또 많이 분포하는 나무이다. 산지에 많이 자생하지만 수형이 아름다워 조경수로도 많이 이용된다. 목재는 건축재로 최고로 꼽히며 궁궐이나 집, 사찰 등의 건축에 없어서는 안 될 나무이다. 소나무의 변종인 반송, 다행송 등은 나무가 크게 자라지 않으며 반원형의 수형을 이루며 아름다워 뜰이 좁은 집에서 심기에 좋다. 번식은 종자로 하며 반송은 접붙이기로 번식한다.

주목 *Taxus cuspidata*

지리산, 덕유산, 소백산, 설악산 등지의 높은 산에 자생하는 주목과의 상록침엽교목으로 분포지는 매우 제한적이다. 높은 산에 자생하는 수종이지만 저지에서도 잘 자라고 또 꺾꽂이로 번식이 잘 되며 원추형의 수형이 아름다워 조경수로 매우 사랑받는 나무이다. 주목이라는 이름은 줄기의 수피가 붉으므로 붙은 이름이다. 음수로 그늘에서도 잘 견디지만 볕바른 곳에 심으면 수형이 더 좋다. 대체로 건물의 출입구 부근에 심으면 좋으며 진입로 변 등에 나란히 심어도 좋다. 적응성은 아주 좋지만 성장은 느린 나무이다. 번식은 종자도 되지만 꺾꽂이로 번식이 잘 되므로 대개 꺾꽂이를 한다.

향나무 *Juniperus chinensis*

측백나무과의 상록침엽교목으로 평안도와 함경도를 제외한 전국에 분포하며 특히 울릉도는 향나무 자생지로 유명하다. 나무의 수명이 길어 전국 곳곳에 향나무 노거수가 남아 있다. 극양수로 그늘진 곳에서는 견디지 못하지만 척박한 토양에서는 잘 적응한다. 공해에도 강하고 맹아력이 강하여 전정하여 다양한 모양과 수형으로 기를 수 있다. 어릴 때는 침엽 위주이지만 나무가 어느 정도 자라면 차츰 부드러운 인엽(鱗葉, 비늘잎)으로 바뀐다. 가이스카향나무는 향나무의 변이종으로 침엽이 거의 없고 인엽 위주로 어릴 때도 수형이 아름다워 학교원 등에 많이 심어 왔다. 향나무는 한때 매우 인기 좋은 조경수였으나 배나무 등에 발생하는 적성병의 중간 기주라는 사실이 알려진 이후로는 수요가 거의 사라졌다. 주위에 배나무 과수원이 있을 경우 식재를 자제해야 하며 심을 경우 분쟁의 소지가 되기 쉽다. 볕바른 곳에 심으며 번식은 종자와 꺾꽂이로 하는데 꺾꽂이가 아주 잘 된다.

전나무(젓나무) *Abies holophylla*

전국의 높은 산에 자생하는 소나무과의 상록침엽교목으로 한국 고유수종이다. 심산에 자생하지만 저지에 심어도 잘 적응하며 우람한 수형을 자랑하므로 학교, 공원 등에 심기 좋은 나무이다. 너무 크게 자라므로 가정 정원에서는 부지가 특히 넓은 경우가 아니면 어울리기 어렵다. 음수로 나무 그늘에서도 잘 적응하며 번식은 종자로 한다.

구상나무 *Abies koreana*

한라산, 지리산, 덕유산 등지의 높은 산에 자생하는 소나무과의 상록침엽교목으로 한국 고유 수종이다. 전나무와 흡사하지만 전나무의 잎은 끝이 뾰족한 데 반해 구상나무는 잎 끝이 둘로 갈라지며 둥글고 잎의 뒷면에는 백색 기공선이 있다. 어릴 때는 거의 원추형으로 자라며 수형이 아름다워 크리스마스 장식용, 조경수로 인기가 좋으나 낮은 지대에서의 생육과 적응은 좋지 않은 편이다. 남부 지방보다는 여름 날씨가 시원한 중부 지방에서 더 잘 적응하며 특히 중부의 산간 지방이 식재 적지라 할 수 있다. 번식은 종자로 한다.

측백나무 *Thuja orientalis*

충북과 경북의 석회암 지대에서 자생하는 측백나무과의 상록침엽교목이다. 맹아력이 강하여 생울타리나무로 많이 이용하며 수형이나 잎의 질감이 다른 침엽수에 비해 떨어지는 편이라 독립수로 심어 조경수로는 많이 이용하지 않는 편이다. 강한 양수이므로 볕바른 곳에 심으며 번식은 종자로 한다.

서양측백나무 *Thuja occidentalis*

측백나무과의 상록침엽교목으로 북아메리카 원산이다. 측백나무보다 수형이 아름답고 잎의 질감도 좋아 조경수로 인기가 좋다. 키도 측백나무만큼 크게 자라지 않아 뜰이 넓지 않은 가정 정원에도 심기 좋은 나무이다. 잎을 따거나 가지를 꺾으면 아주 강한 향이 나는 향기식물이다. 양수로 볕바른 곳에 심으며 번식은 꺾꽂이와 종자로 하는데 꺾꽂이가 아주 잘 된다.

섬잣나무 *Pinus parviflora*

울릉도에 자생하는 소나무과의 상록침엽교목이다. 잎은 5개씩 뭉쳐나며 가지와 잎이 치밀하게 배열된다. 성장이 더디고 크게 자라지 않으므로 가정 정원에 심기 좋은 나무이다. 양수지만 음지에서의 적응력이 좋은 편이며 번식은 종자와 접붙이기로 하는데 접붙이기의 대목은 곰솔을 이용한다.

백송 *Pinus bungeana*

중국 원산의 소나무과의 상록침엽교목으로 우리나라에 도입된 지는 약 600년 정도 되었다고 하며 나이 든 노거수는 모두 천연기념물로 지정될 정도로 우리나라에서는 귀한 나무이다. 소나무와 달리 수피는 불규칙적으로 벗겨져 기하학적인 무늬를 나타내며 회백색을 띠므로 백송이라 불린다. 잎은 3매씩 뭉쳐나는데 소나무보다 굵고 윤채가 강하여 기품 있게 느껴진다. 양수로 볕바른 곳에 심으며 번식은 종자로 한다.

비자나무 *Torreya nucifera*

제주도와 전북 내장산 등지에 자라는 주목과의 상록침엽교목이다. 우리나라에서 자라는 침엽수는 대부분 한랭한 기후에서 잘 자라지만 비자나무는 난대수종으로 추운 곳에서는 견디지 못하며 남부 지방에 심을 수 있다. 종자를 촌충 등의 기생충 구제 및 치질 등의 치료약으로 이용해 왔다. 목재는 무늬가 좋고 연하여 가구재, 조각재로 귀한 대접을 받는데 특히 비자나무로 만든 바둑판은 최고급으로 친다. 음수로 그늘에서도 잘 견디지만 볕바른 곳에 심으면 수형이 더 좋다. 번식은 종자나 꺾꽂이로 한다.

금송 *Sciadopitys verticillata*

낙우송과의 상록침엽교목으로 일본 원산이다. 원추형의 수형이 아름답다. 어릴 때 성장이 느려 보급이 적으며 가격이 비싼 고급 조경수다. 잎은 가지 끝에 15~40개가 돌려나는데 두껍고 윤채가 있어 아름답다. 음수에 가까워 오전에는 햇볕이 잘 들고 오후 햇볕이 가려지는 환경에서 잘 자라며 적당하게 습기가 유지되는 토양을 좋아한다. 여름의 심한 더위에는 취약하다. 번식은 종자나 꺾꽂이로 한다.

솔송나무 *Tsuga sieboldii*

소나무과의 상록침엽교목으로 울릉도에 자생한다. 잎은 길이가 1~1.5cm 정도로 작으며 질감이 부드러워 주목과 비슷한 느낌이 든다. 추위와 해풍에 강하며 성장은 느리다. 번식은 종자로 한다.

곰솔(해송) *Pinus thunbergii*

소나무과의 상록침엽교목으로 바닷가에서 자란다. 소나무보다 추위에 훨씬 약하여 서해안을 따라서는 백령도까지, 동해안으로는 원산까지 분포하지만 겨울 추위가 심한 중부 내륙 지방에서는 식재가 제한된다. 잎이 두껍고 거칠어 곰솔이라 불리며 수형이 우람하여 바닷가의 조림수, 공원수, 방풍수, 가로수로 이용된다. 나무가 아주 크게 자라므로 가정 정원에서는 뜰이 넓은 전원주택 등지에 심는 것이 좋다. 볕바른 곳에 심으며 번식은 종자로 한다.

편백 *Chamaecyparis obtusa*

측백나무과에 속하는 상록침엽교목으로 일본 원산이다. 목재의 이용 가치가 높아 남부 지방의 조림수종으로 많이 심겼으며 피톤치드가 많이 생산되어 삼림욕 효과가 높은 나무로 알려져 있다. 수형이 아름답고 잎의 질감도 좋아 뜰이 넓은 가정이나 공원수, 학교원 등에 심기 좋은 나무이다. 성장이 빠르며 볕바르고 비옥한 곳에서 잘 자라지만 음지에서 견디는 힘도 강하다. 번식은 종자로 하는데 가을에 채취한 종자를 노천 매장했다가 봄에 파종한다.

화백 *Chamaecyparis pisifera*

측백나무과에 속하는 상록침엽교목으로 일본 원산이다. 편백과 흡사하여 혼동하기 쉬운데 편백은 잎이 보다 두껍고 잎 뒷면의 백색 기공조선이 Y자 모양인 데 반해 화백은 잎이 얇고 W자 모양의 백색 기공조선을 가진다. 전체적인 수형과 재배 환경 등은 편백과 비슷하여 편백과 마찬가지로 공원수 등으로 이용되지만 목재의 질은 편백보다 못하므로 조림수로 심는 경우는 드물다. 번식은 종자로 한다.

기타 실용 조경수

차나무 *Camellia sinensis*

차나무는 상록수로 사철 녹색의 잎이 아름다운 데다 꽃이 귀한 가을에 피는 꽃이 아름답고 향기도 좋다. 또 어린잎으로 차를 만들 수 있어 가정 정원에 심어두고 조경수 겸 녹차용으로 이용하는 실용적인 조경수로 좋다. 양지 음지를 가리지 않고 잘 자라며 번식은 실생, 삽목으로 한다.

참죽나무 *Cedrela sinensis*

참죽나무는 낙엽교목으로 연한 잎과 순을 따서 겉절이, 자반, 김치를 만들어 먹는데 독특한 향

취를 가진 맛이 아주 좋은 산나물로 꼽힌다. 너무 추운 지역에서는 재배하지 못하며 남부지방에 적합한 수종이다. 크게 자라는 나무지만 매년 순을 따서 이용하므로 키를 낮추어 재배할 수 있다. 볕바른 곳에 심으며 번식은 실생과 근삽 및 포기 나누기로 하는데 근삽이 편리하고 실용적이다.

음나무 *Kalopanax septemlobus*

넓고 큰 잎이 아름다워 녹음수로 좋은데 가지에 가시가 많이 난다. 굵게 자란 줄기는 가시 자국이 독특하게 아름답다. 연한 순을 데쳐서 나물로 무쳐 먹는데 맛이 아주 좋다. 줄기는 약재로 이용하며 또 삼계탕이나 오리탕을 만들 때 음나무 가지를 삶아낸 물에 끓이면 독특한 향취가 난다. 볕바른 곳에 심으며 번식은 실생, 근삽으로 한다.

오갈피나무 *Eleutherococcus sessiliflorus*

키 작은 낙엽관목으로 어린잎을 데쳐 나물로 이용하는데 향취가 좋다. 줄기와 뿌리는 약재로 이용할 수 있다. 볕바른 곳에 심으며 번식은 종자로 하며 삽목도 된다.

가시오갈피나무 *Eleutherococcus senticosus*

여름이 시원한 기후에서 잘 자라며 전국에서 재배 가능하다. 꽃, 잎, 열매가 아름다우며 어린순을 데쳐 나물로 이용한다. 가지와 잎 및 뿌리는 약재로 이용가치가 높다.

볕바른 곳에서 잘 자라며 번식은 실생, 근삽으로 한다.

차나무 어린잎으로 녹차 만들기

차나무는 어린잎을 따서 차로 만들어 마실 수 있어 실용수로도 좋다. 봄철에 돋는 새순을 따서 덖고 비빈 다음 말려서 차를 만들어도 되고 쪄서 말려도 된다. 차나무는 심은 지 3~4년 정도 지나면 잎을 수확할 수 있으며, 4~5월경에 돋는 새싹을 따서 차를 만든다. 차를 만드는 가장 쉬운 방법은 차의 새잎을 따서 찐 다음에 그늘에 말리는 것이다. 잘 말린 차는 비닐봉지에 넣어 두고 필요할 때 우려 마시면 된다. 그러나 이렇게 쪄서 말려 만든 차는 맛이 썩 좋지 않다. 맛이 좋은 차를 만들려면 찻잎을 솥에 넣어 덖은 다음 손으로 비벼 만들어야 한다. 이렇게 만드는 차를 덖음차라 부르는데 구수하고 아주 맛이 좋다.

- 차를 만들 때는 봄에 차나무에서 새로 돋는 새순을 따서 차를 만든다.
- 수확한 찻잎을 솥에 넣어 덖는다. 찻잎이 열을 받아 숨이 죽을 때까지 덖는다.
- 덖은 차를 멍석이나 깨끗한 삼베나 무명천 등에 놓고 비빈다.
- 비비다가 식으면 다시 솥에 넣어 덖고 또 비빈다.
- 이 과정을 여러 차례 반복하며 충분히 덖어 비벼진 찻잎은 깨끗한 멍석이나 천에 펴서 그늘에서 2~3일 말린다.
- 2~3일 건조된 찻잎을 다시 솥에 넣어 덖는다. 이 과정을 끝박기라 하는데 차 맛을 결정하는 중요한 과정이다. 끝박기가 끝나면 차가 완성된다.
- 완성된 차는 위생 비닐봉지에 담아 밀폐하여 저장해 두고 필요할 때 우려 마시면 맛과 향이 사라지지 않아 좋다.

정원수의 번식

정원 가꾸는 일에서 정원수를 번식하여 늘리는 일만큼 큰 즐거움도 없다. 새로운 종류를 얻는 방법이 되기도 하며 또 한두 그루의 나무를 여러 그루로 늘려 심기도 하고 불린 나무를 이웃과 나누는 재미는 정원 가꾸기에서 빼놓을 수 없는 즐거움이다. 정원에 없는 새로운 수목을 심을 경우에 대개 종묘상이나 농원에서 묘목이나 크게 자란 조경수를 구입해 심게 되지만 비용이 들어 부담이 되기도 하고 또 내가 원하는 모든 나무를 구입할 수 없는 현실적인 장벽도 있다. 반면 이웃집에 있는 나무에서 종자나 꺾꽂이할 가지를 얻어다 심을 경우 비용을 들이지 않고 마음에 드는 새로운 수목을 구할 수 있는 이점에다 또 직접 새로운 생명체를 탄생시키는 기쁨도 맛볼 수 있는 것이다. 조경수를 번식하는 여러 가지 방법을 알아보고 갖가지 번식법의 여러 특징과 장단점도 함께 알아보자.

식물의 번식

식물의 번식은 유성 번식과 무성 번식으로 나눌 수 있다. 유성 번식은 종자 번식이라고도 한다. 유성 번식은 알세포에 꽃가루가 수정되어 형성된 종자에 의한 번식으로 수정이란 과정에 의해 어미그루가 가지고 있던 유전 형질들이 섞이고 재배열되어 어버이와는 닮았지만 또 다른 새로운 형질을 가진 개체를 생산하는 번식법이다. 식물이 유성 번식으로 얻는 이득은 다양한 형질을 가진 개체를 생산함으로써 다양한 환경에서 적응하여 살 수 있는 2세들을 보는 것이다. 일반적으로 원예종이 아닌 야생 수목은 그 형질의 변이가 크지 않으므로 주로 종자 번식에 의한다. 반면 무성 번식은 암수의 교배 없이 일어나는 모든 번식법으로 증식된 개체들의 형질은 어미 포기와 동일하게 되므로 우량형질의 전달이 중요시되는 과수, 원예 품종 등의 번식에 많이 이용된다.

종자 번식법유성 번식법

종자 번식은 수정에 의해 양친의 형질을 절반씩 이어받게 되므로 어미 포기와는 약간 다른 형질을 가지게 된다. 또한 같은 어미 포기에서 결실한 종자라 할지라도 개체 간에 변이가 있어 서로 다른 형질의 묘목을 얻을 수 있으며 우량 품종의 개발에도 이용할 수 있다. 따라서 균일한 상품의 생산이 요구되는 과수의 번식법으로는 거의 사용하지 않으며 임목용 수목의 번식이나 변이가 적은 조경수에 이용하기 좋은 번식법이다.

종자 번식의 특징

- 어려운 기술이 필요치 않아 누구나 할 수 있으며 대량 번식이 가능하다.
- 종자로 번식한 나무는 수형이 자연스럽고 성장이 왕성하며 수명이 길어 특히 임목의 번식법으로 유용하다.
- 원뿌리가 잘 발달하여 뿌리가 깊게 뻗으므로 바람에 강하다.
- 꽃이 피고 열매를 맺는 데 상대적으로 오랜 기간이 소요된다.

종자 저장법

종자는 대개 가을에 성숙하지만 적당한 파종 시기는 봄이다. 따라서 파종할 때까지 저장해야 하는데 이 방법이 적당하지 못하면 발아율이 나빠지거나 아예 발아하지 않게 된다. 멀꿀, 오갈피나무, 두릅나무, 가막살나무, 까마귀밥나무, 사과, 배, 감 등과 같이 과육을 가지는 열매인 장과류나 이과류 그리고 밤이나 도토리 등과 같은 견과류의 경우 특히 종자가 심하게 건조되면 거의 발아하지 않는다. 따라서 종자가 마르지 않게 보관할 필요가 있다. 흔히 사용되는 종자

굴거리나무 종자의 발아 촉진. 물에 하루정도 불려두었다 파종하면 발아가 빠르고 균일하게 된다.

저장법으로는 노천 매장법이 있는데 종자를 젖은 모래와 섞어 노지에서 추위에 노출시키며 저장하는 방식이다. 수종에 따라서는 익은 종자를 저장했다가 이듬해 봄에 파종하더라도 그해에 발아하지 않고 1년을 더 휴면했다가 발아하는 경우도 있다. 이런 수종은 노천 매장법으로 아예 2년을 저장했다 파종하는 것이 편리하다. 2년간 저장하는 종자로는 먼나무, 호랑가시나무, 모란, 마가목 등이 있으며 해당화나 모감주나무 등은 일부는 그해에, 다른 일부는 2년 만에 발아한다.

종자 번식, 유의할 점!

- 종자를 뿌려도 잘 발아하지 않는다면 너무 말려서 파종한 것이 원인일 수 있다. 식물의 종자는 너무 마르면 아예 발아력을 잃는 경우가 많다. 예컨대 각종 참나무 종류, 모과나무, 감나무, 호랑가시나무, 식나무 등의 종자는 마르면 전혀 발아하지 않는다.
- 발아하지 않는다고 성급하게 파헤치지 말자. 파종한 그해 봄이나 여름에 발아하지 않고 이듬해 봄이 되어야 발아하는 종자도 있다. 모란, 호랑가시나무, 먼나무, 해당화, 모감주나무 등은 대개 파종한 지 2년 만에 발아하며 경우에 따라서는 3년 만에 발아하는 것도 있다.
- 몇 번을 시도해도 발아하지 않는다면 종자를 채취한 후 바로 파종해 보자. 종자의 수명이 짧아 보관해 두었다가 이듬해 봄에 파종하면 발아력을 상실하는 종자도 있다. 진달래, 철쭉 등의 종자는 채종 직후 파종해야 한다.
- 크기가 작은 종자를 너무 깊이 심으면 발아하지 않는다. 아주 작은 종자는 파종토 위에 뿌린 후 흙을 덮지 않고 대신 마르지 않게 묘상을 관리해야 잘 발아한다. 만병초, 철쭉, 영산홍 등은 깊이 심으면 싹이 트지 않는다.

발아 촉진법

노천 매장법은 너무 마르면 발아하지 않거나 저온에 일정기간 노출되지 않으면 잘 발아하지 않는 수목에 적용되는 방법으로, 종자를 젖은 모래에 섞어 노지에서 겨울 동안 한기에 노출시키는 방법이다. 견과류와 많은 종류의 장과류의 종자는 노천 매장법으로 발아를 촉진할 수 있으며 냉장고에서 냉장 저장하는 것으로 비슷한 효과를 볼 수 있다. 취미 재배에서는 대개 물에 불려 파종하는 법이 가장 간편하고 부작용이 없는 발아 촉진법이다. 굴거리나무, 목련, 모란, 멀꿀 등과 같은 종자는 파종하기 전 냉수에 하루 정도 담가 충분히 불린 다음 파종하면 발아율과 발아 속도를 높일 수 있다. 또 종자를 감싸고 있는 과육에는 발아 억제물질이 있는 경우가 많으므로 제거하는 것이 좋다. 예컨대 목련의 경우 채종 후 종자를 자루 등에 넣어 문질러 붉은 색의 과육을 제거해야 발아가 잘 된다.

종자 소독법

발아 중 또는 발아 후의 어린 묘목이 병에 걸리기 쉬운 수목의 경우 종자 소독을 하는 것이 좋다. 소독제로는 우스플룬 800배액이나 승홍과 리오겐 1,000배액 등이 이용되는데 15~30분 정도 소독약액에 담군 후 물에 헹구어 파종한다. 또한 스페르곤, 파이곤, 세레산과 같은 가루약으로 된 소독제를 종자에 묻혀 파종하기도 하는데 묘 잘록병을 예방할 수 있다.

파종 방법

파종상(播種床)은 땅을 파서 흙을 고른 다음 두둑을 지어 물이 잘 빠지게 해야 발아한 묘목이 병에 걸리지 않고 건강하게 자란다. 알이 작은 종자는 파종 후 흙을 얕게 덮어야 하며 굵은 종자는 종자 직경의 2~3배 깊이로 흙을 덮어 주면 된다.

춘파(봄 파종)

대부분의 종자는 저장했다가 이듬해 봄에 파종하는 것이 무난하며 또 관리가 편하다. 춘파는 노천 매장 등으로 저장한 종자를 봄에 파종하는 것으로 구체적인 파종 시기는 발아 습성에 따라 약간의 차이가 있으나 대체로 남부 지방은 3월 하순에서 4월 상순, 중부 지방은 4월 상순경이 적기이다.

추파(가을 파종)

가을에 파종하는 것으로 대부분의 경우 이듬해 봄에 비로소 발아하게 된다. 파종 후 가을과 겨울 사이에 새나 다른 동물에 의한 피해를 입기 쉬운 단점이 있고 또 묘목은 발아하지 않지만 잡초가 자라게 되어 제초에 신경 써야 하는 번거로움이 따른다. 그러나 굴참나무나 상수리나무, 밤나무 등과 같은 참나무류의 경우 추파하게 되면 가을부터 뿌리가 벋기 시작하여 이듬해 봄에 보다 빨리 싹이 트고 성장이 개시되는 이점이 있다.

채파

채파는 채종 직후 파종하는 것으로 종자의 수명이 짧으면서 종자의 크기가 너무 작아 종자 저장이 어려운 경우에 이용한다. 종자가 늦봄이나 초여름에 익는 팔손이나무, 섬괴불나무, 올괴불나무, 길마가지나무, 까마귀쪽나무, 구골나무 등은 대개 채파하는데 그해 늦여름이나 가을에 발아하게 된다. 가을에 발아한 묘목의 경우 추위에 약한 수종은 아예 가온하지 않은 프레임에서 파종하여 겨울을 넘기게 하거나 짚 등을 덮어 보온과 건조를 방지해 주는 것이 좋다. 만병초, 철쭉 등도 채파하는데 종자가 아주 작아 모래에 묻어 저장하면 종자를 찾기가 어려운 데다 너무 마르면 발아력을 상실하기 때문이다.

파종 후 관리

파종상 관리에서 가장 중요한 것은 말리지 않고 적당하게 습기를 유지해 주는 것이다. 파종 후 묘상이 마르면 발아가 늦어지거나 불량하게 되므로 짚이나 거적 등을 덮어 주어 묘상이 마르지 않게 관리하거나 건조 정도에 따라 스프링클러를 가동하여 습기를 유지해 주는 것이 좋다. 또한 새나 짐승의 내습이 빈번한 포장의 경우 이에 대한 대비책을 강구해야 한다. 묘목이 발아함에 따라 습기 유지를 위해 덮어 두었던 거적이나 짚 등을 제거하여 햇볕과 바람이 잘 통하게 해 주며 강한 음수의 경우는 그늘막이나 발을 쳐서 적당히 해가림을 해 준다. 또한 수시로 묘목을 살펴보아 병이나 벌레가 생기는지 관찰하여 살균제나 살충제를 살포하여 방제할 필요도 있다. 묘목이 너무 배게 발아했을 경우 허약한 묘를 솎아 내면 우량묘의 성장에 도움이 된다.

영양 번식법무성 번식법

영양 번식법은 무성 번식법이라고도 부르며 꺾꽂이(삽목), 접붙이기(접목), 휘묻이(취목), 포기나누기(분주) 등이 있다. 영양 번식으로 증식한 묘목은 어미 포기의 유전적 형질을 그대로 이어받으므로 품종 고유의 우량 형질이 중요시되는 각종 과수나, 고급 화훼식물 등 원예 품종의 번식법으로 많이 이용된다.

꺾꽂이삽목

식물의 번식 방법 중 종자 번식법 다음으로 많이 이용된다. 방법이 쉽고 간단하여 누구나 할 수 있고 또 꺾꽂이로 번식하면 모주의 형질이 그대로 유지되는 게 큰 장점이다.

꺾꽂이의 특징

- 방법이 단순하고 쉬워 특별한 기술이 필요치 않아 초보자도 할 수 있고 비교적 적은 노력으로 대량 생산이 가능하다.
- 꺾꽂이로 증식한 모종은 어미 포기의 형질이 그대로 전달되므로 우량 품종의 증식에 이용될 수 있다.
- 뿌리가 잘 내리는 종도 있지만 뿌리가 잘 내리지 않는 종도 있는 등 수종에 따라 발근율에 큰 차이가 있으며 뿌리가 내리지 않는 수종에는 적용할 수 없다.
- 적용 기간이 길어 다른 번식법에 비해 시기의 제약을 덜 받는 편이다.
- 실생묘에 비해 초기 성장이 빠르므로 묘목의 성장이 느린 수종에 유리하다.
- 꺾꽂이묘는 뿌리가 얕게 벋는 천근성이라 분재나 화분용으로 적당하다. 반면 바람에 쓰러지기 쉬운 단점이 있다.
- 종자로 기른 묘에 비해 성장력이 떨어지며 나무의 수명이 짧은 경향이 있다.
- 실생묘보다 조기에 개화와 결실에 이르게 된다.

꺾꽂이 시기

꺾꽂이의 적기는 삽수의 충실도, 발근에 유리한 기후 등에 의해 종합적으로 결정된다. 식물의 종류에 따라 다르지만 대체로 섭씨 15~20도 정도의 온도에서 발근율이 높다고 한다. 따라서 낙엽활엽수는 새싹이 트기 전인 2~3월경, 상록활엽수는 가지의 생장이 그치고 단단해지는 6월 하순부터 7월 초순경, 그리고 상록침엽수는 3월 중하순이 적기라고 할 수 있다.

꺾꽂이 종류와 구체적 방법

숙지삽(묵은 가지 꽂이)

지난해 이전에 자란 묵은 가지를 잘라 꽂는 방법으로 봄 싹트기 전에 실시하며 낙엽활엽수의 삽목에 많이 이용된다. 전년도에 자란 가지를 길이 15cm 정도로 잘라 아래 쪽 2/3를 꽂는다. 상록수의 경우는 아래 잎을 따 버리고 위의 잎 1~3장을 붙여 꽂는다. 노지에 삽목상을 만들어 해도 되지만 봄이라고 하지만 아직 기온이 낮고 밤과 낮의 기온의 변화가 심할 때이므로 비닐하우스나 온실 내에서 하면 발근율이 높아지고 또 뿌리가 내리는 데 걸리는 기간도 단축할 수 있다.

숙지삽으로 뿌리가 잘 내리는 나무

개나리, 향나무, 명자나무, 화살나무, 버들, 영춘화, 조팝나무, 치자나무, 석류나무, 배롱나무, 동백, 사철나무, 영산홍, 은행나무, 벚나무, 차나무, 미선나무, 등나무, 으름덩굴, 인동, 마삭줄, 병아리꽃나무, 산수국, 가막살나무, 덜꿩나무, 댕강나무, 오미자, 돈나무, 고광나무, 애기말발도리, 능소화, 만리화, 벽오동, 무궁화, 무화과나무, 개회나무, 라일락, 병꽃나무, 피라칸다

호랑가시나무 녹지삽 하기.

1. 삽수 만들기.

2. 조제한 삽수를 물에 1시간 정도 담궈 물올림 한다.

3. 묘상에 삽목한 모습.

4. 꽂은 후에는 충분히 물을 준다.

녹지삽(푸른 가지 꽂이)

이름 그대로 그해에 자란 푸른 가지를 잘라 꽂는 방법으로 시기적으로 여름 6~7월의 장마철에 하게 된다. 이때는 공중 습도가 높고 기온도 높아 삽목에 유리한 조건이 되며 또한 아직 연한 어린 가지를 사용하게 되므로 조직의 분열 능력이 왕성하여 뿌리가 쉽게 내리게 된다. 상록활엽수의 경우 대개 난대성이라 이른 봄 싹트기 전에는 기온이 낮고 공중습도가 낮아 좋은 조건이 되지 못하는 데 반해 초여름 장마기에 하는 녹지삽이 특히 유리하다. 대다수 낙엽활엽수들도 녹지삽이 가능하지만 잎을 통한 증산작용이 상록수에 비해 왕성하므로 장마 기간에 비가 충분히 내리지 않으면 발근율이 떨어진다.

녹지삽으로 뿌리가 잘 내리는 나무

사철나무, 금목서, 은목서, 구골목서, 동백, 애기동백, 구골나무, 후피향나무, 치자나무, 서향, 호랑가시나무, 아왜나무, 산수국, 차나무, 송악, 산호수, 식나무, 멀꿀, 팔손이, 먼나무, 꼬리진달래, 남오미자, 돈나무, 부들레야, 등대꽃, 으름덩굴, 인동, 백량금, 자금우, 협죽도

추삽(가을꽂이)

9~10월에 그해에 자란 가지를 잘라 삽목하는 방법으로 상록수와 낙엽활엽수에 모두 적용 가능하다. 이 시기에 가을장마가 들면 성적이 좋지만 건조한 날씨가 계속되면 발근율이 떨어진

다. 또 뿌리가 내리자마자 겨울에 접어들게 되어 서릿발에 묘목이 말라죽기 쉬운 문제도 있다. 따라서 무가온 하우스 등의 시설을 이용하여 건조한 기후와 겨울 추위를 피할 수 있도록 하는 것이 바람직하다.

근삽하는 방법.

1. 뿌리를 캐어 적당한 길이로 자른다.

2. 고랑을 파고 뿌리를 심는다. 뿌리의 위쪽이 위를 향하게 심으면 된다.

3. 심은 후의 모습. 뿌리 끝이 약간 노출되도록 심으면 좋다.

근삽(분근 번식, 뿌리꽂이)

팥꽃나무, 꾸지뽕나무, 아까시나무, 두릅나무, 음나무 등과 같은 수종은 뿌리에서 부정아가 싹터서 자라는 성질이 있으므로 뿌리를 캐어 잘라 심으면 새 포기를 얻을 수 있다. 근삽법은 뿌리에서 부정아가 자라는 성질이 있는 수종에만 적용할 수 있어 제한적이지만 성공률이 높고 성장이 빠른 장점이 있다. 근삽의 시기는 묵은 가지 삽목과 같은 시기인 봄 싹트기 전이 좋으며, 뿌리를 파내어 10~15cm 길이로 잘라 위쪽 끝부분이 지상에 약간 노출될 정도로 심는데 이때 뿌리의 위와 아래가 바뀌지 않도록 유의한다. 대개 여름쯤이면 맹아가 자라게 되는데 튼튼한 줄기 하나만 남기고 나머지는 잘라 버려 성장을 돕도록 한다.

근삽이 잘 되는 나무

팥꽃나무, 꾸지뽕나무, 음나무, 두릅나무, 미국풍나무, 모감주나무, 붉나무, 팥배나무, 오동나무, 참오동나무, 등나무, 참죽나무, 가죽나무, 대추나무, 산사나무, 차나무, 골담초, 고욤나무, 이나무, 개느삼, 다래나무, 아까시나무, 양벚나무, 조구나무, 자귀나무

초보자를 위한 정계준 교수의 정원 가꾸기 팁 일곱

*꺾꽂이,
뿌리 잘 내리는 비결!*

- 발근이 어렵거나 느린 나무의 경우는 발근촉진제를 이용한다. 발근촉진제는 큰 화원이나 종묘상, 농약 가게 등에서 구할 수 있다.
- 공중 습도를 높게 유지해야 좋다. 그러기 위해서는 하우스나 온실 등의 시설을 이용하면 편리하며 미스트 장치를 설치하여 공중 습도를 높여 준다면 더욱 효과적이다.
- 오래되어 단단해진 가지보다는 연한 가지의 뿌리 내림이 빠르다.
- 녹지삽의 경우 삽수의 절단면을 물에 담가 1시간 정도 물올림을 한 후 꽂으면 좋다.
- 녹지삽의 경우는 기온이 높고 햇볕이 강할 때이므로 꽂은 후 차광막을 설치하여 직사광선을 차단하여 온도가 너무 올라가지 않게 하여 증산량을 줄인다.
- 묘상을 너무 마르지 않게 관리하되 과습하지 않도록 유의한다.
- 상토는 물이 잘 빠지고 미생물이 적은 깨끗한 모래나 가는 마사토를 이용한다.
- 뿌리를 내리는 데 오랜 기간이 걸리는 수종이나 발근이 어려운 수종은 고운 황토를 물에 개어 밤톨만 한 경단을 만들어 절단부에 붙여 꽂으면 절단부가 쉽게 마르지 않아 뿌리가 잘 내릴 수 있다.

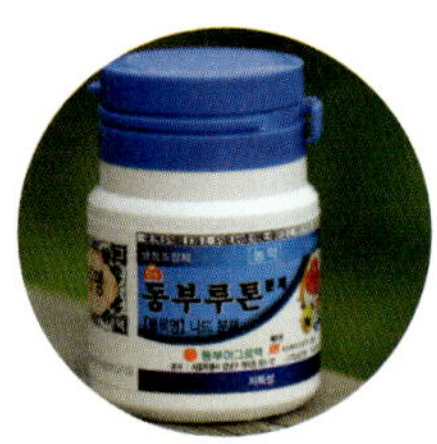

발근촉진제.

엽삽(잎꽂이)-베고니아, 다육식물 등, 엽병삽-바이올렛, 엽아삽-동백 등

엽삽이나 엽병삽은 주로 관엽식물이나 실내 원예식물에 이용되는 번식법이다. 실내용 다육식물의 일종인 크라슬라, 칼랑코에, 페페로미아 등의 경우 엽삽이 잘 되는데, 충분히 자란 잎을 따서 화분 위에 얹어 두면 잎의 기부에서 뿌리와 눈이 형성되어 새 포기를 이루게 된다. 또한 베고니아 렉스의 경우 잎을 토막 내어 기부를 모래에 꽂아 두면 뿌리와 새 눈이 자라 포기를 형성하게 되며, 아프리칸 바이올렛((Saintpaulia)의 경우 잎을 잎자루 채 잘라 꽂아 두면 새 포기가 자라게 된다. 이러한 식물들은 경이로운 역분화 능력을 가져 분화된 조직으로부터 역분화가 일어나고 또 재분화하여 새로운 개체를 만들어 낼 수 있다. 그러나 대부분의 식물에서는 조직배양이 아닌 한 이미 존재하고 있는 눈에서만 발아가 가능하므로 눈이 없는 가지를 잘라 꽂으면 뿌리가 내리더라도 싹이 트지 않는다. 동백의 경우 눈을 붙여 잎을 떼어 내어 꽂는 엽아삽이 가능한데 삽수를 많이 얻기 어려운 희귀한 원예품종의 증식에 이용할 수 있다.

휘묻이취목

가지나 줄기를 구부려 흙으로 덮어 뿌리가 내리게 한 후 1~2년 후 잘라 내어 심는 번식법이다. 시간이 오래 걸리는 대신 삽목으로 뿌리 내림이 어려운 수목과 귀한 수종의 안전한 번식법으로

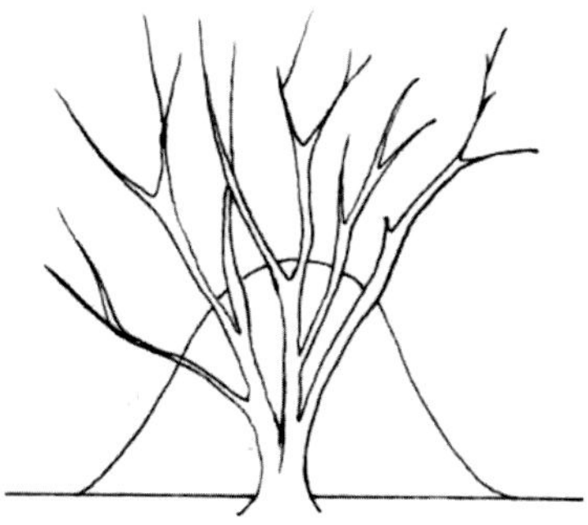

흙 돋우어 묻기.

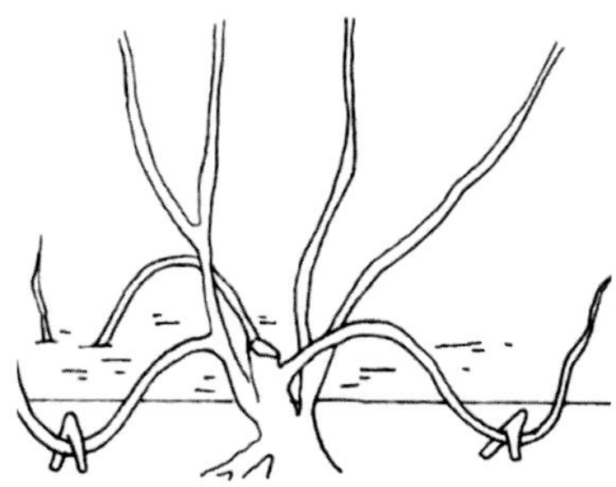

가지 구부려 묻기.

수평으로 구부려 묻기.

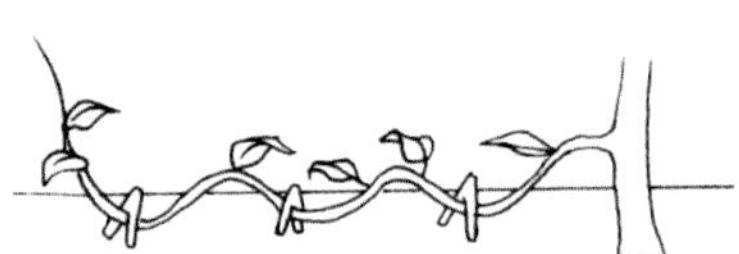

파도 모양으로 구부려 묻기.

높이 떼기.

여러가지 휘묻이 방법

함박꽃나무 휘묻이.

휘묻이 하기 전 환상박피한 모습.

휘묻이로 뿌리가 내린 후의 모습.

이용할 수 있으며 삽목법으로 얻는 묘목보다 훨씬 큰 묘목을 단번에 얻을 수 있는 것도 이 번식법의 장점이다. 덤불을 이루며 자라는 관목형 수목이나 가지를 구부리기 쉬운 덩굴성 식물의 번식에 특히 편리하다. 휘묻이를 할 때 나무의 수피를 돌아가면서 제거하는 환상박피를 한 후 흙을 덮어 두면 뿌리 내림이 촉진된다. 휘묻이로 뿌리를 내리게 하는 시기는 봄부터 가을까지의 성장기라면 아무 때나 할 수 있으나 뿌리가 내린 가지를 잘라 내는 시기는 나무의 이식 적기인 봄에 하는 것이 좋다. 대개 봄에 휘묻이하여 두었다가 이듬해 봄에 뿌리가 내린 것을 확인한 후 잘라 내어 심으며 상록활엽수의 경우 조금 더 기다렸다가 6월 하순경에 잘라 심어도 좋다. 휘묻이로 뿌리가 내렸더라도 잘라 심을 때 뿌리의 양이 충분치 않은 경우가 많으므로 지상부도 적당히 잘라 주어야 새 뿌리가 빨리 내리고 고사하지 않게 된다.

휘묻이가 잘 되는 나무

목련, 자목련, 함박꽃나무, 굴거리나무, 만병초, 남오미자, 멀꿀, 능소화, 칡, 모람, 식나무, 댕강나무, 빈도리, 애기말발도리, 영산홍, 철쭉, 구골나무, 동백, 치자나무, 후피향나무, 산수국, 가막살나무, 금목서, 은목서, 등나무

포기나누기분주

산수국, 모란, 골담초 등의 경우 원줄기에서 지속적으로 분얼하여 많은 줄기가 함께 자라게 된다. 이렇게 지하에서 새 줄기가 돋아 덤불을 이루는 나무를 포기 채 파내어 적당히 나누어 심는 방법이 분주법이다. 이 방법으로 대량 번식은 어렵지만 단번에 크게 자란 묘목을 얻을 수 있는 장점이 있다. 포기나누기의 적기는 식물의 이식 적기와 일치하므로 낙엽활엽수는 3~4월 새싹이 트기 전이 좋고 상록활엽수는 6월 하순이 좋다. 포기나누기 후 뿌리가 많이 잘린 포기는 가지를 그에 맞게 적당히 잘라 주어야 활착이 빠르고 고사의 위험이 낮다.

포기나누기로 번식이 쉬운 나무

남천, 황매화, 해당화, 인가목, 조팝나무, 병아리꽃나무, 꽃댕강나무, 모란, 가막살나무, 괴불나무, 댕강나무, 철쭉, 산수국, 식나무, 명자나무, 삼지닥나무, 차나무, 치자나무, 이스라지, 옥매, 골담초, 개느삼, 쉬땅나무, 수국, 진달래, 빈도리, 까마귀밥나무

산수국 분주.

접붙이기접목

같은 속 또는 같은 종 내의 서로 다른 개체 간에 가지나 눈 등을 떼어 붙이는 번식 방법으로 동물의 조직 이식이나 장기 이식과 비슷한 원리이다. 모주의 우량 형질을 그대로 전달해야하는 우수 원예 품종이나 과일 나무에 많이 이용되는 번식법으로 삽목이 어려운 경우에 특히 유용하다. 식물의 번식법 중 가장 고급 기술이며 숙련이 요구되는 기술이지만 잘 익혀 두면 값싼 품종을 고급 우량 품종으로 손쉽게 바꿀 수 있는 방법이기도 하다.

접붙이기의 특징

- 접수나 접아를 채취하는 어미그루의 형질을 그대로 유지하므로 우량 품종을 대량 증식할 수 있으며 균일한 품질의 묘목 생산이 가능하다.
- 종자가 잘 맺지 않거나 종자로 번식하면 형질 유지가 어려운 식물의 번식에 이용할 수 있다.
- 삽목으로 뿌리가 내리지 않는 식물의 번식 방법으로 유용하다.
- 고도의 기술과 숙련이 필요하여 초보자가 적용하기 어려운 면이 있다.
- 병해충에 강한 대목을 이용함으로써 병해충에 강한 우량 묘목을 생산할 수 있다.
- 실생묘에 비해 개화와 결실이 빨라지므로 과수의 경우 수확기가 앞당겨지는 효과가 있다.
- 접붙임묘는 우량 묘목이라는 인식이 강하여 신뢰감이 크므로 시장 경쟁에서 유리하다.
- 묘목 생산에 시간과 노력이 많이 요구되므로 단가가 비싸진다.
- 접붙이기로 번식되는 특정 품종의 묘목은 유

전적으로 동일하므로 때로 식물의 병충해 유행 때 모두 감수성을 가질 수 있어 크게 취약할 수 있다.

접붙이기 종류와 방법

접붙이기는 그 시기에 따라 봄에 하는 춘접, 여름에 하는 하접, 가을에 하는 추접 등으로 나누기도 하고, 접수로 쓰이는 기관에 따라 가지접과 눈접으로 나누기도 하며, 대목의 굴취 여부에 따라 대목을 파서 하는 양접과 제자리에 두고 하는 거접으로 나누기도 한다. 또한 대목의 위치에 따라 뿌리목 가까이 낮은 곳에 하는 저접과 높은 가지나 줄기에 하는 고접으로 나누기도 한다. 이 책에서는 여러 접붙이기 방법 중 가장 많이 사용되는 방법 몇 가지를 소개하고자 한다.

가지접

깎아접(切接)

과수와 조경수의 접목법으로 가장 많이 사용되는 방법이다. 봄에 싹이 트기 시작할 무렵에 하며 접수는 접붙이기 20~30일쯤 전에 채취하여 물이끼로 싸서 냉장고에 저장하였다가 사용하는데 이는 뿌리는 활동하고 접수는 아직 휴면하고 있어야 활착이 잘 되기 때문이다. 깎아접은 대목의 한쪽 면을 수직으로 깎아 내리고 그곳에 맞게 다듬은 접수를 끼운다. 이때 대목과 접수의 형성층을 잘 맞춰야 하는데 양쪽 면이 다 맞으면 좋지만 그렇지 못할 경우 한쪽 면이라도 맞춰야 된다. 어중간하게 양쪽 중 어느 쪽도 맞지 않게 되면 접수는 활착하지 못하고 고사하게 된다. 그 이유는 서로 다른 조직인 접수와 대목이 유합하여 물과 양분이 서로 유통할 수 있어야 하는데 분열 조직은 형성층에만 존재하므로 접수와 대목의 형성층이 맞아야만 두 조직이 유합할 수 있기 때문이다.

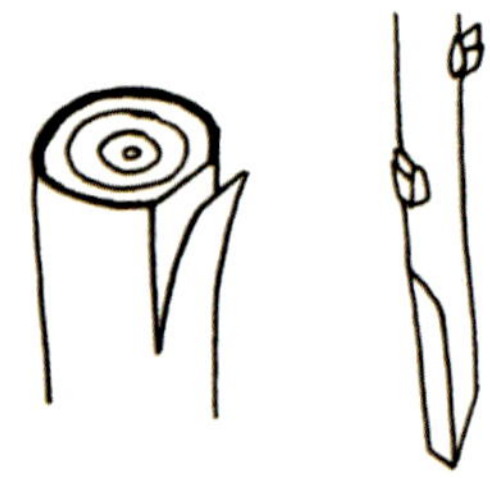

깎아접.

짜개접(割接)

깎아접 다음으로 많이 이용되는 방법으로 대목이 접수보다 클 경우에 이용하기 좋다. 깎아접과 같은 시기에 하며 깎아접과 마찬가지로 사전에 접수를 잘라 저장해야 활착률이 높다. 대목을 수직으로 짜개고 양쪽 면을 동일하게 다듬은 접수를 절개부에 삽입한다. 깎아접과 다른 점은 대목을 중앙 가까운 곳을 절개하며 접수의 경우 깎아접에서는 한쪽 면을 깎는 데 반해 짜개접은 양쪽 면을 동일하게 깎아 쐐기 모양으로 끼워 넣는다는 것이다.

박접(剝接)

밤나무의 접붙이기에 사용하는 방법으로 대목의 껍질을 11자 모양으로 절개하여 벗겨 내고 껍질을 제거한 접수를 끼워 맞추는 접목법이다. 봄에 싹이 트기 시작할 무렵에 붙이며 접수는 20~30일 쯤 전에 잘라 냉장고에 저장해 두었다가 사용한다.

합접(合接)

대목과 접수의 굵기가 같은 경우에 주로 사용되는 방법으로 대목과 접수를 모두 비스듬히 다듬어 서로 맞붙이고 단단히 묶어 주면 된다. 합접은 접합부가 서로 미끄러지거나 부러지기 쉬우므로 지주를 세워 묶어 주는 것이 좋다.

안접(鞍接)

합접과 마찬가지로 대목과 접수의 굵기가 같을 경우에 사용되는 방법으로 대목은 V자 모양으로 다듬고 접수는 대목과 들어맞도록 쐐기 모양으로 다듬어 둘을 일치시키는 방법이다. 안접 역시 접합부가 부러지기 쉬우므로 지주를 세워 주는 것이 좋다.

눈접(芽椄)

가지를 잘라 붙이는 대신 눈을 따서 붙이는 방법으로 접수가 크게 절약되며 5~9월의 생육기에 하므로 접수를 저장할 필요가 없다. 또 가지접의 경우보다 접목 가능 기간이 길어 실패하더라도 다시 할 수 있는 장점이 있다. 대부분 수종에 할 수 있으며, 장미, 라일락, 매실 등에 많이 이용한다. 눈접이 잘 되는 구체적 시기는 수종에 따라 조금씩 다른데, 생육이 왕성하여 물이

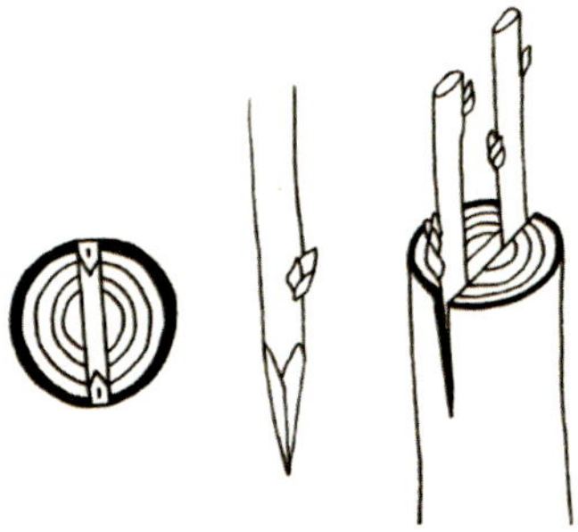

짜개접.

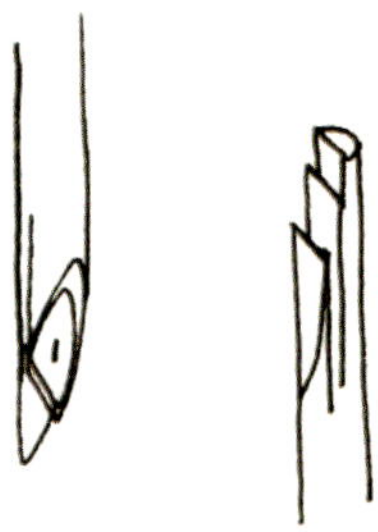

설접(舌椄).

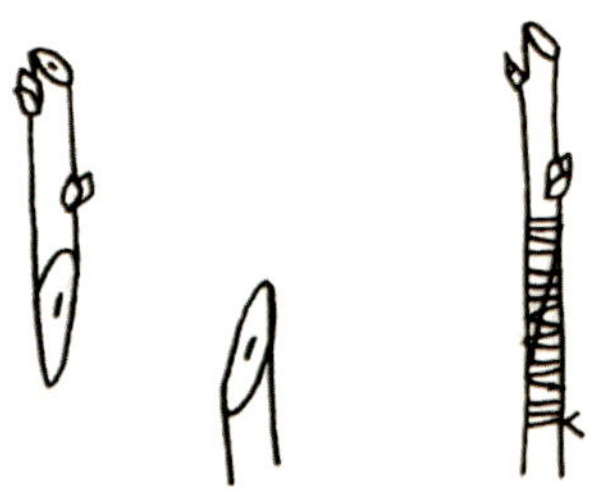

합접.

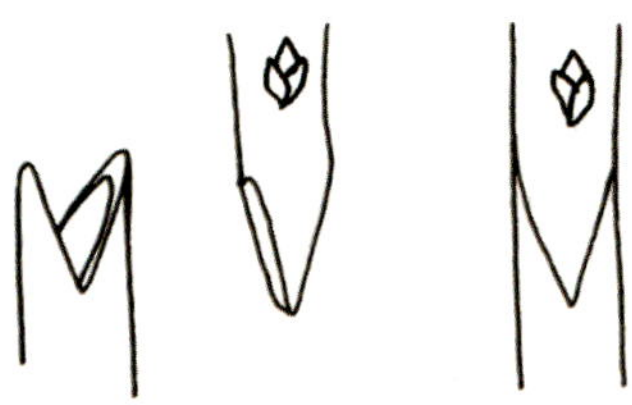

안접.

접붙이기, 이것만은 꼭!

- 접수를 채취할 때는 햇볕을 잘 받아 충실한 가지를 선택한다.
- 전년도에 열매가 맺은 가지와 꽃눈이 있는 가지를 피하고 잎눈이 있는 가지를 선택한다.
- 대목은 생육기에 접어들고 접수는 휴면을 유지해야 성적이 좋다. 그러기 위해서는 휴면기에 접수를 잘라 마르지 않게 물이끼에 싸서 냉장고에 저장해 두었다가 사용한다.
- 접수를 조제할 때 위쪽 절단면에는 돼지기름과 송진, 밀랍을 혼합하여 녹인 접밀을 발라 두면 절단면으로부터의 물의 증산을 방지하여 활착률이 높아진다. 접밀은 상품으로도 나오므로 농약상에서 구입하여 쓰면 된다.
- 대목과 접수의 형성층을 잘 맞추는 것이 가장 중요하다.
- 접수와 대목 간에 친화성이 있어야 한다. 즉 아무 나무에나 접을 붙일 수는 없으며 대개 같은 속의 나무끼리 가능하다.
- 눈접은 생육기에 하므로 접수를 저장할 필요가 없다.
- 이론적으로만 배워서 성공하기는 쉽지 않으므로 이웃에 접붙이기를 할 줄 아는 사람이 있으면 실기를 배워 두는 것이 좋다.
- 여러 접붙이기 방법의 기본적 원리는 동일하지만 실제 특정 접붙이기 방법으로 해야 활착이 잘되는 경우도 많으므로 그 수종에 맞는 방법으로 실시하는 것이 좋다.
- 접붙이기는 똑같은 방법으로 하더라도 대목과 가지를 잘 다듬어 정확히 맞추는 숙련이 필요하며 처음 시도하는 사람의 활착률은 낮으므로 취미 재배에서는 실망하지 말고 숙달될 때까지 연습이 필요하다.

잘 올라 가지로부터 눈을 떼어 내기 좋고, 수피가 목질부로부터 잘 벗겨지는 시기가 눈접의 적기가 된다. 생육기라 할지라도 가뭄이 심하여 일시적으로 생장이 억제된 시기에 접을 하면 활착률이 나빠진다. 눈접을 붙인 지 1개월쯤 지나도록 접아의 수피 부분이 싱싱하면 활착한 것이며 검게 변하면 실패한 것이다. 활착한 것은 그대로 두었다가 이듬해 봄에 대목의 접붙인 부위 바로 위쪽을 절단하면 접아가 싹이 터서 자라게 된다. 눈접의 경우는 접아와 함께 대목에서 맹아가 많이 자라게 되는데 이를 그대로 두면 접아의 성장이 위축되고 심하면 접아가 죽게 되므로 보이는 대로 제거해야 한다.

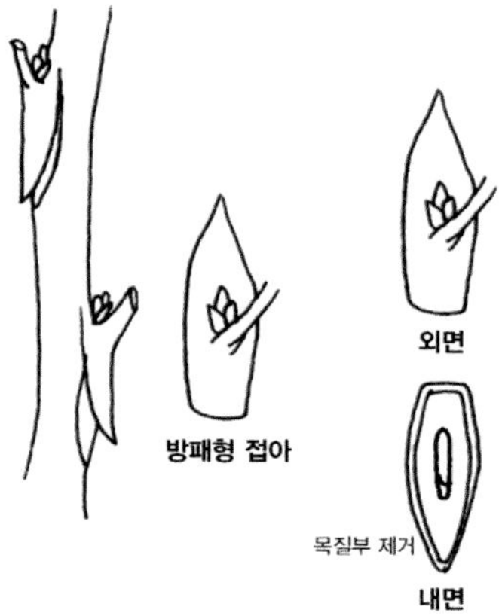

접아 떼어내기.

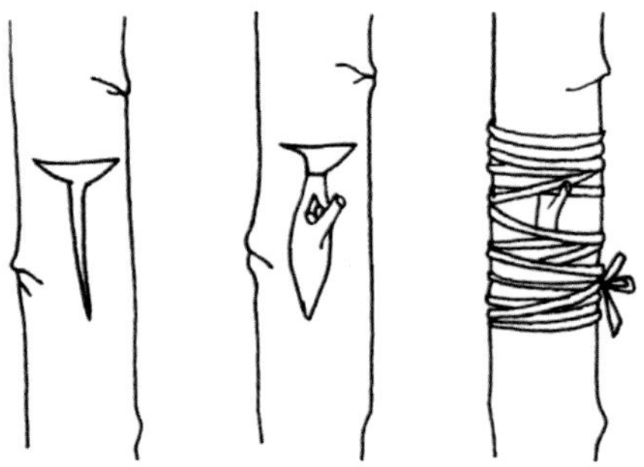
대목의 박피와 접아 끼워 넣기. 눈접 붙인 모양.

눈접.

부름접(呼接, 寄接)

가지를 잘라서 접붙이기하는 것이 아니고 접붙이기할 나무와 대목이 되는 나무를 나란히 심어 두고 접할 나무와 대목의 서로 맞닿는 부분의 수피를 약간 벗긴 후 비닐로 묶어 두 그루의 가지가 서로 유합하게 하는 접목법이다. 이 방법은 접붙이기에 능숙하지 못한 초보자들에게 좋은 접목법이다. 붙이는 시기는 생육기라면 언제든 할 수 있지만 봄에 하는 것이 좋으며 다른 접목법에 비해 활착하는 데 오랜 기간이 소요되므로 대개 이듬해 봄에 분리한다. 분리할 때는 대목이 되는 나무는 뿌리 쪽을 남기고 번식시킬 나무는 윗부분을 남겨 두 그루를 한 그루로 만

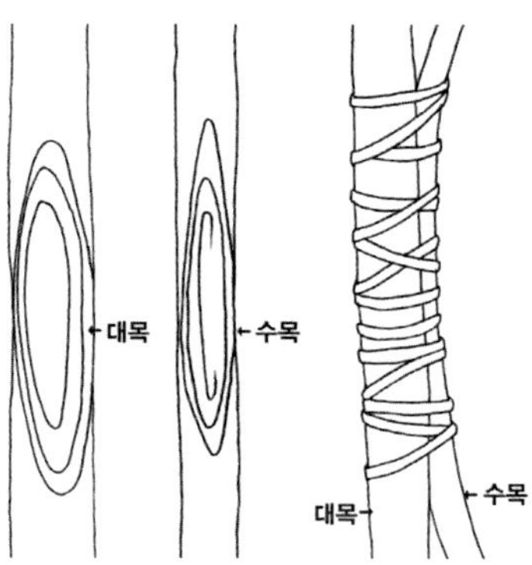

부름접 하는 방법.

모란 뿌리접 하기.

캐어낸 모란 뿌리.

대목 뿌리 짜개기.

대목에 접수를 끼운 모양.

비닐끈으로 묶어 고정.

활착이 된 모란 근접묘(1년 후 모습).

들게 된다. 아직은 접수로 올라가는 물올림이 원활하지 못해 접수 부분을 그대로 두면 고사할 수도 있으므로 절반 이하로 남기고 가지를 잘라 주어야 잘 활착하고 추후 자람도 좋다.

뿌리접(根接)

접붙이기는 수목의 줄기나 가지에 접하는 것이 일반적이지만 뿌리에 하는 경우도 있는데 이를 뿌리접이라 한다. 다른 수종도 뿌리접을 할 수 있지만 가장 대표적인 경우는 모란이나 작약의 뿌리에 모란을 접하는 경우이다. 모란은 성장이 느리고 분얼도 왕성하지 않아 실생묘나 분주묘를 길러 접붙이는 데는 한계가 있고 비실용적이지만 모란이나 작약의 뿌리는 비교적 쉽게 얻을 수 있으므로 뿌리접이 일반적이다. 대목으로 뿌리를 사용한다는 점만 특별하며 실제 접붙이는 방법은 깎아접이나 짜개접을 하므로 위에서 설명한 방법을 따르면 되므로 상세한 접목법은 생략한다. 다만 모란의 경우는 일반적인 접붙이기 시기인 봄이 아닌 가을 9~10월에 실시해야 활착이 잘 된다.

녹지접(綠枝接)

잎이 붙어 있는 어린 가지를 접수로 사용하는 방법으로 가지의 생육기인 6~7월에 행하게 된다. 단풍나무, 동백 등에 이용되며 그해에 자란 푸른 가지를 잘라 접수로 사용하되 잎은 모두 따 버리고 접을 붙인다. 접붙이기 방법은 위에서 설명한 깎아접 또는 짜개접 방법으로 한다. 접붙인 후의 성적이 공중 습도에 크게 영향을 받으며 습도가 높을수록 성적이 좋으므로 접붙이기 후 물을 충분히 뿌려 주며 온도가 30도 이상 올라가지 않도록 차광하여 관리한다.

접붙이기 묘의 관리

- 접목 부위를 묶은 비닐은 6개월~1년 후 끌러 주어야 자람이 원활하다. 비닐을 풀지 않고 그대로 두면 그 부분이 자라지 못해 부러지는 등의 문제가 생긴다.
- 접수가 자라면 여름 태풍에 꺾이기 쉬우므로 지주를 세워 부러지지 않게 해 준다.
- 접붙이기 묘는 대목에서 불필요한 대아가 발생하는 경우가 많은데 발생하는 대로 제거해야 접수의 성장이 순조롭다. 만약 대아 제거에 소홀하면 자라던 접가지가 세력이 약해져 고사하는 경우도 생긴다. 대아는 묘목 때뿐 아니라 성목으로 자라난 후에도 발생하는 수가 있는데 마찬가지로 제거해 주어야 한다. 예컨대 장미를 재배하다 보면 뿌리목에서 찔레가 자라 나오는 경우를 흔히 볼 수 있는데 그대로 두면 장미는 쇠약해지고 찔레가 왕성해지게 되므로 반드시 눈에 띄는 대로 찔레 맹아를 바짝 잘라 주어야 한다.

풍년화 접목묘에 발생한 대아.

정원수의 병충해 방제

병해 관리

수목은 초화류에 비해서는 병에 걸리는 일이 적으며 또 크게 자란 나무의 경우 병에 걸려도 죽게 되는 경우보다는 성장이 늦어지고 관상 가치가 저하되는 것이 일반적이다. 그러나 어린 묘일 경우에는 병에 걸려 죽는 경우도 많다. 따라서 묘목을 기르는 경우에는 병해 방제에 결코 소홀할 수 없다. 수목에 많이 발생하는 병으로는 그을음병과 흰가루병, 붉은별무늬병, 탄저병, 입고병 등이 있는데 이들은 모두 곰팡이에 의해 일어나는 병이며 방제는 다이센수화제, 석회보르도액 등의 살균제를 이용하여 방제한다. 대체로 비료 성분 특히 질소 성분을 많이 시용했을 경우 병해가 증가하며 진딧물이나 깍지벌레 등의 발생이 있을 경우 그을음병의 발생이 수반되는 경우가 많으므로 이런 경우에는 살균제로 방제하기보다는 살충제로 이들 해충을 구제하는 것이 더 우선적인 방제책이 된다. 또한 밀식하여 재배할 경우의 통풍 불량이나 장마철 토양의 과습도 병을 유발하는 요인이 되므로 밀식된 묘를 솎아 주어 통풍이 원활하게 해 주는 것과 두둑을 높게 쳐서 배수가 잘 되게 하는 것도 병해와 충해 예방에 필요하다.

충해 관리

수목은 그 종류에 따라 피해를 입히는 해충도 제각기 다르며 해충의 종류도 아주 다양하다. 따라서 모든 해충의 피해와 그 방제 방법을 설명하기에는 한계가 있다. 여기서는 가장 대표적인 해충의 피해에 대해 알아보고 그 방제법과 예방법을 소개하고자 한다.

진딧물

각종 조경수에 가장 흔히 발생하는 해충으로 종류가 다양하지만 그 생활 방식과 피해는 종류에 관계없이 거의 비슷하다. 주로 어린 가지나 잎에 무수히 달라붙어 식물의 체관부에 주둥이를 꽂아 양분을 빨아 먹으므로 식물은 성장이 불량해지고 또 여러 종류의 식물 병도 매개하게 된다. 특히 배설물에 포함된 양분에 의해 식물의 잎이나 가지, 줄기 등에 그을음병이 발생하는 경우가 많다. 질소비료를 많이 시용할 때 잘 발생하므로 시비량이 과다하지 않도록 유의하며 방제는 메타유제(메타시스톡스), 코니도수화제(이미다클로프리드), 스미치온 등의 살충제를 사용한다.

개각충

깍지벌레라고도 부르며 여러 종류의 조경수에 발생하지만 특히 잎이 두터운 상록활엽수에 많이 발생한다. 식물의 종에 따라 개각충도 여러 종류가 있으며 잎이나 가는 가지, 줄기 등에 붙어 수액을 빨아 먹음으로써 식물의 성장을 방해한다. 진딧물과 마찬가지로 여러 종류의 식물병을 매개하며 역시 그을음병의 발생을 일으키는 경우가 많다. 개각충은 납질의 껍질에 쌓여 있으므로 일반 살충제로는 방제하기 어려운 편이다. 겨울 동안에는 석회유황합제를 뿌려 예방·방제하지만 식물의 생육기에는 약해를 입으므로 사용하기 어렵고 스미치온, 수프라사이드 등으로 구제하는데 맹독성 농약이므로 취급에 유의해야 한다.

모충毛虫, 쐐기벌레

나비목 곤충의 애벌레로 식물의 잎을 갉아 먹어 피해를 입히며 피부에 닿으면 따갑고 가려움 등의 증상을 야기하여 큰 불편을 준다. 외래종의 유입이나 생태계의 교란 등으로 대량 발생하여 엄청난 피해를 입히는 경우도 있다. 1960년대에 우리나라 소나무 숲에 큰 피해를 입혔던 솔나방의 유충인 송충이나 1960~1970년대에 전국적으로 활엽수에 엄청난 피해를 입혔던 미국흰불나방 등이 그 예이다. 디프수화제, 메프수화제 같은 적당한 살충제로 구제한다.

잎벌레

딱정벌레목의 곤충으로 유충과 성충이 식물의 잎을 갉아 먹으며 잎벌레의 종류에 따라 각기 피해를 입히는 식물의 종류도 다양하다. 한때 사방용으로 산지에 오리나무를 대량 식재한 후 오리나무잎벌레가 대량 발생하여 큰 피해를 입힌 적이 있다. 종류에 따라 여러 차례 발생할 수 있으며 성충이 되기 전의 유충 시기에 방제하는 것이 효과적이다.

하늘소 유충

하늘소의 애벌레는 나무의 수간에 구멍을 뚫고 목질부를 파먹어 때로 줄기가 부러지게 하거나 나무가 고사하게 하는 피해를 입힌다. 애벌레가 생기면 나무줄기 아래에 톱밥처럼 생긴 배설물이 쌓이므로 이를 통해 확인할 수 있다. 배설물이 보이면 구멍 안으로 살충제의 입제를 주입하거나 이황화탄소를 주사기로 소량 주입한 후 테이프로 막으면 벌레가 죽게 된다.

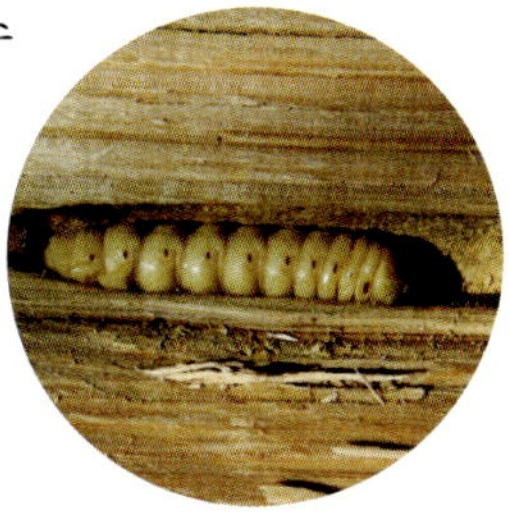
참나무하늘소 유충.

박쥐나방

유충이 다양한 수목의 줄기와 가지에 침입하여 수간을 뚫고 들어가 나무의 속을 파먹으며 자라는데 침입한 입구에는 톱밥 모양의 배설물이 모여 있어 확인이 가능하다. 속만 파 들어가는 게 아니고 흔히 수간의 둘레를 따라 체관부를 완전히 갉아 먹으므로 줄기의 기부에 박쥐나방 애벌레가 침입할 경우 결국 나무 전체가 고사되는 치명적인 해충이다. 나무줄기에 톱밥과 같은 흔적이 보이면 즉시 깨끗이 제거하고 철사를 구부려 찔러 죽이거나 구멍 안으로 살충제를 뿌리고 흙으로 막거나 테이프 등을 감아 벌레를 죽인다. 예방책으로는 4~9월 사이 박쥐나방 애벌레의 발생기에 나무줄기 주변의 잡초를 잘 제거하여 발생을 억제하며 수간 아래 토양에는 카운타 등의 살충제 입제를 소량 뿌려 두어 유충의 접근을 막는다.

정원에 심기 좋은 야생화

예전에는 정원이나 꽃밭에서 가꾸는 화초의 상당수가 외국종이었다. 그러나 근래에는 우리 자생 야생화에 대한 인기가 폭발하여 정원에서 가꾸는 화초 가운데에 야생화가 차지하는 비율이 압도적으로 높아졌다. 그러한 인기에 힘입어 야생화 위주로 취급하는 꽃집도 많이 생겼을 정도이다. 우리 꽃밭에 우리 풍토에 맞는 우리 자생화를 심어 가꾸는 것은 매우 바람직한 일이며 종 보존 차원에서도 장려할 일이라고 생각된다. 다만 그렇더라도 자생지에서 무분별하게 채취하여 자연 자원이 훼손되거나 고갈되는 일은 없어야 할 것이다.

봄 마중 새싹 야생화

춥고 긴 겨울의 끝자락, 햇살이 두터워질 때 양지쪽에 새싹이 돋는 것을 보면 경탄하고 즐거워하지 않을 사람이 없을 것이다. 새봄에 돋아나는 새싹은 꽃보다 아름답고 귀한 존재라는 것은 식물을 길러보고 정원을 가꾸어 본 사람이라면 누구나 느낄 것이다. 싹이 일찍 돋는 야생화는 그것만으로도 충분히 재배할 가치가 있다. 물론 거기다 꽃도 좋고 잎도 예쁘면 금상첨화이다.

비비추 새싹.

산마늘 *Allium microdictyon*

백합과의 숙근 다년초로 울릉도와 육지의 높은 산에 자생한다. 상사화와 함께 가장 먼저 새싹이 돋아 봄을 전하는 새싹 야생화로 인기가 높다. 산마늘 새싹은 아직 겨울 한기가 여전한 2월 하순에 벌써 돋아나기 시작한다. 아직 얼음이 어는 겨울 끝 무렵에 정원지기에게 벌써 봄소식을 전하니 기특하지 않을 수 없다. 전초(全草, 풀포기)에서 특유의 마늘 냄새가 나는데 연한 잎을 채취하여 쌈이나 장아찌를 만들어 먹기도 한다. 산마늘 장아찌는 울릉도의 특산물로 유명하다. 반그늘에서 잘 자라므로 정원의 활엽수 그늘에 심으면 좋고 번식은 종자, 포기나누기로 하는데 종자는 직파하는 것이 좋다.

상사화 *Lycoris squamigera*

수선화과의 구근식물로 원래 중국 원산이지만 우리나라에 일찍 도입되어 곳곳에 퍼져 자생식물처럼 되었다. 상사화 역시 아직 살얼음이 어는 아주 이른 봄에 싹이 돋아 봄소식을 전한다. 아직 겨울 느낌이 강한 시기에 양지바른 곳에서 연두색 상사화 잎이 뾰족이 돋아나는 모습을 보면 경이로움 그 자체이다. 봄과 함께 부쩍부쩍 자란 상사화 잎은 5월이면 길이가 30~50cm까지 자라지만 6월쯤이면 말라 버리고 만다. 일찍 핀 잎은 일찍 말라 버리니 이것도 인생살이와 비슷하다. 그러나 그것으로 끝나지 않는다.

여름 7~8월이면 갑자기 땅속의 구근으로부터 꽃대가 불쑥 올라와 곧이어 연보라색의 아름다운 꽃을 피운다. 잎도 없이 땅속에서 돋아난 단 한줄기 꽃대에 아름다운 꽃이 핀 모습도 다른 화초에서는 볼 수 없는 특이하고 경이로운 모습이다. 상사화라는 이름은 이처럼 잎과 꽃은 서로 만나지 못

하며 그리워한다고 하여 불리는 이름이다. 꽃은 피어도 씨앗을 맺지 못하며 따라서 번식은 분얼하는 구근을 떼어 심는 분구법(分球法)으로 하는데 분구(알뿌리나누기)하기에 적합한 시기는 이른 봄이나 꽃이 진 직후인 9월이다.

붉노랑상사화 *Lycoris aurea*

수선화과의 구근식물로 전북 백양산 일대의 숲속에서 자생한다. 잎이 피는 시기와 꽃이 피는 시기 그리고 잎의 모양 등에서 상사화와 성질과 모습이 흡사하지만 포기와 구근이 상사화보다는 조금 작으며 개화 시기 또한 상사화보다 조금 늦다. 붉노랑상사화 역시 잎은 6월경이면 말라 버리고 7~8월이 되어 구근에 저장된 양분으로 꽃을 피우게 된다. 꽃은 선명한 황색이며 붉은 색이 약간 돌기도 한다. 붉노랑상사화 역시 씨앗이 맺지 않으며 번식은 구근을 나누어 심는 분구법으로 한다. 상사화, 붉노랑상사화와 함께 제주상사화와 위도상사화도 거의 같은 시기에 싹이 돋으므로 봄맞이 새싹으로 좋다.

수선화 *Narcissus tazetta* var. *chinensis*

수선화과의 구근식물로 원산지는 중국이지만 우리나라에 도입된 지 무척 오래되었고 제주도 등지에서는 귀화식물이 되었다. 아직 겨울이 다 가시지 않은 이른 봄 뾰족뾰족 싹을 올리며 곧이어 꽃을 피워 봄을 전한다. 꽃의 키가 일정하게 피므로 집단 재식하면 마치 꽃으로 된 양탄자 같은 느낌이 든다. 볕바른 곳에서 재배하며 꽃은 피어도 종자가 맺지 않으므로 구근을 캐어 나누어 심는데 꽃이 진 직후에 떼어 심으면 된다.

얼레지 *Erythronium japonicum*

백합과의 구근식물로 전국의 산지 숲 속에서 자란다. 잎에 얼룩덜룩 무늬가 있으므로 얼레지라 불리는데 잎도 아름답고 꽃도 예쁘다. 아주 이른 봄에 싹이 트며 곧이어 6장의 꽃잎을 가진 아름다운 꽃이 핀다. 잎은 어릴 때는 1장이지만 충분히 자라면 대개 2장이 된다. 산에서 얼레지 꽃을 처음 보는 사람들이 그 모습에 반해 한 포기 캐어 가려고 시도하는 경우가 있는데 거의 성공하지 못한다. 구근이 너무 깊이 위치하여 십중팔구는 도중에 줄기가 끊어지고 캐기 힘들어 포기하고 마는 것이다. 얼레지를 기르려면 5월에 익는 종자를 채취하여 낙엽수 그늘지는 곳에 직파하는데 이듬해 봄에 싹이 트게 되며 꽃이 피려면 3년 정도는 길러야 한다.

천남성 *Arisaema amurense var. serratum*

천남성과의 구근식물로 산지 숲 속에 자생한다. 3월 하순경 싹이 돋으며 곧이어 꽃이 핀다. 꽃은 마치 코브라처럼 생겨 특이하며 섬뜩한 느낌마저 준다. 잎이 대형으로 나무 그늘에 심어두면 숲 속 느낌이 난다. 대개 여름이면 잎이 마르기 시작하며 가을에는 붉은 열매가 곤봉 모양으로 익어 매우 아름답다. 햇볕이 바로 쬐는 것을 싫어하므로 나무 그늘에 심으며 번식은 불어난 구근을 나누어 심어도 되고 종자를 심어도 된다. 천남성과 비슷한 식물로 큰천남성(238쪽), 무늬천남성, 점박이천남성 등도 매우 이른 봄에 싹이 돋으므로 봄맞이 새싹을 즐기기 위한 야생화로 좋다.

그 외 봄 마중 새싹 야생화

둥굴레 · 237쪽, 비비추 · 246쪽, 원추리 · 264쪽

봄 마중 야생화

겨울 끝자락에 꽃이 피는 야생화는 개화 시기만으로도 가치가 크다. 아직 늦추위가 만만치 않지만 피어나는 봄꽃을 보면 마음엔 먼저 봄이 찾아오게 된다. 봄맞이 꽃은 가급적 볕바른 양지 쪽에 심어야 개화 시기가 빨라진다.

복수초 *Adonis amurensis*

미나리아재비과에 속하는 다년초로 이른 봄 잔설이 채 다 녹기 전에 황색의 아름다운 꽃이 피어 봄맞이 야생화로 최고의 꽃이라 할 수 있다. 정원의 귀퉁이에 심은 복수초가 언 땅을 뚫고 올라와 노란색 꽃망울을 터뜨리는 모습을 관찰하는 것은 정원을 가꾸고 꽃을 기르는 사람에게는 가장 큰 희열 중 하나일 것이다. 볕바른 곳이나 그늘진 곳을 가리지 않고 잘 자라지만 반그늘진 곳이 재배 적지다. 번식은 포기나누기, 종자로 하는데 종자는 늦봄에 익는 대로 채취하여 바로 파종한다.

노루귀 *Hepatica asiatica*

미나리아재비과의 숙근 다년초로 키는 10cm 정도이다. 복수초와 비슷한 시기의 이른 봄에 깜찍하고 아름다운 꽃을 피워 봄맞이 야생화로 인기가 높다. 개체에 따라 꽃의 색은 분홍, 보라색, 흰색 등으로 핀다. 꽃은 아름답지만 전초에 독성이 있는 유독식물이므로 유의해야 한다. 산지의 낙엽수 그늘에서 자라는 음지식물로 정원의 나무 그늘에 심으면 잘 자란다. 번식은 종자, 포기나누기로 한다.

꿩의바람꽃 *Anemone raddeana*

미나리아재비과의 숙근 다년초로 높은 산의 숲

속에서 자란다. 키는 10~20cm 정도이며 3~4월에 연분홍에서 흰색의 꽃이 피며 유독식물이다. 꿩의바람꽃 역시 아주 이른 봄에 피어 봄맞이꽃으로서의 가치가 높다. 나무 그늘에 심으면 잘 자라지만 키가 작고 세력이 약하여 잡초가 무성해져 관리하기 어려운 것이 흠이다. 번식은 종자와 포기나누기로 한다.

민들레의 꽃받침은 뒤로 젖혀지지 않는다.

서양민들레의 꽃받침은 뒤로 젖혀지는 점에서 민들레와 구별된다.

민들레와 서양민들레 구별하기.

민들레 *Taraxacum platycarpum*

서양 민들레

흰 민들레

국화과의 숙근 다년초로 밭둑이나 논둑, 잔디밭 등 볕바른 곳에서 자라며 이른 봄에 노란색의 꽃이 핀다. 우리 토종 민들레는 자연환경이 잘 보존된 시골에서나 볼 수 있고 도시화된 곳이나 시골이라도 골프장, 잔디밭 등의 인공적 환경에서는 대개 서양민들레가 자란다. 민들레는 봄에만 꽃이 피지만 서양민들레는 봄부터 늦가을까지 지속적으로 꽃이 피고 씨앗을 맺어 번식이 왕성하므로 서양민들레가 침입하면 토종 민들레는 도태되는 경향을 보인다. 정원에 심는 야생화로는 민들레나 서양민들레나 거의 구별할 필요가 없으며 흰민들레도 이용할 수 있다. 흰민들레는 모두 우리 자생종이다. 민들레는 종류에 관계없이 볕바른 곳에 심으며 번식은 종자로 한다.

할미꽃 *Pulsatilla koreana*

미나리아재비과의 숙근 다년초로 산지 볕바른 풀밭에서 자라며 이른 봄에 마치 등이 굽은 할머니처럼 꽃대가 구부러진 채로 꽃이 핀다. 꽃

이 지고 씨앗이 익으면 긴 암술대가 하얗게 변하여 마치 노인의 흰 머리를 연상하게 하므로 백두옹이라고도 불린다. 뿌리는 독성이 있지만 한약재로 이용하기도 하는데 한방명은 백두옹이다. 할미꽃은 건조한 알칼리성 토양에서 잘 자라므로 심기 전에 소석회를 뿌려 두었다가 심거나 재거름을 뿌린 후 심으면 좋다. 번식은 종자로 하는데 늦봄에 씨앗이 익는 대로 채취하여 직파해야 하며 파종 후 흙을 덮기보다는 가볍게 갈퀴로 긁어 주는 정도가 좋으며 깊이 심으면 발아하지 않는다. 건조한 곳을 좋아하므로 두둑을 지어 물이 잘 빠지게 한 후 심는 것이 좋다.

동강할미꽃 *Pulsatilla tongkangensis*

강원도 영월의 동강 주변의 암석 지대에 자생하는 한국 특산식물로 다양한 꽃 색을 갖는 데다 꽃이 고개를 숙이지 않고 하늘을 향해 피어 특히 인기가 높다. 재배 방법은 할미꽃과 비슷하지만 할미꽃보다 더 강한 햇빛을 필요로 하며 그늘에서는 자라지 못한다. 번식은 할미꽃과 마찬가지로 종자로 하는데 직파한다.

크리스마스로즈 *Helleborus orientalis*

원래 이것의 정확한 이름은 렌텐 로즈(Lenten Rose)이다.

'*Helleborus niger*'를 크리스마스 로즈라 부르며 '*H. orientalis*'는 렌텐 로즈라 부르는 것이 일반적이나 구미에서도 렌텐 로즈를 크리스마스로즈라 부르기도 하며, 우리나라에선 거의 렌텐 로즈가 보급되어 있지만 크리스마스 로즈라 부르고 있다.

겨울에도 잎이 살아 있는 상록다년초라 겨울의 삭막함을 달래 주니 좋다. 원래 지중해 원산의 야생화지만 우리나라에서도 잘 적응하여 자란다. 다만 너무 추운 곳에서는 겨울에 잎이 심하게 얼며 동해를 입을 수 있다. 겨울이 따뜻한 지중해 지방에서는 크리스마스 무렵에 꽃이 피므로 크리스마스로즈란 이름이 붙었지만 우리나라 남부지방에서는 대개 2월부터 꽃이 피기 시작하여 3월과 4월에 절정기를 맞는다. 꽃은 일찍 피면서 개화 기간이 무척 길어 봄 내내 즐길 수 있다.

번식은 봄에 꽃이 진 후 분주를 하거나 여름에 익는 종자를 받아 직파하는데 실생묘가 꽃을 피우기까지는 4~5년을 길러야 한다. 볕바른 곳도 좋지만 나무 아래 성긴 그늘에서 재배해도 잘 자란다.

그 외 봄 마중 야생화

수선화 · 229쪽

봄에 피는 야생화

삼지구엽초 *Epimedium koreanum*

매자나무과에 속하는 숙근 다년초로 주로 중부지방의 산지 나무 그늘에 자생한다. 정원에서는 볕바른 곳이나 나무 그늘이나 가리지 않고 잘 자란다. 전초를 한약재로 이용하기도 하는데 한방명은 음양곽으로 건망증, 남성 성기능 강화 등에 특효가 있다고 한다. 새싹이 자라면 곧이어 특이하게 생긴 연황색의 꽃이 핀다. 번식은 종자도 되지만 땅속줄기가 많이 벋으므로 포기나누기가 편리하다.

앵초 *Primula sieboldii*

앵초과의 숙근 다년초로 산지의 개울가나 습한 곳에서 자라며 이른 봄에 분홍색의 작고 귀여운 꽃이 핀다. 볕바른 곳이나 성긴 나무 그늘에 심는데 포기가 작고 연약하여 잘 관리하지 않으면 잡초가 무성하여 사라지기 쉬운 야생화이다. 따라서 수시로 잡초를 제거해 줄 필요가 있다. 번식은 종자와 포기나누기로 한다.

금낭화 *Dicentra spectabilis*

양귀비과의 숙근 다년초로 산지 계곡 주변이나 산록에서 자라며 마치 비단 주머니를 연상시키는 아름다운 홍색 꽃이 많이 달린다. 꽃이 아름다우며 포기도 크게 자라 관리하기 편하므로 정원에 심기 아주 좋은 야생화이다. 메마른 곳보다는 습기가 많고 기름진 땅에서 잘 자라지만 적응성이 좋은 편이다. 번식은 종자와 포기나누기로 한다.

족도리풀 *Asarum sieboldii*

쥐방울덩굴과의 숙근 다년초로 마치 새색시가 쓰는 족두리 모양의 암자색 꽃이 핀다. 산지 숲속에 자라는 음지식물로 정원의 나무 그늘에 심으면 잘 자란다. 전초에 강한 독성을 가지는 독초이므로 어린이가 먹지 않도록 주의해야 한다. 번식은 종자와 포기나누기로 한다.

깽깽이풀 *Jeffersonia dubia*

매자나무과의 숙근 다년초로 산지 숲 속 그늘에서 자라는데 자생지에서도 개체수가 많지 않은 희귀한 식물이다. 보라색의 꽃이 신비로울 정도로 아름다우나 꽃의 수명이 무척 짧아 개화 기간은 채 며칠이 되지 않는다. 번식은 종자와 포기나누기로 하는데 종자는 그대로 두면 개미가 물어가므로 익는 대로 채취하여 직파해야 한다.

제비꽃 *Viola mandshurica*

제비꽃과의 숙근 다년초로 들이나 산지의 길가, 밭둑 등에서 흔히 자란다. 제비꽃 외에 남산제비꽃, 흰젖제비꽃, 노랑제비꽃 등 수많은 제비꽃 종류가 있으며 모두 재배하기 쉬운 편이다. 번식은 종자로 하며 크게 자란 포기를 캐어 포기나누기하여 심어도 된다.

붓꽃 *Iris sanguinea*

붓꽃과의 숙근 다년초로 산지 골짜기 주변이나 풀밭에서 자라며 5월에 보라색의 아름다운 꽃이 핀다. 꽃봉오리가 마치 붓과 흡사해서 붓꽃이라는 이름이 붙었다. 볕바른 곳에 심으면 잘 자라며 땅속줄기가 계속 번져 무리지어 자라 군락을 이루게 된다. 번식은 종자와 포기나누기로 한다.

은방울꽃 *Convallaria keiskei*

백합과의 숙근 다년초로 산지 숲 속이나 풀밭에서 자란다. 4~5월에 이름 그대로 하얀 방울 모양의 작은 꽃이 아래를 향해 피며 열매는 붉게 익는다. 봄에 뾰족뾰족 돋아나는 새싹도 사랑스럽다. 은방울꽃을 나물로 이용하기도 하지만 꽤 독성이 강하므로 식용으로는 삼가야 한다. 양지와 음지를 가리지 않고 잘 자라며 번식은 종자도 되지만 포기나누기가 편하다.

둥굴레 *Polygonatum odoratum* var. *pluriflorum*

백합과의 숙근 다년초로 산지 숲 속이나 풀밭에서 자란다. 어린순은 나물로 이용하며 또 희고 굵은 땅속줄기는 삶아 먹거나 쪄서 말린 후 볶아 둥굴레차를 끓여 먹기도 한다. 둥굴레 뿌리는 이전에 먹을 것이 귀하던 시절에는 배고픔을 달래 주는 구황식물로 요긴했으며 또 약재로도 이용한다. 방울처럼 달리는 꽃과 둥근 열매가 특이하며 이른 봄에 돋는 새싹도 탐스럽다. 양지와 음지를 가리지 않고 잘 자라며 산둥굴레, 용둥굴레, 퉁둥굴레 등 여러 종류의 동속식물을 함께 식용 및 관상용으로 이용할 수 있다. 번식은 종자도 되지만 땅속줄기를 캐어 나누어 심는 방법이 좋다.

애기나리 *Disporum smilacinum*

백합과의 숙근 다년초로 산지의 성긴 숲 속이나 풀밭에서 자란다. 키는 15~30cm 정도이고 땅속줄기로 계속 번지므로 대개 무리지어 자란다. 4월경 새싹이 돋은 후 곧이어 가냘픈 하얀 꽃들이 아래를 향해 피어난다. 양지 음지를 가리지 않지만 볕바른 곳에 심으면 잡초가 많이 발생하므로 관리하기 어려운 면이 있다. 번식은 종자로도 되지만 포기나누기가 편하다.

큰천남성 *Arisaema ringens*

천남성과의 숙근 다년초로 구근식물이다. 남부 지방의 산지 숲 속에 자생하는 음지식물로 정원의 나무 그늘에 심는다. 봄에 돋는 새싹, 꽃, 열매가 특이하여 인기 좋은 야생화지만 전초에 맹독을 가진 유독식물이므로 어린이가 함부로 만지거나 먹지 않도록 주의해야 한다. 큰천남성은 추위에 약하여 중부 지방의 추운 곳에서는 겨울에 짚이나 비닐을 덮어 두는 등의 방한 조치가 필요하다. 번식은 종자를 심거나 구근에서 생겨나는 작은 구근을 떼어 심는다. 큰천남성 외에 천남성, 점박이천남성, 둥근잎천남성, 두루미천남성 등도 인기 좋은 야생화로 재배법은 천남성과 비슷하여 그늘에서 재배하며 추위에는 더 잘 견딘다.

윤판나물 *Disporum uniflorum*

백합과의 숙근 다년초로 산지 낙엽수림에서 자란다. 통통하게 배가 부른 모습으로 돋아나는 새싹이 탐스러우며 곧이어 수줍게 아래를 향해 연황색 꽃이 핀다. 키는 30~50cm 정도이고 줄기는 바로 서지만 꽃이 달리는 윗부분은 구부러져 아래를 향한다. 땅속줄기로 번지므로 자생지에서는 대개 군락을 이루고 자란다. 볕바른 곳이나 반그늘에 심는데 적응력이 좋아 재배하기 쉬운 편이다. 번식은 종자 또는 포기나누기로 한다.

백작약 *Paeonia japonica*

미나리아재비과의 숙근 다년초로 산지 숲 속에 자생한다. 뿌리를 약재로 이용하는 데다 봄에 유백색의 크고 우아한 꽃이 피어 관상 가치가 매우 높아 자생지에서는 매우 보기 어려워진 야생화이다. 재배하는 작약과 아주 가까운 사이로 함께 재배하면 흔히 잡종 씨앗이 맺으므로 주변에 재배 작약이 있을 경우에는 붓으로 인공 수분 후 망사로 된 봉지를 꽃에 씌워 주어 곤충이 작약으로부터 수분을 매개하지 못하도록 관리할 필요가 있다. 낙엽수 그늘에 심으며 번식은 종자와 포기나누기로 하는데 종자는 직파한다.

초롱꽃 *Campanula punctata*

도라지과에 속하는 숙근 다년초로 산기슭 풀밭에 자생한다. 5~6월에 초롱 모양의 흰 꽃이 아래를 향해 피어 아름답다. 볕바른 곳에 심는 것이 좋으며 뿌리가 벋으면서 잘 번지므로 번식은 종자보다 포기나누기가 편하다. 연한 잎은 나물이나 국거리로도 이용 가능하다.

매발톱꽃 *Aquilegia buergeriana*

미나리아재비과에 속하는 숙근 다년초로 산지 풀밭이나 볕이 잘 드는 개울가에 자란다. 4~5월에 매의 발톱을 연상시키는 특이한 모양의 꽃이 핀다. 꽃밭에 심을 때는 볕바른 곳이 좋으며 다년초지만 3~5년 지나면 쇠약해지므로 때때로 종자를 뿌려 모종을 갱신하는 것이 좋다. 자생 매발톱꽃 외에 외국산의 매발톱꽃 종류도 많이 도입되어 있는데 재배법은 비슷하다.

금새우난초 *Calanthe striata*

제주도와 서남해안의 일부 섬의 낙엽수림에서 자생하는 난초과의 상록 다년초로 4~5월에 피는 꽃이 매우 아름답다. 자생지가 제한된 희귀식물이지만 재배하면 잘 자란다. 강한 일광을 견디지 못하므로 나무 그늘에 심거나 해가림을 해 주어야 한다. 추위에 약하지만 겨울에 낙엽으로 뿌리목을 덮어 주는 등 약간의 방한 조치를 하면 혹한지를 제외한 대부분의 중부 지방에서도 노지 월동이 가능하다. 꽃 색만 다르고 금새우난초와 흡사한 새우난초와 한라새우란 등도 재배법은 같으며 추위에 견디는 힘은 새우난초가 좀 더 강하다. 번식은 종자로는 어렵고 분얼하는 포기를 떼어 심는 포기나누기로 한다. 금새우난초 외 새우난초와 한라새우란 등도 성질이 비슷하며 꽃도 비슷한 시기에 핀다.

자란 *Bletilla striata*

난초과의 숙근 다년초로 남해안 섬 지방이 원산지이지만 자생지를 확인하기 어려운 희귀식물이다. 5월에 홍자색의 아름다운 꽃을 피워 인기가 매우 높은 야생화이다. 원래 난대성이므로 추운 곳에서는 겨울에 낙엽이나 짚 등으로 덮어 두어 심하게 얼지 않도록 해야 한다. 난초과 식물 중에서는 햇빛 요구도가 큰 편이므로 오전에 햇볕이 잘 들고 오후에는 나무 그늘이 지는 정도의 환경이 가장 좋다. 번식은 포기나누기로 한다.

그 외 봄에 피는 야생화

산마늘 · 259쪽

어수리 *Heracleum moellendorffii*

미나리과의 숙근 다년초로 산지 풀밭에 자생한다. 꽃대가 자라면 키가 1~1.5m에 달하며 6~7월에 우산 모양의 꽃차례에 흰 꽃이 무수히 많이 핀다. 어린잎은 나물이나 생채로 먹을 수 있어 산나물 겸용 야생화로 이용할 수 있다. 볕바른 곳이나 반그늘에서 재배하며 번식은 종자로 한다.

단풍취 *Ainsliaea acerifolia*

국화과의 숙근 다년초로 산지 풀밭에서 자생한다. 꽃의 관상 가치는 높지 않으나 봄에 돋아나는 새싹이 아름답다. 잎이 단풍잎을 닮아 단풍취라는 이름이 붙었으며 연한 순은 나물이나 국거리로 이용할 수 있다. 볕바른 곳에서 재배하며 번식은 종자로 한다.

백선 *Dictamnus dasycarpus*

운향과의 숙근 다년초로 산기슭 풀밭이나 성긴 낙엽수림에서 자란다. 키는 60~90cm 정도 자라고 꽃은 흰색에 붉은 줄무늬가 나 있으며 향기가 좋다. 꽃뿐 아니라 식물체 전체에서 강한 방향이 나는 향기식물이며, 뿌리는 백선 또는 봉삼이라 부르며 한약재로 이용한다. 볕바른 곳에 심으며 기름진 땅을 좋아하므로 재배지에는 적당히 퇴비를 주도록 한다. 번식은 종자로 한다.

말나리 *Lilium distichum*

백합과의 구근식물로 산지 풀밭이나 성긴 낙엽 수림에서 자생한다. 키는 40~60cm 정도 자라고 줄기의 중간에 5~10개 정도의 긴 타원형의 잎이 돌려난다. 꽃은 7월에 줄기 끝에 3~5송이 내외로 피는데 주황색으로 아름답다. 재배할 때는 너무 볕바른 곳보다는 오후 햇볕이 가려지는 반그늘 정도가 적합하다. 번식은 종자로 하거나 늦가을에 구근을 캐어 가장자리의 인편을 하나씩 떼어 심는 인편 번식으로 한다.

하늘말나리 *Lilium tsingtauense*

백합과의 구근성 다년초로 산지 숲 속에서 자란다. 7월에 주황색의 아름다운 꽃이 피는데 하늘을 향하므로 하늘말나리라 부른다. 생김새와 습성이 말나리와 흡사하지만 말나리보다는 좀 더 그늘이 지는 곳을 좋아하므로 활엽수 그늘 아래에 심으면 좋다. 번식은 종자로 하거나 인편 번식으로 한다.

털중나리 *Lilium amabile*

백합과의 구근성 다년초로 산지 풀밭에서 자란다. 키는 50~80cm 정도까지 자라며 6월에 주황색의 꽃이 피는데 잎과 줄기 등 포기에 털이 빽빽하므로 털중나리라 부른다. 말나리나 하늘말나리보다 햇볕을 더 좋아하는 편으로 볕바른 곳에 심는다. 번식은 종자로 하거나 늦가을에 인편을 떼어 심는다.

섬말나리 *Lilium hansonii*

백합과의 구근식물로 울릉도에 자생한다. 이름에 '섬'이란 접두어가 붙은 식물은 대부분 울릉도 산인데 울릉도는 육지와 멀리 떨어져 독자 진화한 결과 고유식물이 많이 자생하고 있다. 키는 40~90cm 정도이고 말나리와 흡사하지만 꽃 색이 황색이며 돌려나는 잎이 말나리는 한 층이지만 섬말나리는 2~3층인 점이 구별된다. 꽃은 6~7월에 피고 밝은 황색으로 꽃잎의 안쪽에 갈색 반점이 다수 있는데 매우 아름답다. 반그늘이나 볕바른 곳에 심으며 번식은 종자로 하거나 늦가을에 인편을 떼어 심는다.

참나리 *Lilium lancifolium*

백합과의 구근성 다년초로 낮은 산지나 들의 풀밭이나 해안 절벽 등에서 자라며 키는 1~2m에 달한다. 7~8월에 주황색의 큰 꽃이 피며 꽃에는 검은 점이 흩어져 있다. 심을 때는 볕바른 곳을 택한다. 참나리는 산지에 따라 종자를 맺지 않는 것도 있고 잘 맺는 것도 있다. 종자가 맺지 않는 것은 잎겨드랑이에 달리는 작은 구슬 모양의 주아(珠芽)를 심어 번식한다. 참나리의 주아는 열매처럼 보이지만 열매는 아니고 눈에 영양분이 축적되어 새로운 개체로 자랄 능력을 갖고 있어 꽃을 맺지 않는 어린 포기에도 흔히 발생한다.

솔나리 *Lilium cernuum*

백합과 구근식물로 주로 중부 지방의 높은 산 능선이나 풀밭에 자라며 남한계는 경남 가야산이다. 키는 40~70cm 정도이고 잎이 마치 솔잎처럼 좁고 길어 솔나리라 불린다. 꽃은 7~8월에 피는데 꽃잎이 뒤로 강하게 말리며 오묘한 보라색으로 우리나라 자생 나리 종류 중 가장 아름답고 매혹적이란 평가를 받는다. 재배할 때는 너무 볕바른 곳보다는 반그늘 정도가 좋으며 남부 지방보다는 중부 지방이 재배 적지로 여름이 더운 지방에선 적응하기 어렵다. 번식은 종자로 하거나 인편 번식으로 한다.

범부채 *Belamcanda chinensis*

붓꽃과의 숙근 다년초로 산지 볕바른 바위 틈새 등에 자생한다. 잎이 좌우로 펼쳐져 자라는 모습이 부채를 펼친 것과 비슷한 모양인 데다 꽃에 작은 반점이 많이 있어 범부채라 불린다. 꽃은 주황색으로 아름다우며 6~8월에 걸쳐 꽤 오랫동안 핀다. 검게 익는 열매 또한 아름답다. 키는 60~120cm 정도이며 큰 키를 주체하지 못해 포기가 흔히 옆으로 쓰러지므로 지주를 세워줄 필요가 있다. 번식은 종자로 하는데 직파하면 그해 가을에 발아하며 저장했다가 이듬해 봄에 파종해도 된다.

원추리 *Hemerocallis fulva*

백합과의 숙근 다년초로 산지 볕이 잘 드는 풀밭에서 자란다. 꽃은 6~8월에 황색으로 피며 여름철 산지에서 가장 눈길을 끄는 야생화 중 하나이다. 원추리 꽃에는 호랑나비, 제비나비 등이 많이 찾아 정원에 나비를 불러 모으는 꽃으로도 좋다. 어린순은 데쳐 국거리나 나물로 이용하기도 하는데 약간의 독성이 있으므로 데친 후 물에 우린 후 먹는 게 좋다. 번식은 가을에 검게 익는 종자를 파종해도 되고 불어난 포기를 캐어 나누어 심어도 된다.

패랭이꽃 *Dianthus chinensis* var. *chinensis*

패랭이과의 숙근 다년초로 볕바른 밭둑, 산기슭 등에서 자생한다. 6월경에 홍색 또는 흰색의 꽃이 피며 키는 15~25cm 정도이다. 건조에는 강하지만 그늘에서는 견디지 못하므로 볕이 잘 드는 장소에 심어야 한다. 번식은 종자로 하는데 9월경 직파하거나 저장했다가 이듬해 봄에 뿌린다. 직파하면 가을에 싹이 터서 어린 식물로 겨울을 넘기게 된다. 심은 지 몇 해 되어 큰 포기로 자라면 나누어 심어도 된다.

무릇 *Scilla scilloides*

백합과의 구근식물로 반음지의 습기가 잘 유지되는 들이나 밭둑 등에서 자란다. 8~9월에 걸쳐 짙은 분홍색 꽃이 피고 꽃이 필 때의 키는 20~30cm 정도인데 꽃대가 올라오기 전에는 가냘픈 잎만 몇 장 있다. 성긴 나무 그늘에 심으면 잘 자라며 번식은 종자를 심어도 되지만 구근이 잘 불어나므로 캐어서 새끼 구근을 떼어 심는 것이 빨리 자라고 편리하다.

고추나물 *Hypericum erectum*

물레나물과의 숙근 다년초로 산기슭의 볕이 잘 드는 풀밭이나 들에서 자란다. 키는 20~60cm 정도이며 7~8월에 황색의 꽃이 핀다. 어린순을 나물로 이용하며 뿌리를 제외한 전초를 소연요(小蓮翹)라 하여 한약재로 이용하는데 토혈, 코피, 월경불순, 타박상 등의 치료에 이용한다. 볕바른 곳을 좋아하며 번식은 종자 또는 포기나누기로 한다.

비비추 *Hosta longipes*

백합과의 숙근 다년초로 산지 풀밭이나 나무 그늘에서 자란다. 비비추 속에는 우리나라 자생종도 여럿 있으며 외국산 원예종도 호스타라는 이름으로 많은 품종이 도입되어 재배되고 있는데 재배 방법은 대개 비슷하다. 6~7월에 피는 보라색 꽃이 아름다우며 이른 봄에 돋아나는 새싹도 보기 좋다. 연한 순은 데쳐서 나물 및 국거리로 이용하는데 맛이 좋으며 장아찌를 만들어 먹어도 좋다. 그늘이나 볕바른 곳을 가리지 않고 잘 자라며 번식은 종자나 포기나누기로 한다.

금꿩의다리 *Thalictrum rochebrunianum* var. *grandisepalum*

미나리아재비과의 숙근 다년초로 중부 이북의 산지에 자생하지만 남부 지방이나 저지대에서도 잘 자란다. 키는 1~2m 정도이며 꽃은 7~8월에 피는데 보라색 꽃잎에 노란색 꽃술을 가져 아름답다. 재배할 때는 볕바른 곳에 심으며 종자로 번식한다. 꽃이 피는 포기가 있으면 주변에 종자에서 자연 발아하여 자라는 어린 모종을 흔히 볼 수 있다.

당귀(참당귀) *Angelica gigas*

미나리과의 숙근 다년초로 산지의 습기 있는 풀밭이나 계곡 부근에서 자란다. 뿌리를 당귀라 하여 한약재로 이용하므로 약초 농가에서 재배하기도 한다. 전초에서 달콤한 향기가 나는데 뿌리에서는 더 강하다. 키는 1~2m까지 자라며 꽃은 8~9월에 피는데 복산형화서에 짙은 자주색이다. 볕바른 곳에 심으며 번식은 가을에 익는 종자를 말려서 저장했다가 이듬해 봄에 뿌린다. 모종은 그해에는 꽃이 피지 않고 대개 2년생이 되어야 핀다.

섬바디 *Dystaenia takeshimana*

미나리과의 상록 다년초로 울릉도의 바닷가 풀밭에서 자란다. 겨울에도 로제트상의 녹색 잎이 살아 있어 삭막함을 달래 준다. 키는 120~150cm까지 자라며 7월에 복산형화서에 흰색의 꽃이 모여 핀다. 육지에서도 잘 자라며 목초 자원으로 심기도 한다. 볕바른 곳에 심으며 번식은 종자로 한다.

갯기름나물 *Peucedanum japonicum*

미나리과의 숙근 다년초로 바닷가 볕바른 곳에서 자란다. 키는 60~120cm로 자라며 6~8월에 흰색의 꽃이 산형화서로 핀다. 식물체에서 특유의 방향이 나며 연한 순은 쌈을 싸 먹기도 하는데 특히 생선회를 먹을 때 비린내를 없애 주므로 바닷가 주민들이 즐겨 먹는다. 갯가 사람들은 갯기름나물을 흔히 갯방풍이라 부르므로 진짜 갯방풍(Glehnioa littoralis)과 혼동되기도 한다. 볕바른 곳에 심으며 번식은 가을에 익는 종자를 채취하여 말려서 저장했다가 이듬해 봄에 파종하는데 발아가 아주 잘 되며 꽃은 2년 만에 핀다.

뻐꾹나리 *Tricyrtis macropoda*

백합과의 숙근 다년초로 중부 이남의 숲 속 또는 풀밭에서 자란다. 자생지가 흔하지 않은 희귀식물이지만 재배하면 잘 자라며 적응력도 좋은 편이다. 키는 50~70cm 정도로 꽃은 7~8월에 피는데 흰색에 분홍색 반점이 있으며 전체 모양은 꼴뚜기를 닮았다. 어린순은 데쳐 나물로 이용할 수도 있다. 볕바른 곳이나 반그늘 정도에서 재배하며 번식은 종자로 하거나 포기나누기로 한다.

벌개미취 *Aster koraiensis*

국화과의 숙근 다년초로 볕바른 산지 풀밭이나

들에서 자란다. 키는 50~70cm 정도이며 7~8월에 연분홍 내지 연보라색의 꽃이 핀다. 볕이 잘 드는 곳에 심으며 땅속줄기로 잘 번지므로 몇 포기 심어 두면 몇 년 후에는 군락을 이루게 된다. 번식은 포기나누기나 종자로 하는데 종자는 가을에 익는 대로 채취하여 저장해 두었다가 이듬해 봄에 뿌리면 된다.

금불초 *Inula britannica* var. *japonica*

국화과의 숙근 다년초로 산지 풀밭이나 들에서 자란다. 키는 30~60cm 정도 자라며 7~8월에 황색의 꽃이 핀다. 심는 곳은 볕이 잘 들면서 기름진 땅이 좋으며 땅속줄기로 번지므로 몇 해 지나면 군락을 이루게 된다. 번식은 가을에 익는 종자를 말린 후 저장했다가 이듬해 봄에 심거나 포기나누기로 한다.

제주상사화 *Lycoris chejuensis*

수선화과의 구근식물로 제주도에 자생한다. 상사화 및 붉노랑상사화와 마찬가지로 2월 말이나 3월 초부터 새싹이 돋고 잎은 6월쯤이면 모두 말라 죽으며 7~8월에 구근으로부터 꽃대가 올라와 아름다운 오렌지색 꽃을 피운다. 제주상사화도 꽃은 피어도 씨앗을 맺지 못하며 따라서 번식은 분구법으로 한다. 분구(알뿌리나누기)는 봄에 해도 되지만 꽃이 진 직후인 9월에 하면 이듬해 꽃을 보는 데 유리하다.

위도상사화 *Lycoris uydoensis*

수선화과의 구근식물로 전북 위도의 바닷가에

서 자생한다. 잎이 피는 시기와 꽃이 피는 시기, 그리고 잎의 모양 등은 상사화와 흡사하다. 위도상사화 역시 잎은 6월경이면 말라 버리고 7~8월이 되어 구근에 저장된 양분으로 꽃을 피우게 된다. 꽃은 필 때는 연한 황색이지만 피고 나면 흰색이 된다. 위도상사화 역시 씨앗이 맺지 않으며 번식은 구근을 나누어 심는 분구법으로 한다. 그 외 진노랑상사화, 상사화, 붉노랑상사화 등도 모두 여름에 아름다운 꽃을 피우며 재배법은 제주상사화 및 위도상사화와 비슷하다.

도라지 *Platycodon grandiflorum*

초롱꽃과의 숙근 다년초로 산지 풀밭에서 자라는 야생식물이지만 약용 및 식용으로도 수요가 많으므로 흔히 밭에서 재배한다. 도라지의 뿌리는 한방에서 길경(桔梗)이라 부르며 천식, 감기, 인후통 등에 사용하며 가정에서는 생채나 나물로 이용한다. 볕바른 곳에서 재배하며 집단으로 심어 두면 꽃도 보고 또 가을에는 캐어서 뿌리를 나물로 이용할 수 있어 실용적 가치가 큰 야생화라 할 수 있다. 번식은 종자로 하는데 가을에 꼬투리를 채취하여 말려 저장했다가 이듬해 봄에 파종한다. 씨앗이 작으므로 얕게 파종해야 하며 깊게 심으면 발아가 불량하다.

더덕 *Codonopsis lanceolata*

초롱꽃과의 숙근 다년초로 산지 숲 속에서 자란다. 덩굴로 주위의 나무를 타고 오르는데 살짝 스치기만 해도 전초에서 강한 방향이 난다. 초롱 모양의 꽃이 7~9월에 아래를 향해 피는데 겉은 녹백색이고 속은 자주색이다. 뿌리를 약재 및 건강식품으로 이용하기도 하므로 꽃도 보고 뿌리도 이용할 수 있는 야생화이다. 정원에서 기를 때는 너무 볕바른 곳보다는 낙엽수 그늘이 좋으며 타고 오를 아치를 세워 주거나 아니면 주변의 나무를 타고 오르게 한다. 종자로 번식하는데 가을에 꼬투리가 연한 갈색으로 변할 무렵에 꼬투리를 딴다. 채취한 꼬투리를 그늘에서 며칠 말리면 꼬투리가 열리고 종자가 떨어지므로 모아 두었다가 이듬해 봄에 파종한다. 꽃을 감상하기 위해 정원의 나무 그늘에서 몇 포기 재배할 때는 내버려 두어도 큰 포기 주변에 종자가 떨어져 작은 모종이 수없이 발아하게 된다.

✽ 가을에 피는 야생화

백양꽃 *Lycoris sanguinea* var. *koreana*

수선화과의 구근식물로 전북 백양산과 거제 노자산 등지에 자생한다. 이른 봄에 싹이 돋고 6월경이면 잎은 말라 버리며 8월 말부터 9월 초에 꽃이 핀다. 꽃은 주황색이고 꽃대 길이는 30~40cm 정도로 우리나라에 자생하는 상사화 종류 중에서 꽃도 작고 포기도 작은 편에 속한다. 다른 자생 상사화 종류에 비해 햇빛이 더 많이 필요하므로 볕바른 곳에 심는 것이 좋다. 백양꽃은 종자가 맺으므로 종자를 심어도 되고 꽃이 진 직후 구근을 캐어 불어난 구근을 나누어 심어도 된다.

배초향 *Agastache rugosa*

꿀풀과의 숙근 다년초로 산기슭과 들의 풀밭에서 자라며 남부 지방에서는 향신료 겸 채소로 이용하기 위해 밭에서 흔히 재배한다. 식물체에서 강한 방향이 나며 지역에 따라서는 '방아', '방아잎' 등의 방언으로 불리며 부침개, 나물거리, 된장국의 재료로 이용하기도 한다. 또 매운탕, 추어탕, 보신탕 등을 끓일 때 비린내나 누린내를 없애기 위해 향신료로 널리 사용한다. 꽃은 8~10월에 보라색으로 피는데 꿀이 많아 많은 종류의 벌과 나비가 찾으므로 나비 같은 곤충을 불러 모으는 꽃으로도 좋다. 볕바른 곳에서 재배하며 번식은 늦가을에 잎이 마른 후 종자를 채취하여 직파하거나 저장했다가 이듬해 봄에 파종하며 크게 자란 포기를 봄에 나누어 심어도 된다.

큰꿩의비름 *Hylotelephium spectabile*

돌나물과의 숙근 다년초로 산지의 볕바른 곳에서 자란다. 통통한 다육질의 잎을 가지며 키는 30~50cm 정도로 자란다. 꽃은 9월에 피는데 홍색의 작은 꽃이 모여 피어 아름답다. 볕바르고 약간 건조한 곳에 심으며 번식은 종자도 되지만 포기나누기와 꺾꽂이가 편하다. 포기나누기는 봄에 싹이 돋기 시작할 무렵에 하며 꺾꽂이는 5월에 줄기를 잘라 심으면 된다.

둥근잎꿩의비름 *Hylotelephium ussuriense*

돌나물과의 숙근 다년초로 경북 주왕산 일대의 바위틈에서 자생하는 희귀식물이지만 재배하면 잘 자란다. 키는 10~25cm 정도이며 9~10월에 자홍색의 꽃이 모여 피어 아름답다. 볕바르고 물빠짐이 잘 되어 약간 건조한 환경에 심으며 번식은 종자, 포기나누기, 줄기를 잘라 심는 꺾꽂이로 한다.

산부추 *Allium thunbergii*

백합과의 다년생 구근식물로 산지 풀밭에서 자란다. 뿌리는 작은 파뿌리를 닮았으며 연한 잎과 뿌리는 식용이 가능하다. 꽃은 8~9월에 피는데 자홍색이고 공 모양의 꽃차례에 모여 핀다. 볕바른 곳에 심으며 번식은 가을에 익는 종자를 채취하여 심어도 되고, 봄에 구근을 파내어 나누어 심어도 된다.

두메부추 *Allium senescens*

백합과의 다년생 구근식물로 중부 지방 이북의 산지 풀밭에서 자생한다. 꽃은 8~9월에 피는데 꽃 색은 연한 보라색이다. 두메부추 역시 식용이 가능한 야생화이며 볕바른 곳에 심고 번식은 산부추와 마찬가지로 종자와 포기나누기로 한다.

층꽃나무 *Caryopteris incana*

마편초과의 반목본식물로 산지 풀밭이나 바위틈에서 자생한다. 키는 25~50cm 정도로 자라며 9~10월에 보라색의 꽃이 핀다. 볕바른 곳에서 재배하며 번식은 종자, 포기나누기로 하며 5월경 새로 자라는 줄기를 잘라 꺾꽂이해도 뿌리가 내린다.

용담 *Gentiana scabra*

용담과의 숙근 다년초로 산지 풀밭에서 자란다. 키는 20~40cm 정도이며 가을에 나팔 모양의 보라색 꽃이 하늘을 향해 핀다. 볕바른 곳을 좋아하며 한두 포기만 심으면 허전하므로 여러 포기를 모아 심어야 보기가 좋은 야생화이다. 번식은 종자나 포기나누기로 하며 5~6월경에 줄기를 잘라 심는 꺾꽂이도 가능하다.

해국 *Aster spathulifolius*

국화과의 반목본식물로 바닷가에서 자라므로

해국이라 불린다. 키는 30~60cm 정도이고 직립하기보다는 옆으로 비스듬하게 누워 자란다. 꽃은 연보라색으로 9~11월에 피는데 그해에 자란 줄기에서는 꽃이 피지 않고 지난해에 자란 줄기에서만 핀다. 햇빛이 잘 드는 곳에 심으며 번식은 종자도 되지만 포기나누기가 쉬우며 여름철에 줄기를 잘라 꽂는 꺾꽂이도 잘 된다.

구절초 *Chrysanthemum zawadskii*

국화과의 숙근 다년초로 산기슭의 풀밭이나 낙엽수 그늘 등에서 자란다. 키는 30~60cm 정도 자라고 전초에서 들국화 특유의 향기가 나며 9~10월에 흰색, 연보라색, 또는 연분홍색의 꽃이 핀다. 장소를 가리지 않고 잘 자라지만 너무 그늘진 곳에서는 줄기가 쓰러지기 쉽다. 번식은 종자, 포기나누기, 꺾꽂이로 한다.

꽃향유 *Elsholtzia splendens*

산기슭이나 들에서 자라는 꿀풀과의 한해살이풀로 키는 20~40cm 정도까지 자란다. 짙은 보라색의 꽃은 향기가 좋으며 모아 심으면 매우 아름답다. 양지나 반음지에서 잘 자라며 메마른 곳보다는 적당히 습기가 유지되는 곳이 좋다. 번식은 늦가을에 종자를 채취해 두었다가 이듬해 봄에 뿌린다.

참취 *Aster scaber*

국화과의 숙근 다년초로 산지에서 자란다. 봄에 어린순을 나물이나 국거리로 이용하는데 향취가 있고 맛이 좋아 인기가 높은 산나물이다. 봄에는 로제트상으로 자라지만 여름부터는 꽃대가 길게 자라 흰색 꽃이 모여 피는데 아름답다. 꽃이 필 때의 높이는 70~150cm에 달한다. 볕바른 곳에서 잘 자라며 번식은 가을에 종자를 채취하여 저장했다가 이듬해 봄에 뿌리는데 발아가 잘 된다. 봄에 포기를 캐어 나누어 심는 포기나누기도 된다. 산나물로 인기가 좋으므로 가정 정원에서는 산나물 겸 가을에 피는 야생화로 심으면 좋다.

마타리 *Patrinia scabiosaefolia*

마타리과에 속하는 숙근 다년초로 산지 풀밭에서 자란다. 볕바른 곳을 좋아하므로 대체로 산불이 난 후 삼림이 파괴된 지역에서 흔히 볼 수 있다. 꽃이 필 때의 키는 70~170cm 정도이다. 번식은 가을에 종자를 채취하였다가 이듬해 봄에 뿌리며 포기를 나누어 심어도 된다. 그늘진 곳에서는 성장이 불량하므로 볕바른 곳에 심는다.

바위솔 *Orostachys japonica*

돌나물과의 2년초로 기와지붕이나 산지의 메마르고 건조한 곳에서 자란다. 바위솔을 와송이라고도 부르는데 기와지붕에서 자라기 때문에 붙은 이름이다. 첫해에는 영양 생장을 하고 이듬해에는 꽃을 피워 열매를 생산하고는 말라 죽게 된다. 성장이 느려 이듬해 개화하지 못한 개체는 죽지 않는다. 기와지붕에서 자라는 데서 알 수 있겠지만 아주 강한 햇볕과 건조한 환경을 좋아한다. 번식은 종자로 하는데 11월경 종자가 익을 무렵에 채취하여 말려 봉투 속에 저장해 두었다가 이듬해 4월에 뿌린다. 어미 포기 곁에서 자라나는 어린 포기를 떼어 심어도 된다.

감국 *Dendranthema indicum*

국화과의 숙근 다년초로 볕바른 산기슭이나 들, 길가 등에서 자란다. 높이는 50~70cm 정도로 자라며 9~11월에 황색의 꽃이 수없이 많이 핀다. 재배는 볕바른 곳에서 하며 번식은 종자, 포기나누기, 꺾꽂이로 한다.

그 외 가을에 피는 야생화

꽃무릇(석산) · 258쪽, 털머위 · 259쪽

상록 야생화

상록 야생화는 사시사철 잎이 살아 있어 겨울 정원의 황량함과 쓸쓸함을 달래 줄 수 있다. 종류에 따라 낙엽수 그늘 아래 등에 심어 두면 별도로 공간을 차지하지 않으면서도 겨울철의 삭막함을 완화해 주는 훌륭한 조경 소재가 될 수 있는 것이 상록 야생화다.

섬백리향 *Thymus quinquecostatus* var. *japonica*

꿀풀과의 상록관목이지만 사람들은 키 작은 풀로 오인하기 쉬우며 조경에서도 나무로서보다는 초본으로서 주로 이용된다. 볕바른 곳에서 잘 자라므로 정원의 잔디밭 주변이나 정원석 부근에 붙여 심으면 좋으며 여름에 피는 꽃은 아주 작지만 다양한 나비가 모여 들기도 한다. 번식은 꺾꽂이와 포기나누기가 잘 된다.

맥문동 *Liriope platyphylla*

백합과의 상록 다년초로 산지나 들의 풀밭이나 산의 숲 속에서 자란다. 관상용뿐 아니라 약용으로도 수요가 많아 흔히 재배하기도 한다. 뿌리는 수염뿌리에 혹 같은 알뿌리가 생기는데 이를 채취하여 말린 것을 맥문동이라 부르며 한약재와 건강 음료용으로 이용한다. 꽃은 7~8월에 보라색으로 피며 열매는 가을에 검은색으로 익는다. 볕바른 곳이나 나무 그늘이나 가리지 않고 잘 자라며 땅속줄기로 계속 번지므로 해를 거듭하면 큰 포기를 이루게 된다. 번식은 종자나 포기나누기로 한다.

석위 *Pyrrosia lingua*

고란초과의 상록 다년초로 제주도와 남부 지방의 바위나 습도가 높은 숲 속의 나무에 붙어 자란다. 남부 지방에서 정원의 나무 그늘에 지피식물로 심으면 좋으며 추운 지방에서는 아름다운 잎을 즐기기 위해 분에 심어 감상하기도 하고 실내 조경의 재료로도 많이 이용한다. 음지식물로 화분에 심을 때는 그늘에서 관리하며 번식은 포기나누기로 한다.

수호초 *Pachysandra terminalis*

회양목과의 상록 다년초로 일본 원산이다. 상록이면서 적응력이 강해 나무 아래 등에 지피식물

로 많이 심는데 추위에도 강하여 우리나라 대부분의 지역에서 노지 월동이 가능하다. 꽃은 4~5월에 흰색으로 핀다. 땅속줄기가 옆으로 뻗으면서 계속 번지며 군락을 이룬다. 볕바른 곳이나 그늘진 곳을 가리지 않고 잘 자란다. 번식은 포기나누기가 편하며 종자와 꺾꽂이도 가능하다.

새우난초(새우란) *Calanthe discolor*

난초과의 상록 다년초로 제주도 및 서남해안 여러 섬의 활엽수림에서 자생한다. 4~5월에 피는 꽃은 매우 아름다워 인기가 높고 애호가도 많은 편이다. 음지식물이므로 재배할 때는 정원수 그늘 아래에 심되 물이 잘 빠지도록 마사나 모래를 충분히 섞은 후 심으면 좋다. 추위에 약한 편이므로 남부 지방이 적지이며 중부 지방에서는 겨울에 짚이나 비닐 등으로 방한 조치를 해 주어야 한다. 종자가 맺긴 하지만 발아시키기 어려우므로 번식은 포기나누기로 하는데 봄에 꽃이 진 후 포기를 캐어 2~3촉 단위로 나누어 심으면 된다. 새우난초 외 금새우난초와 한라새우란 등도 모두 상록성 야생화로 성질이 비슷하며 재배법도 동일하다.

꽃무릇 *Lycoris radiata*

수선화과의 구근식물로 꽃무릇 역시 상사화속의 한 종류이다. 꽃은 9월에 붉게 피는데 상사화 종류 중에서 꽃이 화려하기로 손꼽힌다. 전남 영광의 고찰인 불갑사, 용천사 등은 이 꽃무릇 군락으로 유명하며 꽃이 필 때는 관광객들로 넘쳐난다. 꽃이 지면 곧이어 잎이 자라나서 가을부터 겨우내 푸름을 유지하며 이듬해 5~6월경이면 마르게 된다. 꽃무릇은 봄에 싹이 돋아 여름이면 마르는 상사화나 붉노랑상사화 등과 달리 이처럼 가을에 싹이 돋아 오래도록 지속하므로 성장 기간이 길어 구근도 빨리 자라고 또 구근 번식 속도도 빠르다. 그러나 추위에 약하여 혹한지에서는 노지 재배가 어렵고 남부 지방에 심을 수 있다. 볕바른 곳이나 반그늘에 심으며 종자가 맺지 않아 번식은 불어나는 새끼 구근을 떼어 심는 분구(알뿌리나누기)를 하는데 그 시기는 꽃이 진 직후인 가을에 한다.

털머위 *Farfugium japonicum*

서남해안 지방이나 섬 지방의 바닷가에서 자라는 국화과의 상록 다년초로 추위에 견디지 못하므로 중부 지방에서는 식재가 어렵다. 꽃은 가을에 황금색으로 피어 아름다우며 대형으로 광택이 있는 상록의 잎도 관상 가치가 높다. 볕바른 곳이나 반그늘에서 잘 자라며 겨울이 추운 곳에서는 겨울 동안 잎이 마를 수도 있다. 번식은 가을에 종자를 채취하여 이듬해 봄에 심으며 포기나누기도 된다.

산나물로 이용할 수 있는 야생화

정원의 나무 그늘 등에 심어 두고 어린순은 나물이나 국거리로 이용하며 아름다운 꽃도 볼 수 있는 실용적인 야생화를 알아보자. 이런 용도로 이용하려면 단순히 식용이 가능한 종류보다는 번식이 잘 되어 내버려 두어도 계속 불어나는 것일수록 좋다. 거기에다가 정원에 들어올 자격이 있으려면 정원에 심을 정도의 관상 가치는 가지고 있어야 할 것이다.

산마늘 *Allium microdictyon*

이른 봄에 새싹이 돋는 봄맞이 새싹 야생화이면서 꽃도 좋다. 잎을 따서 쌈을 싸 먹거나 간장과 식초를 혼합하여 장아찌를 담가 먹는데 맛이 아주 좋은 최고급 산나물로 친다. 냉량한 기후에서 잘 자라며, 그늘진 곳을 좋아하여 큰 나무 아래에 심어 두면 별도로 공간이 필요 없다.

참취 *Aster scaber*

아주 맛있는 산나물의 하나로 산나물의 대명사로 알려져 있다. 가을에 피는 흰 꽃은 관상 가치가 높다. 봄에 어린순을 채취하여 나물이나 국거리, 묵나물로 널리 먹는다. 번식은 종자로 하는데 발아율이 높은 편이다.

더덕 *Codonopsis lanceolata*

도라지과의 식물로 특이한 종 모양의 꽃을 피운다. 뿌리를 약용과 식용으로 사용하며 고추장을 발라 구운 더덕구이는 맛이 일품이다. 볕바른 곳이나 반 그늘진 곳에서 잘 자란다. 종자를 받아 직파하는 것이 발아가 잘 된다.

둥굴레 *Polygonatum odoratum* var. *pluriflorum*

굵은 뿌리를 약용 및 식용으로 쓰며 새순은 데쳐 나물과 국거리로 쓴다. 반그늘에서 잘 자라지만 나무 밑에 심어도 별 문제가 없으며 볕바른 곳에 심으면 더욱 건강하다. 둥굴레 외에 용둘굴레, 퉁둥굴레, 각시둥굴레 등을 모두 같이 이용할 수 있다. 해마다 땅속줄기가 번지므로 이를 파내어 나누어 심어도 되고 가을에 열매를 따서 씨를 발라내어 심어도 된다. 씨앗은 말려서 저장하면 발아가 되지 않으므로 직파하거나 모래에 묻어 두었다가 봄에 파종한다.

비비추 *Hosta longipes*

봄에 일찍 돋는 새싹도 예쁘고 초여름에 피는 꽃이 좋아 꽃밭에 많이 심는다. 연한 잎을 캐어 나물이나 국거리로 이용하는데 식감과 맛이 아주 좋다. 약간의 쓴맛이 있으므로 데쳐서 물에 살짝 우린 후 이용한다. 데쳐서 말려 두었다가 묵나물로도 이용하며 장아찌를 만들어 먹어도 좋다. 양지나 음지를 가리지 않고 잘 자라며 분얼 능력이 강하다. 번식은 종자나 포기나누기로 한다.

곰취 *Ligularia fischeri*

깊은 산에서 자라는데 잎이 아주 커서 곰취라고 부른다. 큰 잎과 여름에 피는 노란색 꽃이 좋아 꽃밭에 심는다. 어린잎을 데쳐서 쌈을 싸 먹거나 나물로 이용하는데 맛이 좋은 고급 산나물로 친다. 여름이 더운 곳보다는 시원한 중부 지방의 기후에 맞는 식물이며 번식은 종자나 포기나누기로 한다.

고비 *Osmunda japonica*

고사리과 식물 중 관상 가치가 높은 식물 중 하나이다. 봄에 어린순을 따서 데쳐서 말린 후 주로 묵나물로 사용한다. 국거리로도 좋고 나물로도 쓴다. 그늘지고 약간 습한 곳을 좋아한다. 번식은 포자로 하거나 포기나누기로 한다.

산부추 *Allium thunbergii*

늦여름부터 가을에 걸쳐서 빨갛게 피는 꽃이 아름다운 야생화로 봄에 돋아나는 어린순을 생채나 국거리 등으로 쓴다. 볕바른 곳을 좋아하며, 번식은 포기나누기나 씨앗으로 하는데 발아가 잘 된다.

배초향 *Agastache rugosa*

흔히 방아라고 부르며 남부 지방에서는 식탁에서 없어서는 안 될 중요한 향신료 겸 채소이다. 여름부터 가을까지 피는 꽃은 관상 가치가 높으며 잎과 어린순을 따서 나물이나 국거리로 쓰며 보신탕, 추어탕, 매운탕 등의 누린내와 비린내를 없애는데 배초향의 잎을 이용한다. 또한 부침개의 향미를 높이기 위해서도 많이 이용한다.

땅두릅(독활) *Aralia continentalis*

봄에 미각을 돋우는 맛있는 산나물이다. 이른 봄에 돋는 연한 순을 데쳐 초고추장에 무쳐 먹는데, 맛과 식감이 아주 좋다. 여름에 피는 흰 꽃과 검은 열매가 아름답다. 보수력이 좋은 땅을 좋아하며 번식은 종자로 한다.

돈나물(돌나물) *Sedum sarmentosum*

여름에 노란 꽃을 피우며 생활력이 강하여 볕바른 곳이면 아무 곳에서나 잘 자란다. 어린순을

따서 생채나 물김치로 먹는다. 번식은 꺾꽂이로 하는데, 줄기를 토막 내서 심어 두면 쉽게 뿌리 내리며 잘 자란다.

민들레 *Taraxacum platycarpum*

민들레와 흰민들레, 서양민들레 모두 식용할 수 있다. 전초를 캐서 양념장에 버무려 먹거나 쌈을 싸 먹는다. 약간의 쓴맛이 있어 입맛을 돋운다. 데쳐서 나물로 먹어도 좋다. 번식은 종자로 하는데 뿌리를 토막 내어 심어도 된다.

어수리 *Heracleum moellendorffii*

어린순을 쌈이나 나물로 이용한다. 여름에 피는 흰 꽃이 인상적이다. 볕이 바른 곳에 심어야 한다. 꽃이 피고 열매가 맺으면 모주는 죽으므로 매년 종자를 뿌려 갱신해야 하는 점이 야생화로 불편한 점이다.

바디나물 *Angelica decursiva*

어린순을 생채나 쌈 또는 나물로 먹는다. 약간 습한 곳에서 잘 자란다. 번식은 포기나누기나 종자로 한다.

참당귀 *Angelica gigas*

어린순을 쌈이나 나물로 먹는데 향미가 좋다. 뿌리는 약용으로 쓰는데 부인병에 효과가 좋다

고 한다. 2년생 숙근초로 꽃이 피고 열매를 맺고 나면 포기가 죽으므로 종자로 매년 갱신해야 한다.

갯기름나물 *Peucedanum japonicum*

바닷가에 자라는 미나리과의 상록 다년초로 잎은 깊게 세 개로 갈라지고 갈라진 조각은 다시 세 개로 얕게 갈라진다. 잎 뒷면은 흰 가루가 덮고 있다. 꽃은 가지 끝마다 작은 꽃이 하얗게 우산 모양으로 뭉쳐 핀다. 약용과 식용으로 재배하기도 하며 어린순을 생채 또는 나물로 먹는다. 식감이 좋고 향긋한 맛을 가지고 있으나 약간의 독성이 있으므로 한 번에 너무 많이 먹지 말아야 한다. 바닷가 사람들은 비린내를 없앤다고 하여 생선회와 함께 쌈을 싸 먹거나 매운탕에 썰어 넣기도 한다. 나물로 먹을 때는 데친 다음 물에 담가서 우려낸 뒤에 조리해야 한다. 볕 바른 곳에 심으며 번식은 종자로 한다.

애기나리 *Disporum smilacinum*

이른 봄에 앙증맞은 작은 꽃이 달린다. 어린순을 나물이나 국거리로 쓴다. 양지나 음지를 가리지 않고 잘 자라며 번식은 포기나누기와 씨앗으로 한다.

원추리 *Hemerocallis fulva*

여름에 노란 꽃이 아름답게 피며 꽃에는 호랑나비와 제비나비가 많이 찾는다. 봄에 어린순을 나물과 국거리로 쓴다. 맛이 좋은 산나물이지만 약간의 독성이 있으므로 데친 후 물에 우린 뒤 조리해야 한다. 알뿌리는 비뇨기 결석에 특효가 있다고 한다. 포기나누기와 씨앗으로 번식하는

데 원예종 중에는 결실하지 않는 것도 있다.

머위 *Petasites japonicus*

봄에 싹이 일찍 돋으며 특이한 꽃이 핀다. 연한 잎을 채취하여 나물이나 국거리, 쌈으로 먹는다. 쓴맛이 강하므로 데쳐서 물에 우린 뒤 먹는다. 머위의 줄기는 데쳐서 말려 두었다가 장어국이나 추어탕을 끓이는 데 쓰기도 한다.

도라지 *Platycodon grandiflorum*

도라지는 초가을에 특이한 모양의 꽃을 피우는 야생화인데 우리에게는 나물거리와 약초로 매우 친숙하다. 한방에서는 도라지 뿌리를 길경이라 하는데 기침을 멎게 하고 가래를 없애는 데 효과가 큰 약재이다. 도라지는 숙근초이지만 3~4년 이상 지나면 대개 병이 들어 죽으므로 종자로 계속 갱신해야 한다. 햇볕이 잘 쬐는 곳에 심는다.

섬쑥부쟁이(부지깽이) *Aster pseudoglehni*

국화과의 숙근 다년초로 울릉도 원산이지만 전국 각지에서 재배한다. 꽃은 8~10월에 가지 끝에 모여 피고 흰색이며 지름 1.5cm 정도이다. 어린순을 나물로 이용하므로 밭에서 흔히 재배한다. 성장이 빨라 1년에 여러 차례 순을 수확할 수 있으며 묵나물로 이용해도 좋다. 섬쑥부쟁이 외의 쑥부쟁이 종류도 모두 식용으로 이용하는데 맛은 비슷하다. 볕바른 곳에서 재배하며 번식은 종자로 하며 포기나누기도 잘 된다.

쑥부쟁이 *Aster yomena*

들이나 산기슭에서 자라는 국화과의 다년초로 키는 30~ 70cm이며 근경이 옆으로 자라면서 잘 번진다. 꽃은 7~10월에 줄기 끝마다 피는데 직경이 2.5cm에 꽃잎은 연한 자주색이고 중앙부는 황색으로 아름답다. 꽃이 작지만 많은 꽃들이 무리지어 피어 매우 아름답다. 볕바른 곳에서 기르며 어린순을 나물로 이용하며 데쳐 말려 두었다가 묵나물로 이용하기도 한다.

벌개미취 *Aster koraiensis*

다소 습한 들이나 산기슭에서 자라는 국화과의 다년초로 키는 50~60cm이며 땅속줄기로 잘 번진다. 꽃은 6~10월에 피는데 직경이 4~5cm에 연한 자주색으로 아름답다. 볕바른 곳에서 재배하며 번식은 종자로 하거나 포기나누기로 한다. 어린순을 나물로 이용하며 데쳐 말려 두었다가 묵나물로 이용해도 맛이 좋다.

뻐꾹나리 *Tricyrtis macropoda*

백합과의 숙근 다년초로 주로 중부 이남의 풀밭에서 자란다. 땅속줄기로 잘 번지므로 몇 포기 심어 두면 곧 무리지어 자라게 된다. 키는 50~70cm 정도로 꽃은 7~8월에 하얀색에 분홍색 반점이 있으며 전체 모양은 꼴뚜기를 닮았다. 어린 순을 데쳐 나물을 해 먹거나 국거리로 이용한다. 볕바른 곳이나 반그늘 정도에서 재배하며 번식은 종자로 하거나 포기나누기로 한다.

옥잠화 *Hosta plantaginea*

중국 원산으로 가정에서 많이 재배하는 야생화로 여름에 피는 흰 꽃은 아름답고 향기도 매우 좋다. 포기에서 지속적으로 불어나는데 연한 순을 잘라 데쳐서 국거리나 나물로 이용하는데 맛이 아주 좋고 식감도 좋다. 볕바른 곳이나 반그늘에서 잘 자라는데 번식은 종자, 포기나누기로 한다.

눈개승마 *Aruncus dioicus* var. *kamtschaticus*

장미과의 숙근 다년초로 주로 고산지역에서 자라며 여름이 시원한 기후가 적지이지만 전국적으로 재배 가능하다. 자웅이주로 흰색 꽃이 아름다우며 이른 봄에 새로 자라는 순을 잘라 데쳐 나물로 이용하는데 아주 독특한 맛이 난다. 번식은 종자로 하는데 늦여름에 채취한 종자를 종이봉투에 넣어 냉장고에 저장했다가 이듬해 봄에 파종한다. 씨앗이 작으므로 파종 후 흙을 살짝 덮어야 한다.

야생화 기르기 기초 지식

모든 생물은 각기 처한 환경에 적응하여 생존해 간다. 이는 야생화도 마찬가지다. 다양한 야생화들은 원래 자기가 살던 곳에 적응되어 있으므로 당연히 그런 환경을 선호하며 환경이 크게 다른 곳에서는 재배가 어렵다. 야생화를 잘 기른다는 것은 이들이 좋아하는 여러 환경을 잘 맞추어 주는 것이라 할 수 있다. 야생화 재배법도 기본적으로 일반 화초와 다를 바 없다. 따라서 야생화 기르기에 관한 지식들은 대부분 일반 화초 기르기에 준용될 수 있다.

햇빛

식물은 햇빛 없이는 살 수 없다. 햇빛을 받아 광합성으로 양분을 합성하여 성장의 에너지로 삼기 때문이다. 그러나 햇빛에 대한 요구 정도는 식물에 따라 크게 다르다. 햇볕이 잘 쬐는 풀밭에서 자라는 잔디, 억새, 띠 등은 강한 햇빛을 좋아하지만, 나무 그늘에서 자라는 풀고사리나 노루발풀 등은 강한 햇빛을 싫어하여 낙엽수림이 햇빛을 차단하고 약화시켜 주는 환경에서 잘 자란다. 그러나 이런 음지에서 자라는 식물도 빛이 없이는 생존할 수 없으며 심하게 어두운 곳에서는 광합성을 할 수가 없어 자랄 수가 없다. 요컨대 식물들이 요구하는 빛의 정도가 식물에 따라 다르므로 식물을 재배하는 사람은 가급적 각 식물의 요구에 맞는 환경에 심어야 식물이 잘 자라게 된다. 따라서 아직 재배 방법이 잘 알려지지 않은 야생화의 경우에는 그 식물의 자생지 환경을 잘 파악하여 비슷한 환경을 만들어 주는 것이 좋다. 양지에서 잘 자라는 야생화는 별도로 화단을 만들어 재배하면 좋고, 음지에서 자라는 야생화는 조경수 아래에 심으면 별도로 땅을 할당하거나 발을 설치할 필요가 없다. 야생화를 햇빛 요구 정도에 따라 분류하면 다음과 같다.

강한 햇빛을 좋아하는 야생화

봄맞이, 양지꽃, 민들레, 흰민들레, 할미꽃, 엉겅퀴, 각시붓꽃, 붓꽃, 꽈리, 초롱꽃, 까치수염, 물레나물, 큰꽃으아리, 매발톱꽃, 참나리, 말나리, 털중나리, 섬백리향, 타래난초, 범부채, 패랭이꽃, 이질풀, 도라지, 벌개미취, 바위솔, 감국, 둥근바위솔, 큰꿩의비름, 둥근잎꿩의비름, 한라부추, 해국

자주초롱꽃.

중간 정도의 햇빛을 좋아하는 야생화

노루귀, 돌단풍, 은방울꽃, 산마늘, 둥굴레, 백작약, 복수초, 삼지구엽초, 앵초, 춘란, 자란, 금낭화, 깽깽이풀, 제비꽃, 어수리, 단풍취, 하늘말나리, 백선, 솔나리, 털머위, 맥문동, 동자꽃, 비비추, 더덕, 구절초, 꽃향유, 용담

동자꽃.

그늘에서 잘 자라는 야생화

새우난초, 금새우난초, 한라새우난초, 감자란, 족도리풀, 천남성, 큰천남성, 무늬천남성, 복주머니난, 한란, 석위, 고비, 자금우

족도리풀.

물

화분식물을 재배할 때 흔히 물주기 3년이란 말도 하고 또 물주기가 곧 식물 재배의 요체라고들 한다. 땅에서 재배할 때는 화분에서처럼 수분 함량이 급변하지 않으므로 대개 물주기의 필요성과 중요성이 크지 않지만 식물은 나름대로 물을 좋아하는 정도가 다르므로 이 역시 고려해야 하는 중요한 요소이다. 마른 곳에서 잘 자라는 식물을 너무 습한 곳에 심거나 반대로 수분을 좋아하는 식물을 너무 메마른 곳에 심으면 성장이 불량하며 말라 죽기 쉽다. 그러나 대부분의 식물은 너무 메마른 곳이나 습한 곳을 모두 싫어하며 적당한 토양 수분이 유지되는 곳을 좋아한다.

건조한 환경을 좋아하는 야생화

석곡, 춘란(보춘화), 양지꽃, 섬백리향, 바위솔, 돌나물, 큰꿩의비름, 둥근잎꿩의비름

춘란.

습한 곳을 좋아하는 야생화

피나물, 매미꽃, 금낭화, 해오라기란, 병아리난초, 꽃창포, 노랑꽃창포, 여뀌, 미나리, 토란, 큰천남성

꽃창포.

물에서 자라는 수생식물

연, 가시연꽃, 수련, 개연꽃, 남개연꽃, 노랑어리연꽃, 마름

수련.

거름주기

식물의 거름주기는 〈4. 정원의 기본 관리〉에서 이미 설명한 바 있다. 야생화에 거름주는 방법도 다른 식물과 다르지 않으나 일반적으로 정원수보다는 좀 더 많은 거름이 필요하다. 거름을

줄 때 충분히 썩지 않은 거름을 주면 굼벵이가 생기기 쉽고 또 거름이 썩으면서 유기산에 의한 피해 등을 입기 쉬우므로 잘 썩은 거름을 주는 것이 좋다. 화학비료는 자제하고 퇴비 위주로 주는 것이 좋지만 화학비료를 꼭 써야 할 때는 비료의 해를 입지 않도록 적정량을 주도록 주의해야 한다. 씨앗을 뿌리거나 모종을 심기 2~3주일 전에 비료를 뿌린 후 흙을 잘 섞어 놓은 후 심는 것이 좋다.

병충해 방제

야생화는 자연에서 자라는 식물이므로 병충해의 피해를 입지 않는다고 생각하면 오산이다. 여러 종류의 병이 발생할 수 있으며 또 다양한 해충이 생기기도 한다. 다만 이런 병충해에 의해 야생화 밭이 크게 피해를 입거나 망가지는 일은 흔치 않다. 따라서 웬만큼 피해가 발생하는 정도는 내버려 두어 자연적으로 치유되게 하는 것도 한 방법이다, 병해충마다 약재를 살포하는 것은 번거롭기도 하고 또 살포하는 사람도 농약에 노출되므로 좋을 것이 없다. 그뿐 아니라 벌레를 잡으려고 치는 살충제가 꿀벌과 같이 피해를 주지 않는 다른 유익한 곤충이나 여러 생물에게도 피해를 입힐 수 있으므로 가급적 농약 사용은 자제하는 것이 좋다. 다만 해충이 너무 심하게 발생하거나 곰팡이병 등이 집단으로 발생하였을 경우에는 때때로 방제를 해 주는 것이 좋다. 곰팡이병이 발생하였을 경우에는 다이센 등의 살균제를 사용 지침에 따라 적절하게 희석하여 몇 차례 살포하면 대개 호전된다. 살충제의 경우는 해충의 종류에 따라 적용되는 살충제가 다르므로 어떤 해충이 피해를 입히는지 잘 살펴서 방제한다. 대부분의 식물에 많은 피해를 입히는 진딧물의 경우 톡스, 메타시스톡스 등의 약제를 살포하면 깨끗이 사라진다.

살균제도 독성이 있지만 살충제는 특히 맹독성이므로 취급에 주의해야 한다. 분무 중 흡입하지 않도록 모자와 마스크 등 장비를 잘 착용하고 바람을 등지고 뿌려야 한다. 농약을 뿌리는 동안에는 음식물을 먹는 것을 삼가야 하며 농약을 뿌린 후에는 곧장 샤워를 하고 옷을 갈아입어야 한다. 여린 잎이나 줄기를 갉아먹는 민달팽이의 경우 달팽이 구제약을 사용하거나 민달팽이가 좋아하는 수박이나 오이껍질 등을 야간에 화단 곳곳에 두면 달팽이가 모여들므로 손전등을 들고 다니며 직접 포살해도 된다.

야생화의 번식

야생화의 번식도 일반적인 식물의 번식과 다르지 않다. 다만 다년생 야생화의 경우 포기나누기가 편리하며 1년생 화초는 대부분 종자로 번식한다. 꺾꽂이가 되는 초화도 많은데 수목의 경우에는 이른 봄이나 여름 장마철에 주로 꽂지만 초화의 경우는 봄부터 여름까지 생육기라면 거의 계절에 관계없이 할 수 있다는 점이 다르다.

종자 번식

종자가 열리는 식물은 종자 번식이 기본이다. 특히 일년생 화초의 경우 매년 새로 모종을 배양해야 하는데 종자 번식이 주가 된다. 종자는 성숙기에 받아 종류와 채종 시기 등을 잘 기록하여 저장했다가 이듬해 봄 4월경에 파종한다. 종자를 너무 깊게 심거나 심은 후 너무 건조하거나 또는 비료를 너무 많이 주면 발아율이 나쁘게 된다. 또 종묘상에서 종자를 구입할 경우 오래된 종자는 발아율이 떨어지므로 생산연도와 유효기간을 잘 확인해야 한다.

대개 종자의 굵기가 작을 경우 얕게 심어야 하며 할미꽃처럼 아주 작은 종자는 흙을 덮기보다는 그저 흙을 파 일군 후 종자를 뿌리고 흙을 가볍게 긁어 두는 정도로 해 두면 잘 발아한다. 그러나 깊이 묻힌 씨앗은 거의 발아하지 않는다. 또 봄에 익는 종자는 채종 후 바로 파종하는 것이 더 잘 발아하는 경우가 많으며 저장했다가 이듬해 봄에 파종하면 발아율이 떨어지거나 전혀 발아하지 않는 경우도 있다. 매발톱꽃의 경우 봄에 채종하여 바로 뿌리면 발아율이 높지만 저장했다가 이듬해 봄에 뿌리면 발아율이 떨어지며 꽃도 다시 1년 후에 피므로 불리하다. 할미꽃의 경우도 채종 직후에 파종해야 발아하며 저장했다가 파종하면 거의 발아하지 않는다.

종자를 뿌린 모종상은 대개 너무 많이 싹이 터서 비좁게 자라므로 허약한 모종은 뽑아 버리고 밀집된 모종 일부는 캐어서 적당한 곳에 옮겨 심는다. 옮겨 심은 모종은 처음에는 성장이 정체되고 약해 보이지만 시일이 조금 지나면 옮겨 심지 않은 모종보다 더 튼튼하고 건강하게 자라는 것을 볼 수 있다. 옮겨 심는 시기는 모종이 어느 정도 자란 후 비가 온 직후나 비가 오기 직전이 좋다. 심은 후 비가 오지 않으면 충분히 물을 뿌려 주면 시들지 않고 빨리 활착하게 된다.

포기나누기 분주

다년생 초화의 경우 종자로도 번식하지만 포기나누기를 하면 단번에 큰 모종을 얻을 수 있고 대개 그해에 꽃을 볼 수 있어 유리하다. 또 다년초는 매년 불어나므로 심은 지 4~5년이 지나면 너무 큰 포기로 자라 비좁아지고 양분과 햇빛을 두고 경쟁이 심해지며 병충해의 피해를 입기도 쉬워진다. 따라서 심은 지 몇 년 되어 포기가 너무 커지면 포기째 파내어 적당히 나누어 심으면 오히려 다시 왕성하게 자랄 수 있게 된다. 정원지기는 식물을 불려서 좋고 식물은 다시 좋은 환경에서 자람을 이어갈 수 있어서 좋다.

포기나누기 시기

봄에 꽃이 피는 종류는 꽃이 진 후에 포기나누기를 하는 것이 좋다. 물론 봄에 깨끗한 꽃을 감상하기를 포기하면 꽃이 피기 전에 해도 좋다. 여름이나 가을에 꽃이 피는 종류는 이른 봄에 새싹이 돋기 시작할 때가 적기이다. 추위에 강한 종류는 가을에 해도 무방하다.

포기나누기 방법

너무 어린 포기를 나누게 되면 허약하고 잘 자라지 않으므로 충분히 자란 포기를 선택하여 나누도록 한다. 우선 삽으로 뿌리가 상하지 않게 파낸 후 흙을 잘 털어 눈이나 싹이 있는 위치를

새우란 분주하기.

1. 캐낸 포기.

2. 나누기 쉽게 포기의 흙을 털어 낸다.

3. 2~4촉 정도씩 붙여 떼어 낸다.

4. 적당히 나누어진 포기

확인한다. 대부분의 식물은 이미 형성된 눈에서만 싹이 트므로 만약 눈을 붙이지 않고 나누어 심은 포기는 발아하지 못하고 죽게 된다. 따라서 새눈이나 싹을 2~5개 정도씩 붙여 적당히 나눈다. 이때 잘 불어나는 종류는 싹의 수를 적게 하는 것이 좋고 잘 불어나지 않는 종류는 좀 더 많이 붙이는 것이 좋다. 그냥 손으로 잡아떼면 되지만 작약처럼 큰 포기로 자라는 경우 전정가위를 사용하기도 한다. 포기를 나눈 후에는 썩은 뿌리 등을 깨끗이 잘라 제거한 후 땅을 고르고 다시 심어 주면 된다. 심는 깊이는 원래 심겨 있던 깊이 정도로 심으며 새싹이 땅속에 묻힐 정도로 너무 깊게 심거나 뿌리가 드러날 정도로 너무 얕게 심는 것은 좋지 않다.

포기나누기가 잘 되는 야생화

대부분의 숙근 다년초는 포기나누기가 쉽다. 노루귀, 돌단풍, 산마늘, 백작약, 작약, 초롱꽃, 고사리, 복수초, 삼지구엽초, 은방울꽃, 금낭화, 새우난초, 깽깽이풀, 범부채, 패랭이꽃, 비비추, 둥굴레, 붓꽃, 구절초, 쑥부쟁이, 큰꿩의비름, 해국 등은 포기나누기가 아주 쉽다.

꺾꽂이

꺾꽂이는 식물의 줄기, 잎, 뿌리 등을 잘라 심어서 뿌리가 내리게 하여 새로운 개체로 증식하는 것을 말한다. 기본적인 방법과 원리는 수목의 꺾꽂이와 동일하므로 〈정원수 번식〉에서 기술한 내용을 참고하면 되지만 적용되는 야생화의 종수는 수목만큼 많지 않으므로 종자 번식만큼 일반적인 방법이 되기는 어렵다. 그러나 뿌리가 내리기까지 걸리는 기간은 수목보다 짧으며 또 꺾꽂이를 할 수 있는 기간은 봄부터 여름까지 생육기라면 모두 가능하므로 그 기간이 길다.

꺾꽂이 시기

봄부터 초가을까지 꺾꽂이묘를 구할 수 있는 시기라면 거의 계절의 구애를 받지 않는다. 초화류는 수목보다 성장이 빠르므로 봄에 꺾꽂이하여 그해에 꽃을 볼 수 있는 경우가 많은 것도 장점이다.

해국.

꺾꽂이 방법

새로 자란 줄기를 잘 드는 칼이나 전정가위로 잘라 아래 잎을 따 버리고 위쪽 잎은 적당히 남긴 채로 꽂는데 일반적인 흙에 꽂아도 되지만 깨끗한 모래나 마사토 등으로 묘상을 만들면 더욱 좋다. 대개 어린잎이 달린 채로 꽂기 때문에 꽂은 후에는 시들기 쉬우므로 물을 충분

술패랭이꽃.

새우란 꽃밭. 새우란은 포기 나누기로 번식한다.

히 뿌린 후 해가림을 해 준다. 해가림은 직사광선이 지나간 오후 늦은 시간에는 걷어서 가급적 밝은 환경을 유지하고 밤에는 이슬을 맞게 하면 꽃들이 생기를 회복한다. 아침에도 걷은 채 두었다가 오전 열 시 무렵에 다시 햇빛이 강해지면 해가림을 해 준다. 대개 일주일이나 열흘 정도 지나면 꽃의 싹이 새 환경에 적응하므로 아침저녁으로 햇빛을 쬐는 시간을 서서히 늘려 주다가 3주일쯤 지나 뿌리가 내릴 때 거적을 완전히 제거한다. 꺾꽂이 한 지 약 1개월이나 2개월 정도 지나면 뿌리가 충분히 내리므로 모상에서 캐어 본밭에 심어 준다.

꺾꽂이가 잘 되는 야생화

패랭이, 큰꿩의비름, 둥근잎꿩의비름, 백리향, 섬백리향, 자금우, 술패랭이꽃, 닭의장풀, 벌개미취, 쑥부쟁이, 구절초, 해국, 감국, 산국, 울릉국화, 양지꽃, 이질풀, 기린초, 돌나물, 땅채송화, 층꽃나무, 기린초, 섬기린초, 자주달개비

둥근잎꿩의비름.

초보자를 위한 정계준 교수의 정원 가꾸기 팁 아홉

산나물, 주의할 점

잘 모르는 식물을 함부로 먹지 않는다.

책이나 도감에서 본 식물과 비슷하다고 확실하지 않은 식물을 함부로 먹어서는 안 된다. 같은 과의 식물 중 식용식물과 독초가 함께 있는 경우도 많으니 주의해야 한다.

전통적인 조리방법대로
조리하여 먹는 게 안전하다.

산나물로 이용하는 식물이라고 아무렇게나 먹어도 된다고 생각하면 잘못이다. 산나물 중에는 약하지만 독성을 가진 식물도 많다. 어느 정도 독을 가진 식물도 조리 방법에 따라서는 독성분이 제거되므로 우리 선조들은 특정 산나물에 잘 맞는 조리법을 터득하여 이용해 왔다. 예컨대 고사리는 데쳐 말려 두었다가 다시 삶아 나물로 무치거나 쇠고기 국 등에 넣는데 이는 고사리에 상당한 독성이 있기 때문이다. 데쳐서 말리고 다시 데치는 과정에서 대부분의 독이 제거되므로 안심하고 먹어도 되지만 생채로 먹으면 중독될 수 있다. 또 상당한 독성을 가지는 자리공도 흔히 연한 순을 데쳐 물에 우린 후 나물로 이용하는데 만약 자리공의 잎을 쌈을 싸 먹거나 생채로 먹게 되면 중독되어 마비 등을 일으키게 되므로 주의해야 한다. 얼레지, 금낭화, 원추리 등도 독성이 있으므로 묵나물로 이용하거나 데친 후 물에 우려 독성을 제거한 후 이용해야 한다.

맛있다고 또는 몸에 좋다고
한 번에 너무 많은 양을 먹지 않는다.

산나물은 재배하는 채소와는 달리 특정 성분이 강한 경우가 많고 또 산나물의 종류에 따라서는 독성을 가지는 경우도 있다. 따라서 한 번에 너무 많은 양을 먹으면 부작용이 생길 수 있다. 따라서 적당한 양을 먹는 게 좋다.

약초로 이용하는 식물이라고
모두 식용으로 이용할 수 있는 것은 아니다.

약초는 약재로 이용되니 당연히 나물이나 국거리로 이용해도 된다고 생각하는 사람이 있는데 전혀 그렇지 않다. 도라지나 더덕처럼 약재로 이용되지만 독성이 거의 없어 그대로 나물이나 생채 등으로 이용해도 되는 종류도 있지만 상당히 강한 독을 가진 약초도 많다. 예컨대 투구꽃이나 천남성은 모두 알뿌리를 약재로 이용하지만 둘 다 맹독성 식물이므로 절대로 먹어서는 안 되며 전문가의 처방에 의해 약재로만 이용 가능하다. 그 외 할미꽃, 족도리풀, 박새 등도 약초로 이용되지만 강한 독을 가지므로 식용으로 이용할 수는 없다.

한 번에 많이 생산되면 데쳐 말려 두었다가
묵나물로 이용하거나 장아찌를 만들어 오래 먹을 수 있다.

정원에 비비추나 둥굴레 등을 심어 두면 아주 잘 번진다. 산나물은 대개 시기가 지나면 억세어지므로 자람에 따라 수시로 이용하기 어려운 경우가 많고, 연할 때 수확하게 마련인데 한 번에 너무 많은 양이 생산되면 모두 먹을 수 없다. 이럴 때는 데쳐서 잘 말려 두었다가 묵나물로 이용할 수 있다. 또 산마늘이나 비비추 등은 연한 잎을 따서 장아찌를 만들어 두면 오래 두고 먹을 수 있다.

산나물 채취 때는 도로변이나
쓰레기 소각장 인근에서 자라는 것을 피한다.

오염된 지역에서 자라는 식물에는 중금속 등 유해한 물질을 함유할 위험성이 있으므로 채취하지 않도록 한다.

텃밭 정원 가꾸기

40~50년 전만 해도 우리나라 사람들의 대부분이 시골에서 농사를 짓고 살았지만 지금은 대부분의 사람들이 도시의 아파트에서 자연과 격리된 삶을 살고 있다. 급격한 주거 환경의 변화를 겪은 도시민들이 가지는 자연에 대한 그리움, 그리고 고향과 농촌에 대한 동경은 더 커지는 것 같다. 이런 도시민의 자연에 대한 욕구를 채우는 수단 중의 하나가 텃밭 가꾸기이다. 도시에 살면서 텃밭 농사를 짓는 도시 농부가 이미 100만 명이 넘는다고 한다. 그만큼 텃밭 농사는 이제 대중의 중요한 취미 생활 내지 여가 생활로 자리 잡았다. 도시에 살든 시골에 살든 텃밭을 가꾸는 것은 건강한 먹거리를 생산하면서 운동도 되고 자연과 함께하는 생활이 되므로 앞으로도 인기는 더욱 많아질 것이다.

텃밭 정원의 조건

텃밭 정원에서 가꾸는 농작물도 식물이니 다른 식물의 성장 조건처럼 햇빛과 물, 그리고 양분을 갖추어야 한다. 조경수나 야생화의 경우 그늘에서 자라는 종류도 많지만 대부분의 농작물은 볕바른 곳에서 잘 자라므로 무엇보다 햇볕이 잘 들어야 한다. 그러나 전문적인 농사가 아니라 취미로 하는 농사이고 수확량에 너무 집착할 필요도 없으니 아주 좋은 조건이 아니라도 텃밭 농사는 지을 수 있다. 종일 햇빛이 들지는 않더라도 적어도 하루 5시간 정도만 햇볕이 든다면 채소 재배 위주의 텃밭 정원으로 그런대로 가꿀 수 있다. 그러나 고구마나 감자, 옥수수, 땅콩 등의 작물을 재배하려면 햇빛이 보다 많이 드는 곳을 골라야 한다. 또한 텃밭 정원은 화초나 조경수 위주의 정원에 비해 빠른 성장과 수확이 이루어지므로 일반 정원보다 더 기름진 땅이 요구된다. 따라서 모종을 심기 전이나 재배 중에 적당히 거름을 주어야 제대로 잘 자라게 된다.

텃밭 정원 달인 되기

텃밭 정원에서 가꾸는 농작물이 정원지기에게는 서투른 식물일지 몰라도 시골의 농민들에게는 평생을 함께해 온 매우 익숙한 작물이다. 농민들이야말로 텃밭 농사에 있어 최고의 선생님이자 달인이다. 따라서 파종 시기와 재배 방법, 병충해 방제 및 채종 방법 등은 이웃의 농민들에게 수시로 물어 노하우를 터득하는 것이 좋다. 시골 사람들에게 낮은 자세로 농사짓는 방법을 가르쳐 달라고 하면 모두 신이 나서 잘 가르쳐 줄 것이다. 텃밭 농사를 짓는 방법에 대한 책을 읽는 것보다는 실제 농사짓는 사람들의 노하우를 빌리는 것이 훨씬 나을 수 있다는 것을 잊지 말자.

텃밭 정원에 좋은 작물

텃밭 작물은 팔기 위한 것이 아니라 자가소비를 위한 것이므로 대규모로 재배하기보다는 소규모로 다양하게 재배하기 마련이다. 규모가 작아서 경제성은 떨어지지만 절반은 취미이고 절반은 실용성이니 굳이 경제성을 따질 필요도 없다. 따라서 가꾸기 쉽고 가정에서 이용하기 쉬운 채소 위주의 작물을 텃밭 정원에 재배하는 것이 좋다.

상추

텃밭 농사를 짓는 사람들에게 가장 인기 좋은 작물이다. 상추는 재배하기 쉽고 자라는 속도에 따라 수시로 잎을 따서 먹을 수 있으므로 누구나 좋아하는 채소이기도 하다. 병충해의 피해도 적게 입는 작물이므로 농약을 치지 않고도 재배가 가능한 것도 장점이다. 심는 시기도 크게 제한이 없어 겨울을 제외하고는 지속적으로 재배할 수 있다. 그러나 가장 많이 재배하는 시기는 봄이다. 봄에 파종하여 초여름까지 솎아 먹거나 잎을 따서 먹는데, 낮이 길어지는 여름이면 꽃대가 올라오므로 품질이 떨어지게 된다. 여름에는

벌레도 많이 생기고 병도 많이 생기므로 파종을 삼가고 늦여름부터 초가을에 파종하면 다시 가을 내내 이용할 수 있게 된다. 상추는 대표적인 호광성 종자(빛이 있는 조건에서 발아하는 종자)로 깊이 심으면 발아를 하지 않아 씨를 뿌린 후 흙을 가볍게 덮어 주면 된다. 종자를 사서 심어도 되지만 종묘상 등에서 모종을 팔기도 하므로 양이 적을 경우 이 모종을 사서 심는 것이 편리하고 품도 적게 든다.

고추

고추는 잘 익은 붉은 고추를 따서 이용하거나 풋고추를 따서 먹기에도 좋아서 많이 재배하는 텃밭 작물이다. 다만 고추는 병충해가 많이 발생하므로 살충제와 살균제 등 농약을 적당히 치지 않고는 제대로 가꾸기 어려운 것이 단점이다. 고추는 습한 환경을 싫어하므로 두둑을 높게 치고 심어야 하며 정식 시기는 늦서리의 피해가 없어질 때를 기다려 심는다. 이런 시기는 지역에 따라 다르므로 지역 농민들이 심는 시기를 따르면 실패가 없으며 대개 4월 중하순부터 5월 상순경이 된다. 이전에는 종자를 직접 심는 재배 방법을 많이 사용했지만 요즘은 종묘상이나 농약상 등에서 포트에 재배한 모종을 공급하므로 이 모종을 사서 심는 것이 편리하고 안전하다. 포기 간 거리는 30~40cm 정도가 적당하다. 고추는 비바람에 가지가 꺾이거나 포기가 부러지기 쉬우므로 어느 정도 자라면 반드시 지주를 세워 주어야 한다. 고추의 아래가지는 햇볕이 부족하여 제대로 열매를 맺지 못하므로 제거해 주는 것이 바람도 잘 통하고 윗가지의 자람을 촉진한다.

들깨

원래 들깨는 씨앗을 수확하여 기름을 짜서 이용해 왔던 유지작물이다. 지금도 농촌에서는 유지작물로 많이 재배하는 편이다. 그러나 소규모 텃밭 농사에서는 들깨를 유지작물이 아닌, 잎을 쌈이나 샐러드, 국거리로 이용하는 잎채소로 간주한다. 유지작물로 재배할 때는 봄에 씨를 뿌려 가을에 씨앗을 수확하지만 잎채소로 이용할 때는 수확 시기에 따라 파종 시기를 달리한다. 물론 가장 일반적인 파종 시기는 봄이며 충해는 크게 입지 않으나 여름철에 잎에 곰팡이병이 잘 생기므로 살균제를 적당히 살포할 필요성이 있다. 몇 포기는 가을까지 그대로 두어 씨앗이 여물게 한 후 줄기째 잘라 큰 종이봉투에 넣은 채로 말

려 두면 종자가 흘러나오게 되므로 저장했다가 이듬해 봄에 심을 종자로 쓰면 된다.

오이

오이도 비교적 재배하기 쉬운 작물이다. 다만 오이는 덩굴성이므로 타고 오를 지주를 세워 주어야 한다. 대를 적당히 잘라 지주를 세우고 종자를 심거나 모종을 사서 심으면 된다. 모종을 심는 시기는 4월 하순경이 적당하다. 오이는 메마른 환경에서는 잘 자라지 않으므로 너무 마르지 않게 관리해야 하며 가뭄이 들면 물을 주는 것이 좋다. 뿌리목에 적당히 퇴비나 나뭇잎 등으로 멀칭을 하면 가뭄을 덜 타게 된다. 오이냉국이나 오이소박이 등을 만들어 먹으려면 재래종 오이가 좋으며 샐러드나 겉절이 등의 용도로는 개량종 오이와 재래종 오이를 모두 이용한다. 재래종 오이는 종자로 번식이 잘 되므로 여름에 누렇게 익도록 오이를 그대로 두었다가 채종하면 된다.

배추

김장용 배추는 남부 지방을 기준으로는 8월 하순경에 파종하거나 모종을 심으며, 중부 지방이나 지대가 높은 산간 지방을 기준으로는 조금 이른 8월 중순에 심는다. 너무 늦게 파종하면 성장 기간이 짧아지고 또 너무 이르면 병해를 입기 쉽다. 배추나 무는 모두 서늘한 기후를 좋아하므로 여름철 재배는 고랭지가 아니라면 매우 어렵다. 따라서 텃밭 농사를 짓는 사람은 여름에는 시도하지 않는 것이 좋다. 배추 모종은 심기 전 잘 썩은 퇴비로 밑거름을 충분히 뿌리고 밭을 갈아 두둑을 짓고 심어야 작기 동안 제대로 잘 자라게 된다. 배추흰나비 등의 유충이 발생하기 쉬우므로 잘 살펴서 피해가 발생하면 한두 차례 정도 살충제를 뿌려 주도록 한다. 연한 속살이 꽉 찬 배추를 얻으려면 수확하기 한 달쯤 전에 끈이나 짚으로 배추의 상단을 살짝 묶어 두면 속잎이 연하고 부드러워진다.

무

김장용 무의 재배 방법과 파종 시기는 배추와 비슷하다. 자가소비 하는 농민의 경우 대개 배추밭과 무밭을 함께 준비하여 재배하는 것이 일반적이다. 배추는 대개 포트에 배양된 모종을 종묘상에서 구입하여 심지만 무는 종자를 직접 파종하여 재배하는 것이 일반적이다. 파종 후 싹이 트면 자람에 따라 비좁은 곳의 허약한 포기를 몇 차례에 걸쳐 솎아 주어야 잘 자라게 된다. 심는 시기는 배추와 동일하지만 수확 시기는 무

가 빠르다. 무는 기온이 영하 3도 정도만 되어도 얼어 피해를 입고 품질이 떨어지므로 보다 일찍 수확해야 하며 배추는 영하 3~4도까지는 거의 피해를 입지 않는다.

가지

가지는 초보자도 쉽게 재배할 수 있는 열매채소이다. 병충해가 거의 없어 농약 없이 재배할 수 있는 작물이다. 서리의 피해가 사라진 후인 4월 하순경에 퇴비를 충분히 뿌리고 흙을 갈아엎은 후 두둑을 짓고 모종을 심는다. 포기가 비교적 크게 자라므로 40cm 이상 충분한 거리를 두고 심는다. 가지는 한 그루에서 꽤 많이 열리고 조리 방법이 다양하지 않은 편이라 많이 생산해 봤자 소비가 어려우므로 3~5포기 정도만 심어도 여름부터 가을까지 자가소비를 충족할 수 있다. 따라서 번거롭게 종자를 구입하여 파종하기보다는 포트에 심긴 모종을 구입하여 심는 것이 품도 줄이고 일도 수월하다.

토마토와 방울토마토

5월 초순에 모종을 심는데 종묘상이나 꽃집 등에서 포트에 배양된 모종을 구입하여 심을 수 있다. 거름이 많이 필요하므로 심기 전에 충분히 밑거름을 넣고 흙을 일군 후에 심는다. 토마토는 시들음병이 잘 발생하는데 특히 산성 토양에서 더 심하므로 퇴비와 함께 석회를 뿌려서 토양 산도를 조절해 줄 필요가 있고 매년 같은 장소에 심기보다는 돌려짓기를 하는 것이 좋다. 반덩굴성이므로 지주를 세우고 자람에 따라 가지를 지주에 잘 묶어 주어야 한다. 꽃이 피면서 곳곳의 잎겨드랑이에서 곁순도 자라나오게 되는데 곁순은 생기는 대로 따 버린다. 토마토나 방울토마토나 재배 방법은 다를 것이 없다. 일반적으로 토마토는 여러 가지 병이 잘 발생하므로 재배하기 어려운 작물이며 무농약으로 재배하는 텃밭 농사의 경우에는 더욱 그러하다. 따라서 많이 심지 말고 재미 삼아 몇 포기 정도 심어 기르는 것이 좋다.

쑥갓

쑥갓은 쌈 채소와 된장국 등의 국거리, 그리고 나물로도 이용하는데 향취가 좋다. 소엽종과 중엽종이 추위와 더위에 대해 견디는 힘이 강하므로 텃밭 농사꾼은 대엽종은 피하는 것이 좋다. 4월 초순에 파종하고 자람에 따라 지속적으로 솎아 이용하며 주 수확기는 5~6월이

다. 병해로는 습한 환경에서 노균병이 발생할 수 있으므로 물이 잘 빠지게 하고 여름철에는 너무 밀식재배하지 않도록 한다. 충해로는 진딧물이 발생하기 쉬운데 역시 바람이 잘 통하게 밀식재배를 피하고 질소비료를 과용하지 않도록 예방하는 것이 최선이다. 6월에 오렌지색의 꽃이 피면 아름답게 정원을 장식하기도 한다. 물론 꽃이 피면 식용 가치는 떨어지므로 꽃 피기 전에 이용하며 남은 것은 화초로 관상하면 좋다. 별다른 재배 기술 없이도 잘 자라는 채소로 이용도가 높다.

유채

유채 하면 제주도의 유채 밭을 떠올리게 된다. 온통 샛노란 꽃으로 뒤덮인 제주도의 유채 밭은 그야말로 장관이다. 유채는 추위에는 약한 작물이라 제주도와 우리나라 남부 지방에 주로 심으며 재배 북한계는 대전 이남이다. 유채의 용도는 열매에서 기름을 짜서 식용유로 이용하거나 바이오디젤유의 원료로 이용하는 유지식물이면서 잎을 채소로 이용하는 엽채이기도 하다. 기름을 짜기 위해서는 비교적 대규모로 재배하는 경우가 많지만 남부 지방에서는 텃밭에 조금씩 심어서 가을부터 겨울 동안 잎채소로 많이 이용한다. 특히 싱싱한 채소가 귀한 겨울에는 중요한 채소이자 비타민 공급원이 된다. 유채는 8월 하순에 씨를 뿌리는데 가을에 싹이 터서 초겨울까지 자라다가 한겨울은 성장이 정체된 상태로 지낸다. 중부지방에서 유채를 재배하려면 대체로 8월 하순에서 9월 상순에 파종하여 10월 하순부터 12월 상순까지 수확하는 게 좋다. 반면 남부지방에서는 가을부터 겨울 내내 그리고 이듬해 이른 봄까지 이용할 수 있는 채소 작물이다. 겨울이 지나고 봄기운이 들면 다시 왕성하게 자라기 시작하며 4월이면 꽃대가 크게 올라와서 꽃을 피우게 된다. 겨울 동안에 잎이 살아 있는 채소라고 하여 '겨울초'라고도 부르며 봄이 되면 다시 파릇파릇하게 살아나므로 도로 살아난다는 뜻에서 '도사리'라는 방언으로도 불린다. 수시로 솎아서 쌈, 겉절이, 김치, 나물거리로 이용할 수 있으며 된장국에 넣어도 맛이 아주 좋다. 생육기가 가을과 이른 봄이어서 병충해 발생도 거의 없으므로 무농약으로 재배할 수 있는 것도 텃밭에서 기르기 좋은 점이다.

얼청갓(적갓)

짙은 자주색을 띠는 작물로 볕이 잘 드는 묵은 밭이나 야지 등 야생에서도 자라는 것을 볼 수 있을 정도로 강인하다. 대체로 성질은 유채와 비슷한데 톡 쏘는 맛이 아주 강하다. 8월 하순부터 9월 중에 파종하며 가을부터 겨울을 거쳐 이듬해 봄까지 수확하여 이용한다. 유채와 마찬가지로 대개 단번에 모두 수확하여 이용하기보다는 수시로 솎아서 먹으며 4월이 되면 추대하고 이윽고 노란색 꽃이 피는데 꽃은 유채와 흡사하다. 매운 맛 성분 때문에 새들이 잘 뜯어먹지 않으며 벌레도 잘 생기지 않아 무농약 재배도 수월하다. 샐러드, 생채, 김치, 겉절이 등으로 이용하며 맛이 매우므로 유채 등과 곁들여 샐러드로 이용하면 좋으며 김치를 담글 때 양념으로 이용하기도 한다.

시금치

시장에 내기 위해 재배하는 시금치는 연중 재배되고 생산되지만 원래 시금치는 저온에서 잘 자라는 식물이고 고온에서는 재배가 어렵다. 따라서 텃밭에서 재배하는 경우 9월 중하순에 파종하여 가을부터 겨울, 이른 봄에 걸쳐 수확하는 것이 바람직하다. 예부터 겨울 동안 가장 중요한 채소로 우리의 건강을 책임져 온 것이 시금치라고 할 수 있다. 종묘상에서 판매하는 시금치 종자에는 씨앗이 둥근 서양종 시금치와 씨앗에 뾰족한 돌기가 난 동양계 시금치가 있는데 서양 시금치는 일장에 둔감하여 쉽게 추대하지 않고 더위에 견디는 힘이 강하므로 봄과 여름 재배에 적합하다. 동양계 시금치는 봄이 되어 일장이 길어지면 쉽게 추대하지만 저온에 잘 견디므로 가을에 파종하는 시금치로는 동양계 시금치가 적합하다. 서양계 시금치는 '킹 오브 덴마크' 등의 품종이 많이 재배된다. 동양계 시금치는 '동초 시금치' 등으로 불리기도 하는데, 씨앗의 가격은 동양계 시금치가 훨씬 비싸다. 가을에 파종한 시금치는 대개 50~60일 이후부터 솎아서 수확할 수 있으며 겨울이 따뜻한 남해안과 남부 지방에서는 노지에서도 겨우내 지속적으로 솎아 먹을 수 있다. 다만 산새들이 많은 산골 지방에서는 먹을 게 귀한 겨울철 직박구리 등의 텃새들이 시금치를 즐겨 뜯어 먹으므로 외진 곳에서의 재배가 어려운 경우도 있다.

부추

부추는 백합과의 구근성 다년초로 매년 심거나 파종할 필요 없이 한 번 심어 두면 지속적으로 수확하여 이용할 수 있다. 겉절이, 김치, 김치 보조 재료, 부침개, 된장국 등 그 쓰임새도 무궁무진한 중요한 잎채소이다. 구근이 지속적으로 분얼하므로 몇 년이 지나면 구근을 캐어 나누어 심을 수 있으며 종자로도 번식이 가능하지만 농민들은 대개 포기나누기를 한다. 부추는 한 번

심어 두면 수년간 수확하게 되므로 심기 전에 복합비료와 잘 썩은 퇴비를 충분히 뿌리고 심는다. 1년에도 몇 차례 수확하게 되어 지력 소모가 크므로 수확 이후에는 요소비료를 적당히 덧거름으로 준다. 다른 채소와 마찬가지로 볕이 잘 드는 곳에 심어야 하며 종자로 번식하기보다는 이웃에서 알뿌리를 얻어 나누어 심는 것이 성장도 빠르고 수확 시기도 앞당길 수 있다. 알뿌리를 구할 수 없으면 종자를 심는데 골을 타서 줄뿌림해야 나중에 수확하기가 편리하다. 부추는 이용도가 매우 높으면서 수시로 도려 먹을 수 있는 데다 병충해 피해도 거의 받지 않으므로 가장 재배하기 좋은 텃밭 작목 중의 하나라고 할 수 있다.

쪽파

파는 크기가 작은 쪽파와 크게 자라는 대파로 나눌 수 있는데 둘 다 재배가 쉬운 편이다. 쪽파는 파김치, 파나물, 각종 요리의 부재로 널리 사용되므로 이용도가 매우 높은 잎채소이다. 고자리파리 등 병해충이 적지 않게 발생하므로 이어짓기를 피하는 것이 좋다. 쪽파는 4월 봄에 심어 6~7월에 수확하거나 늦여름

에 심어 10~11월에 수확하게 된다. 봄심기의 경우 4월 상순부터 5월 상순 사이에 심고 가을심기는 8월 하순부터 9월 상순 사이에 심는다. 쪽파는 꽃이 피어도 종자가 형성되지 않으므로 구근을 심는데 종구(種球)는 2~3개를 붙여 심으며 깊이는 2~3cm 정도로 한다. 약산성 토양이나 중성 토양에서 잘 자라므로 산성 토양의 경우 밑거름을 뿌릴 때 석회도 함께 뿌리도록 한다. 종구를 심은 지 약 40일이면 수확하게 된다. 종구로 사용할 씨 쪽파는 수확하지 않고 잎이 마를 때까지 두었다가 캐어 잘 말린 후 양파망 등에 넣어 보관하면 된다.

배초향

잎에서 특이하고 강한 방향이 나는 채소로 이 향기가 너무 강해 싫어하는 사람도 있지만 남부지방에서는 아주 요긴하게 이용하는 잎채소이다. 배초향은 흔히 '방아'라고도 부르는데 향이 강하여 비린내를 없애는 데 탁월하므로 추어탕, 매운탕, 보신탕 등을 끓일 때 없어서는 안 될 채소이다. 또한 된장국에 넣으면 풍미를 더해 주며 부침개를 만들 때도 많이 이용한다. 다년초이므로 한 번 심어 두면 매년 자라나며 약간 그늘진 환경에서도 잘 적응하고 병충해의 피해도 받지 않아 아주 기르기 쉬운 작물이다. 새

로 밭을 만들 때는 가을에 대가 마른 후 씨앗을 털어서 종이봉투에 보관했다가 이듬해 봄에 뿌리면 된다. 본래 들에서 자라던 야생초로 척박지에서도 잘 자라므로 특별한 재배 기술이 필요 없을 정도이다.

열무

열무는 재배 시기가 다양하지만 주로 여름철 김치 재료로 많이 재배된다. 재배 기간이 짧아 여러 차례 재배 가능한 작물이기도 하다. 봄에 파종할 경우 40일쯤 후에 수확하게 되며 여름에 파종할 경우에는 25일쯤 후에 수확하게 된다. 영리 재배는 대부분 하우스 내에서 비가림 재배를 하지만 텃밭 농사의 경우는 노지재배를 하기 마련인데 벌레가 발생하기 쉬우므로 농약을 적당히 쳐 주어야 하며 무농약 재배가 사실상 어려운 작물이다. 재배 기간이 짧으므로 심기 전 밑거름 위주로 하여 줄뿌림하며 파종 후 10일경에 밀식된 곳은 솎아 주어 자람을 촉진해 준다. 열무는 수확시기가 늦어지면 너무 억세져 품질이 떨어지며 벌레도 많이 생기고 또 추대하여 못 쓰게 되는 경우도 생기므로 시기를 놓치지 않고 수확하도록 한다.

도라지

도라지는 꽃이 좋아 야생화로도 이용되며 뿌리는 생채나 나물거리로 쓰고 또 찢어서 말려 두었다가 묵나물로도 이용하며 인후염이나 감기 등의 약재로 이용하기도 한다. 종자가 작으므로 파종 후 복토는 0.5cm 이하로 얇게 하며 발아 후에 밀식된 곳은 솎아 낸다. 숙근 다년초이지만 대개 3~4년 이상 오래되면 뿌리가 썩어 죽는 경우가 많으므로 근채로 이용할 경우 파종 후 1~2년 길러 수확하고 다시 파종하는 방식을 택하는 것이 좋다. 대개 가정에서는 아주 많은 양이 필요하지 않으므로 적당히 심어 두고 수시로 파내어 생채나 나물거리로 이용하고 나머지는 여름부터 가을까지 꽃을 감상하는 야생화 밭을 겸해도 좋다. 종자는 늦여름부터 가을 사이에 익으므로 꼬투리째 따서 말려 종자를 얻으며 종이봉투에 담아 두었다가 이듬해 봄에 파종한다.

고구마

고구마는 대표적인 열대성 작물로 여름이 긴 기후에 적합하다. 고구마는 종자를 얻기 어려우므로 순을 잘라 심는데, 봄이 되어 고구마를 1/3 정도 물에 잠기게 두거나 화분에 얕게 심어 두고 따뜻한 곳에 두면 싹이 많이 나게 된다. 순의

길이가 15cm 정도 자라면 잘라서 모상에 열흘이나 보름쯤 심어 두었다가 뿌리가 내린 후 본밭에 심는다. 싹을 잘라낸 고구마에서는 지속적으로 새로 싹이 자라나므로 계속하여 순을 얻을 수 있다. 본밭에 심는 시기는 서리의 피해를 입지 않는 한 일찍 심을수록 수확량이 많아지며 다른 작물과의 교대에 따라 그 시기는 다양하다. 고구마는 질소 성분이 많은 비옥한 땅에 심으면 수확량은 증가하지만 품질이 떨어지는 특성이 있으므로 질소비료나 퇴비를 너무 많이 주지 않도록 한다. 황토밭에서 재배한 고구마가 맛있는 것은 고구마의 그런 특성 때문이다. 수확 시기는 가을에 서리가 내릴 무렵이다. 시기를 놓쳐 땅이 언 이후에 수확하면 고구마가 상하기 쉽고 저장성이 떨어지므로 주의해야 한다. 수확한 고구마를 저장할 때도 감자와는 달리 얼지 않는 곳에 두어야 한다. 고구마는 살짝만 얼어도 견디지 못하고 썩기 시작한다.

땅콩

땅콩을 포함한 콩 종류는 뿌리에 근류균이 공생하여 질소를 공급해 주므로 척박한 땅에서 재배하기 좋으며 질소비료의 사용량도 줄어든다. 만약 텃밭 농사를 짓는 땅이 새로 전원주택지로 개발되면서 개간한 땅이거나 생토를 매립한 곳이라면 당연히 토양이 매우 척박하고 거름기가 부족하게 마련인데 이런 곳에서 재배하기 좋은 작목이 콩 종류지만 다른 콩 종류는 소량 재배 시 수확 과정 등에 손이 많이 가고 매우 불편하므로 땅콩 재배가 그 해답이 될 수 있다. 땅콩을 재배해도 아주 척박한 곳이라면 비료와 퇴비를 줄 필요가 있지만 그 양을 대폭 줄여도 된다. 또 콩 종류를 재배하면 토양에서 질소 성분을 수탈하는 것이 아니고 축적하는 효과가 있어 농사를 지으면서 땅이 걸어지는 효과까지 있다. 땅콩의 파종은 남부 지방은 4월 중하순경, 중부 지방은 4월 하순~5월 상순경에 하는데 밑거름으로 유기질비료와 석회를 함께 뿌리고 두둑을 약간 넓게 지어 두 줄 파종하면 좋다. 포기 간 거리는 25cm 정도로 한다. 포기가 자라면서 꽃이 피고 수정되면 씨방자루가 자라기 시작하여 땅속으로 들어가게 된다. 땅콩이라는 이름은 땅속에 콩이 열리므로 붙은 이름이지만 처음부터 땅속에서 생기는 것이 아니고 개화와 수정은 지상에서 일어나고 알이 자라는 것은 땅속에서 자라게 된다. 만약 비닐 피복을 사용하여 땅콩을 재배할 때는 꽃이 피기 시작하고 씨방자루가 자라기 시작하면 땅속으로 들어갈 수 있도록 비닐을 찢어 고랑으로 내려 포기 아래에 흙이 노출되도록 해야 하며 적당하게 북을

돋우어 주면 더욱 좋다. 수확은 가을에 서리가 내린 후에 한다. 수확한 땅콩은 꼬투리가 달린 포기째 잘 말린 후 꼬투리를 따서 저장하면 되는데 이때 자칫하면 까치 등이 몰려들어 땅콩을 훔쳐가기도 하므로 주의한다.

옥수수

옥수수는 비료를 흡수하는 능력이 뛰어나 척박지에서도 비교적 잘 자라는 작물이다. 물론 척박한 곳에서 재배하면 수확량이 많지는 않지만 초보 농군이 재배하기 좋은 작물이다. 심는 시기도 융통성이 강하여 일찍 심으면 일찍 수확하게 되고 늦게 심으면 늦게 수확하게 된다. 대체로 파종 후 90~100일 정도 후에 수확하게 되며 여름에 수확하는 옥수수는 4~5월에 파종한다. 텃밭 농사로 생산되는 옥수수는 대개 찐 옥수수로 소비하게 되므로 한 번에 많은 양이 생산되면 미처 다 소비하지 못하므로 일찍 파종하는 것은 4월 상순에, 늦게 파종하는 것은 5월 상순 정도에, 두어 차례 나누어 파종하면 수확 시기가 달라질 수 있다. 파종할 때는 종자를 하루 정도 물에 불린 후 파종하면 발아가 빠르며 트레이에 두 알씩 파종했다가 싹이 튼 후 모종을 심으면 관리에 편하다. 포기 간의 거리는 25~30cm로 하며 거름을 많이 요구하므로 심기 전 밑거름을 넣고 또 자라는 것에 따라서 두어 차례 복합비료를 덧거름으로 준다. 자라면서 곁가지가 생기면 제거한다. 옥수수는 강한 햇빛을 좋아하며 그늘진 곳에서는 대는 자라도 알이 제대로 들지 않으므로 볕바른 곳을 택하며 또 키가 커서 다른 작물에 그늘을 지우므로 텃밭의 가장자리에 심으면 좋다. 쪄서 먹는 옥수수는 수염이 생긴 지 25~30일 후에 수확하며 이 시기는 수염이 갈색으로 변하지만 완전히 마르지는 않은 시기이다.

감자

감자는 남미의 안데스 고원지대가 원산지로 대표적인 저온 작물이다. 우리나라에서는 봄과 가을 두 차례에 걸쳐 감자를 재배할 수 있는데 남부 지방의 경우 봄심기는 3월 상순경에 하며 중부 지방의 경우 4월 상순에 한다. 대개 봄 감자는 추위에 견디도록 좀 깊게 심고 가을 감자는 아직 더운 시기이므로 얕게 심는다. 우선 퇴비를 뿌리고 흙을 갈아엎어 이랑을 만드는데 이랑의 폭은 60~70cm 정도로 하고 포기 간의 거리는 20~30cm로 하면 무난하다. 씨감자는 이전에 모두 저장한 감자를 잘라 심었는데 요즘은 전문적으로 감자 농사 짓는 농부들은 종묘상 등에서 보급하는 씨감자를 사서 심기도 한다. 감자는 어린 싹

이 자라는 동안에 서리가 오기도 하고 때로는 살얼음이 얼기도 하지만 큰 피해를 입지 않을 정도로 냉해에 견디는 힘이 강하다. 그러나 더위에는 약하여 여름이 되면 대가 말라 버리게 되므로 6월이면 수확하게 된다. 가을심기는 8월 중순에서 하순 사이에 하고 수확은 11월 중순에 하는데 대개 씨감자 생산을 위해 심는 경우가 많다.

강낭콩

강낭콩은 밥에 넣어 먹어도 좋고 떡고물로도 많이 이용한다. 재배가 쉬워 초보 농사꾼도 어렵지 않게 재배할 수 있다. 파종 시기는 4월 초순경이며 수확은 6월 하순에 한다. 콩과 식물이므로 거름을 많이 줄 필요가 없으며 약간의 퇴비를 밑거름으로 넣고 밭을 잘 갈아 나지막하게 두둑을 지은 후 2알씩 점파한다. 6월 중하순이 되어 꼬투리가 퇴색되면 거의 익은 것인데 밥에 넣어 먹을 콩은 이때 수확하고, 저장했다가 이용할 콩은 좀 더 마른 후에 수확한다. 수확기가 여름 장마철이 되기 쉬운데 장맛비를 맞게 되면 꼬투리 안에서 발아하거나 썩기도 하므로 그 전에 수확하는 것이 안전하다.

완두콩

밥에 넣어 먹거나 그대로 삶아 간식으로 먹기도 하며 또 떡고물로도 이용하는데 색과 맛이 좋다. 3월 하순이나 4월 초순에 파종하고 덩굴성이어서 지주를 세울 필요가 있다. 6월 하순경 수확하지만 완두는 차례로 꽃이 피고 차례로 꼬투리가 익으므로 텃밭 농사에서는 익는 대로 수확하여 밥에 얹어 먹을 수 있다. 완두는 추위에 견디는 힘이 아주 강하여 기후가 온난한 남해안 지방에서는 가을에 파종하여 5월에 수확하기도 한다. 이 경우 10월 중하순에 파종하며 완두의 어린 싹은 겨울 동안 추위를 견디며 봄을 기다린다. 어린 완두는 영하 7~8도 정도는 거뜬히 견디지만 영하 10도 이하로 떨어지면 동해를 입을 수도 있다. 수확한 완두는 벌레 먹기 쉬우므로 잘 말린 후 냉장고에 넣어 보관한다.

정원지기가 알아야 할 식물학 기초 지식

식물의 분류

자연분류

식물의 유연관계에 따라 식물을 분류하는 것을 자연분류라 한다. 그러나 유연관계는 학자의 견해에 따라 다를 수 있으므로 절대적인 것이 아니다. 식물의 분류에 사용되는 단위는 문(門, phylum), 강(綱, class), 목(目, order), 과(科, family), 속(屬, genus), 종(種, species)의 6단계를 쓰는데 각 분류 단위에서 더 세분할 필요가 있을 때는 아(亞, sub-)라는 접두어를 붙여 아목, 아과, 아속처럼 쓰기도 한다. 실제 식물을 기르고 분류하는 과정에서는 목 단위 이상의 분류군은 큰 의미가 없으므로 과 단위 이하만 알아도 충분하다. 자연분류에서 같은 분류 단위에 속하는 식물은 진화적으로 유연관계가 있다는 것을 의미하며 아래 분류군 단위로 내려갈수록 더욱 세분화되며 같은 그룹에 속한 것끼리는 그들의 유연관계가 더욱 가까워진다.

학명이 *Rosa rugosa*인 '해당화'를 위의 분류 단위별로 살펴보면 다음과 같다.

종자식물문(Spermatophyta)
피자식물강(Angiospermae)
쌍자엽식물아강(Dicotyledonae)
장미목(Rosales)
장미과(Rosaceae)
장미속(*Rosa*)
해당화 종(*rugosa*)

인위분류

식물을 진화의 유연관계보다는 사람의 편의에 따라 분류하는 방식으로 수많은 분류 방식이 가능하다. 예를 들어 식물을 목본과 초본으로 나누는 방법, 또 목본식물을 교목과 관목 또는 상록수와 낙엽수로 나누는 등은 모두 인위적 분류 방식이며 초본을 1년초, 2년초, 다년초, 숙근초, 구근초로 나누는 것 또한 인위적 분류 방식이다.

식물의 생육에 미치는 환경요인

식물이 자라는 데는 몇 가지 환경요인이 작용하는데 바로 햇빛, 온도, 수분, 그리고 토양이다. 이들을 잘 조절해 주는 것이 식물을 잘 기르는 요령이다.

햇빛

동물은 먹이를 섭취해야만 살 수 있는 데 반해 식물은 스스로 양분을 만들어 살아간다. 이 과정에 꼭 필요한 것이 햇빛이다. 식물의 잎에는 엽록체라는 기관이 있어 물과 이산화탄소로부터 포도당을 만드는데 이 과정에 필요한 에너지를 햇빛이 공급한다. 따라서 모든 식물은 햇빛 없이는 살 수 없다. 하지만 식물이 필요로 하는 햇빛의 강도는 식물에 따라 제각기 달라 소나무나 참나무처럼 강한 햇볕에서 잘 자라는 나무가 있는가 하면 단풍나무처럼 큰 나무 아래에서 더 잘 자라는 나무도 있고 천남성처럼 약한 빛을 좋아하여 볕바른 곳에서는 아예 살지 못하는 종류도 있다. 모든 식물이 빛을 필요로 하지만 요구하는 빛의 세기는 제각기 다른 것이다. 따라서 정원에서 조경수나 화초를 재배할 때는 그 식물의 빛 요구 정도를 잘 알아서 그에 맞는 장소에 심어야 한다.

온도

식물은 기온이 일정 수준 이하로 내려가면 생육이 정지되거나 냉해를 입기도 하며 또한 너무 높은 온도에서도 생육 장애를 일으킨다. 대체로 봄과 여름에 생장이 왕성하지만 식물에 따라 요구하는 온도는 다르다. 제주도에서 자생하는 녹나무, 후박나무, 참식나무 같은 난대식물은 겨울 기온이 크게 내려가는 육지에서는 얼어 죽기 쉬우며 반대로 구상나무, 분비나무 같이 높

양지식물과 음지식물

구분	수목	초화
양지식물	소나무, 참나무, 백송, 개나리, 장미, 해당화, 무궁화, 튤립나무, 배롱나무, 낙상홍	매리골드, 참나리, 접시꽃, 채송화, 마타리, 해국
음지식물	전나무, 비자나무, 팔손이나무	맥문동, 새우란, 베고니아, 풀고사리, 천남성
반음지식물	동백, 돈나무, 후피향나무, 호랑가시나무, 꽝꽝나무, 산철쭉	꽃향유, 구절초, 털머위

은 산에서 자라는 종류는 여름이 더운 저지대에서는 생육이 어렵다. 따라서 정원에 심는 수목과 초화는 그 지역 환경에 적응할 수 있는 식물을 선택해 심어야 하며, 대체로 지역에 자생하는 식물 위주로 심는 것이 바람직하다.

물

식물체 내 물의 비율은 대개 80~95% 정도이므로 식물이 물 없이는 살 수 없다. 식물이 뿌리로부터 흡수하는 무기염류는 모두 물에 녹은 수용액 형태로 받아들이며 더운 여름철 뜨거운 태양 아래에서도 잎이 마르지 않고 싱싱한 것도 잎의 기공을 통해 수분이 증산되어 잎의 온도를 낮추어 주기 때문이다. 이렇게 식물의 생존에 필수불가결한 것이 물이지만 토양 속에 물이 고여 있는 상태가 지속되면 뿌리에 산소의 공급이 차단되어 뿌리가 썩거나 식물체가 고사할 수도 있다. 물은 꼭 필요하지만 과습은 좋지 않은 것이다. 따라서 토양 내 수분이 과하지 않으면서 적당한 수분이 유지되는 것이 식물의 생육에 가장 좋은 환경이라 할 수 있다. 그러나 식물의 종류에 따라 건조한 환경에 적응한 것과 다습한 환경에 적응한 것도 있으므로 그에 맞게 관리해 주어야 한다.

토양

원래 식물은 물과 햇빛, 그리고 적당한 무기염류만 제공되면 생존·생육할 수 있다. 그러나 자연 상태에서는 뿌리를 내릴 수 있는 토양이 반드시 있어야 한다. 토양은 식물을 지지하는 기반이자 수분과 무기염류의 공급원이 되기 때문이다. 토양은 모래와 점토의 구성 비율에 따라 사토, 사양토, 양토, 점질양토, 점토 등으로 구분하기도 하는데 사토는 통기성이 좋은 반면 보수성이 나빠지고 점토는 보수성은 좋지만 통기성이 나쁘다. 대부분의 식물은 적당한 보수성과 통기성을 동시에 가지는 사양토나 양토에서 생육이 좋다. 따라서 논흙과 같이 점토에 가까운 흙은 적당히 모래를 섞어 토성을 개량해야 식물의 생육에 좋으며 반대로 강모래로 이루어진 곳

건조한 환경과 다습한 환경을 좋아하는 식물

	수목	초화
건조한 환경을 좋아하는 식물	소나무, 노간주나무, 향나무	선인장류, 잔디, 바위솔, 꿩의비름, 기린초, 다육식물
다습한 환경을 좋아하는 식물	각종 버들 종류, 낙우송	꽃창포, 토란, 칼라, 노랑꽃창포, 붓꽃

토양 산도별 잘 자라는 식물

구분	수목	초화
산성 토양에서 잘 자라는 식물	진달래, 철쭉, 만병초, 블루베리, 등대꽃, 방울철쭉, 소나무, 종덩굴, 클레마티스	새우난초, 금새우난초, 금어초, 페튜니아
알칼리성 토양에서 잘 자라는 식물	측백나무, 배롱나무	과꽃, 금잔화, 앵초
약산성 ~ 중성 토양에서 잘 자라는 식물	대부분의 식물	

에서는 양토를 섞어 토성을 개량해 주는 것이 좋다.

한편, 토양의 산도와 같은 화학적 성질도 식물의 성장에 영향을 미치는데 대부분의 식물은 pH 5.8~6.5 사이의 약산성이나 중성 토양에서 생육이 좋지만 종에 따라서는 다른 산성도를 요구하기도 한다. 대체로 소나무나 진달래과 식물은 산성 토양에서 잘 자라며 백일홍, 과꽃, 금잔화 등은 중성 토양이나 약알칼리성 토양에서 잘 자란다. 토양의 산성도를 확인하려면 토양을 채취하여 지역 농업기술원에 측정을 의뢰하면 된다. 적은 비용으로 직접 할 수도 있는데 화공약품상이나 교구 등을 취급하는 과학상에서 산도 측정용 리트머스 시험지를 구입하여 검사할 흙을 채취하여 물을 부어 저은 다음 30분쯤 지난 후에 시험지를 물에 적셔 확인할 수 있다. 산성 토양을 중성 토양으로 중화시키려면 석회를 뿌리며 반대로 알칼리성 토양이나 중성 토양을 산성으로 바꾸려면 토양에 유황을 적당히 뿌리면 유황

이 서서히 산화하여 황산으로 변하므로 산성 토양으로 바뀌게 된다.

식물의 광합성

생물이 살아가기 위해서는 에너지를 필요로 한다. 동물은 양분을 가지고 있는 먹이를 섭취하여 이 에너지를 얻는다. 반면 식물은 햇빛 에너지를 직접 이용할 수 있으므로 먹이를 섭취할 필요가 없다. 이처럼 식물이 햇빛 에너지를 직접 이용하여 양분을 만드는 현상을 광합성 또는 탄소동화작용이라 한다. 광합성에 사용되는 원료 물질은 뿌리에서 흡수한 물과 잎의 기공을 통해 받아들인 이산화탄소이며 이 원료로부터 포도당이 만들어진다. 식물이 광합성으로 만드는 이 포도당은 지구상의 모든 생물을 먹여 살리는 에너지의 근원이 된다. 식물이 없이는 지구상의 어떤 생물도 생존할 수 없는 것이다. 광합성이 일어나는 장소는 식물의 잎에 수없이 많이 있는 엽록체라는 아주 작은 기관이다. 이곳에서 햇빛 에너지를 이용하여 물을 분해하고 이때 발생하는 에너지로 이산화탄소를 환원시켜 포도당을 만든다. 광합성이 잘 일어나야 식물은 영양분을 충분히 합성할 수 있으므로 광합성에 적합한 조건은 곧 식물의 성장에 좋은 조건이기도 하다.

광합성에 영향을 미치는 요인으로는 다음과 같은 것이 있다.

첫째, 빛을 들 수 있다. 식물은 빛이 없이는 광합성을 할 수 없어 생존이 불가능하며 빛이 너무 약하면 광합성 양이 너무 적어 식물은 쇠약해져 결국 고사할 수도 있다. 그렇다고 빛이 셀수록 좋은 것도 아니다. 대부분의 식물은 그 식물이 자라는 환경에 맞도록 진화하여 왔기에 식물의 종류에 따라 필요로 하는 빛의 세기는 제각기 다르다. 예컨대 음지식물이 너무 강한 햇빛을 받게 되면 오히려 엽록소가 파괴되어 잎이 누렇게 변하거나 잎이 장해를 입어 광합성 양이 감소하게 된다.

둘째, 온도를 들 수 있다. 광합성 과정에는 식물체에 존재하는 여러 효소들이 작용하게 되는데 이들이 잘 작용하기 위해서는 적당한 온도가 요구되는 것이다. 봄과 여름에는 식물이 왕성하게 자라지만 겨울에는 식물이 거의 자라지 않는 것은 바로 적당한 온도가 아니기 때문이다.

셋째, 이산화탄소의 양이다. 대기 중의 이산화

탄소 농도는 비교적 일정하므로 식물에 큰 영향을 미치지 않는다고 볼 수 있으나 비닐하우스나 온실 안에서처럼 밀폐된 공간이라면 식물의 광합성으로 이산화탄소의 양은 계속 감소하게 되므로 기온이 올라가는 낮 동안에 문이나 창문을 열어 환기를 해 주는 것이 좋다.

넷째, 뿌리에서 흡수하는 물이다. 식물이 너무 건조한 상태가 되면 물을 충분히 흡수할 수 없어 광합성에 영향을 주게 된다. 또 그러한 조건에서는 식물이 건조를 막기 위해 기공을 닫게 되므로 이산화탄소의 공급도 제대로 일어나지 않아 광합성 효율도 극도로 떨어지게 된다. 따라서 식물이 광합성을 잘하고 잘 자라기 위해서는 적당한 빛과 온도, 수분이 필요하다.

개화 생리 및 결실 촉진법

식물 중에서 낮의 길이가 대략 12시간 이상일 때 꽃이 피는 종류를 '장일식물', 낮의 길이가 10~12시간 이하일 때 꽃이 피는 종류를 '단일식물', 낮의 길이와는 관계없이 다른 요인으로 꽃이 피는 식물을 '중성식물'이라 한다. 우리나라에서 장일식물은 대개 봄부터 여름에 꽃이 피며 시금치, 금잔화, 쑥갓, 금어초, 페튜니아, 매리골드, 수레국화 등이 이에 해당한다. 단일식물은 가을에 꽃이 피며 국화, 코스모스, 샐비어, 맨드라미 등이 이에 해당한다. 중성식물은 연중 낮의 길이에 변화가 없는 열대 지방 원산식물이 많은데 베고니아, 제라늄, 채송화, 다알리아, 안스리움, 칼라, 오이, 해바라기, 옥수수, 양파 등이 이에 해당한다.

식물의 개화에 이처럼 밤낮의 상대적인 길이가 영향을 미치므로 특정 식물을 다른 계절에 꽃을 피우고자 할 때 이를 이용하기도 한다. 예컨대 단일식물인 국화를 봄이나 여름에 꽃을 피우려면 아침 일찍 또는 오후 늦은 시간에 차광하여 낮의 길이를 인위적으로 짧게 해 주고 상대적으로 밤의 길이를 길게 해 주면 꽃눈이 분화하여 계절과 무관하게 꽃이 피게 된다.

그런데 같은 종인데도 어떤 나무는 꽃이 잘 피는 데 반해 어떤 나무는 더 나이를 먹었는데도 꽃이 잘 피지 않아 애를 태우는 경우가 적지 않다. 이는 재배 환경에 따라 개화에 걸리는 기간이 현저히 달라지는 경우로 대체로 햇볕이 잘 쬐고 약간 건조한 토양 환경에서는 꽃이 빨리 피지만 질소 성분이 많고 기름진 땅이거나 그늘진 환경에서 자라면 개화까지 더 오랜 기간이 소요된다.

식물의 개화를 결정하는 데는 식물체 내의 C/N율도 중요한 역할을 하는 것으로 알려져 있다. C/N율의 C는 carbohydrate(탄수화물) 또는 carbon(탄소)를 의미하고 N은 nitrogen(질소)를 의미한다. 즉 C/N율은 식물체 내 질소 화합물에 대한 탄소화합물의 비율인 것이다. 이 비율이 높을수록 개화와 결실이 잘 된다. 반면 이 비율이 낮으면(상대적으로 질소 화합물의 비율이 높다는 의미가 된다) 영양생장을 계속하게 되어 개화와 결실이 잘 안 되는 것이다.

그러면 어떻게 C/N율을 높여 개화와 결실을 촉진할 수 있을까? 첫째, 햇볕을 잘 쬐게 한다. 햇볕을 잘 쬐면 식물이 광합성을 충분히 할 수 있으므로 체내 탄소화합물의 양이 많아지게 되어 C/N율이 높아지게 되는 것이다. 둘째, 질소비료의 과용을 삼가한다. 질소비료를 많이 주면 N의 비율이 높아지게 되어 영양생장을 계속하게 된다. 셋째, 접목묘를 배양한다. 접목하여 기른 나무는 개화와 결실에 빨리 도달하고 또 개화율이 높아진다. 그 이유는 접목으로 인해 두 조직 간의 양분 이동이 불량해져 지상부의 C/N율이 높아지기 때문이다. 넷째, 관수를 억제한다. 물을 많이 주거나 토양이 항상 축축한 상태를 유지하면 식물은 뿌리에서 질소 성분을 잘 흡수하여 영양생장 모드를 지속하기 때문이다. 즉, 약간 메마른 환경에서 오히려 개화가 촉진되는 것이다. 다섯째, 계속 영양 생장만 하고 꽃이 잘 피지 않는 나무는 이식한다. 이식하면 뿌리가 많이 잘리게 되어 토양으로부터 물과 비료 성분을 충분히 흡수할 수 없게 된다. 반면 잎에서의 동화작용은 여전히 잘 일어나므로 C/N율이 극적으로 높아져 개화와 결실을 하게 되는 것이다.

우리는 흔히 식물이 죽을 환경에 처하면 후세라도 남기기 위해서 꽃을 피우고 열매를 되레 많이 맺는다는 얘기를 한다. 예컨대, 벌레가 나무의 껍질을 갉아먹어 죽게 되면 가지마다 아주 많은 꽃봉오리가 맺는 것이 이런 예에 해당된다. 죽기 전에 열매를 많이 맺으려는 것으로 보이는 것이다. 그러나 이는 벌레가 껍질을 손상시켜 탄소화합물의 이동 경로인 체관부가 끊기고 차단되어 C/N율이 극적으로 높아져 나타나는 생리 현상인 것이다. 예전에 사람들이 과일나무에 열매가 잘 열리지 않으면 둥치 부분을 도끼로 찍으면서 나무를 시집보내는 의식을 치르곤 했는데 이 방법 역시 체관부를 일부 손상시켜 C/N율을 증가시키므로 충분히 과학적 근거가 있는 것이다.

이런 원리는 나무에만 해당되는 것은 아니고 초본에도 적용된다. 많은 사람들은 흔히 양란 중 심비디움이 꽃을 잘 피우지 않는다고 말한다. 심비디움이 화려하고 큰 꽃을 피우는 데는 상당한 동화산물이 필요하다. 다시 말해 탄소화합물이 많이 생성되어야 하는데 그러기 위해서는 적당히 햇볕을 쬐어 주어야 하는 것이다. 거의 그늘에서 기르는 동양란과 같은 방식으로 심비디움을 관리하면 꽃을 보기 어렵다. 반면 성장기에 잎이 타지 않을 정도로 충분히 햇빛을 쬐어 준다면 거의 틀림없이 꽃을 볼 수 있다.

부록

가정 정원에 심기 좋은 조경수 260종의 특징과 번식 방법

수종	주요관상 부위	성상	번식법	음양성	식재적지
가막살나무	꽃, 열매	낙엽활엽관목	실생, 삽목, 휘묻이	양지, 반음지	전국
가시나무	상록 잎, 수형	상록활엽교목	실생	양지, 반음지	남부지방
가시오갈피	꽃, 열매, 잎	낙엽활엽관목	실생, 근삽	양지	전국
가침박달	꽃	낙엽활엽관목	실생, 삽목	양지	전국
갈기조팝나무	꽃	낙엽활엽관목	실생, 삽목	양지, 반음지	전국
감나무	열매	낙엽활엽교목	실생, 접목	양지	중부이남(강원 제외)
감태나무	단풍	낙엽활엽관목	실생	양지, 음지	중부이남
개나리	꽃	낙엽활엽관목	실생, 삽목	양지	전국
개느삼	꽃	낙엽활엽관목	근삽, 실생	양지	전국
개버무리	꽃	낙엽활엽만경	실생	양지	전국
개벚나무	꽃	낙엽활엽교목	실생, 삽목	양지	전국
개비자나무	상록 잎	상록침엽관목	실생, 삽목	양지, 음지	전국
계수나무	단풍, 잎의 향기	낙엽활엽교목	실생	양지	전국
고광나무	꽃	낙엽활엽관목	삽목, 실생	양지, 반음지	전국
고로쇠나무	단풍, 꽃	낙엽활엽교목	실생	양지	전국
고욤나무	열매	낙엽활엽교목	실생	양지	전국
곰솔	잎, 수형	상록침엽교목	실생	양지	중부이남
곰의말채	꽃	낙엽활엽교목	실생	양지	전국
골담초	꽃	낙엽활엽관목	근삽, 분주	양지	전국
공작단풍	잎, 수형	낙엽활엽관목	접목	양지	전국
공조팝나무	꽃	낙엽활엽관목	삽목, 실생	양지	전국
광나무	상록 잎, 꽃, 열매	상록활엽교목	실생, 삽목	양지, 반음지	남부지방
괴불나무	꽃, 열매	낙엽활엽관목	실생	양지	전국
구골나무	꽃, 열매, 상록 잎	상록활엽소교목	실생, 삽목	양지, 반음지	남부지방
구상나무	상록 잎, 수형, 열매	상록침엽교목	실생	반음지	전국
구실잣밤나무	상록 잎	상록활엽교목	실생	양지	남부해안지방
굴거리	열매, 상록 잎	상록활엽소교목	실생	양지, 반음지	남부지방
금목서	꽃, 상록 잎	상록활엽소교목	삽목	양지, 반음지	남부지방
길마가지나무	꽃, 열매	낙엽활엽관목	실생, 삽목	양지, 반음지	전국
까마귀쪽나무	상록 잎, 열매	상록활엽교목	실생	양지, 반음지	남부해안지방
꼬리조팝나무	꽃	낙엽활엽관목	실생, 삽목, 분주	양지	전국

수종	주요관상 부위	성상	번식법	음양성	식재적지
꼬리진달래	꽃, 상록 잎	상록활엽관목	삽목	양지, 반음지	전국
꽃개회나무	꽃	낙엽활엽관목	실생, 삽목	양지	전국
꽃댕강나무	꽃	낙엽활엽관목	실생, 삽목	양지, 반음지	전국
꽃아그배나무	꽃	낙엽활엽소교목	실생	양지	전국
꽃치자	꽃, 상록 잎	상록활엽관목	삽목	양지, 반음지	남부지방
꽝꽝나무	열매, 상록 잎	상록활엽관목	삽목, 실생	양지, 반음지	남부지방
꾸지뽕나무	꽃, 열매	낙엽활엽교목	실생, 근삽	양지	전국
나무수국	꽃	낙엽활엽관목	삽목	양지	전국
낙상홍	열매	낙엽활엽관목	실생	양지	전국
낙우송	단풍, 수형	낙엽침엽교목	실생, 삽목	양지	전국
남오미자	꽃, 열매, 상록 잎	상록만경	실생, 삽목	반음지	남부지방
남천	꽃, 열매, 상록 잎	상록활엽관목	실생, 삽목	양지, 반음지	중부이남(강원 제외)
납매	꽃	낙엽활엽관목	실생	양지	남부지방
노각나무	꽃, 단풍	낙엽활엽교목	실생	양지	중부이남(강원 제외)
녹나무	상록 잎, 수형	상록활엽교목	실생	양지, 반음지	남부해안지방
느티나무	단풍, 수형	낙엽활엽교목	실생	양지	중부이남
능수매	꽃, 열매, 수형	낙엽활엽소교목	접목	양지	중부이남
다정큼나무	꽃, 열매, 상록 잎	상록활엽관목	실생, 삽목	양지, 반음지	남부지방
단풍나무	잎, 단풍, 녹음	낙엽활엽교목	실생	양지, 반음지	전국
담쟁이덩굴	잎, 단풍	낙엽활엽만경	실생, 삽목	양지, 음지	전국
담팔수	상록 잎	상록활엽교목	실생	양지, 반음지	남부해안지방
당단풍	잎, 단풍, 녹음	낙엽활엽소교목	실생	양지, 반음지	전국
당마가목	꽃, 열매	낙엽활엽소교목	실생	양지	전국
대만풍나무	잎, 단풍	낙엽활엽교목	실생	양지	전국
대추나무	열매	낙엽활엽소교목	실생, 접목	양지	중부이남
대팻집나무	열매	낙엽활엽소교목	실생	양지	전국
댕강나무	꽃	낙엽활엽관목	삽목, 실생	양지, 반음지	전국
덜꿩나무	꽃, 열매	낙엽활엽관목	삽목, 실생	양지, 반음지	전국
돈나무	꽃, 열매, 상록 잎	상록활엽관목	실생, 삽목	반음지	남부지방
동백	꽃, 상록 잎	상록활엽소교목	실생, 삽목	양지, 반음지	남부지방
등나무	꽃, 잎, 열매	낙엽활엽만경	실생, 삽목, 근삽	양지	전국
때죽나무	꽃, 열매	낙엽활엽소교목	실생	양지, 반음지	전국

수종	주요관상 부위	성상	번식법	음양성	식재적지
뜰보리수나무	꽃, 열매	낙엽활엽관목	실생, 삽목	양지	전국
라일락	꽃	낙엽활엽소교목	삽목, 실생, 접목	양지	전국
마가목	꽃, 열매	낙엽활엽소교목	실생	양지	전국
마삭줄	꽃, 상록 잎	상록활엽만경	삽목, 실생	양지, 음지	중부이남
만리화	꽃, 단풍	낙엽활엽관목	삽목, 실생	양지	전국
만병초	꽃, 상록 잎	상록활엽관목	실생	반음지	전국
말발도리	꽃	낙엽활엽관목	실생, 삽목	반음지	전국
말오줌때	열매	낙엽활엽관목	실생	양지	남부지방
말채나무	꽃, 수피	낙엽활엽교목	실생	양지	전국
매발톱나무	꽃, 열매	낙엽활엽관목	실생, 분주	양지	전국
매실나무	꽃, 열매	낙엽활엽소교목	실생, 접목, 삽목	양지	중부이남(강원 제외)
매자나무	꽃, 열매	낙엽활엽관목	실생, 분주	양지	전국
먼나무	꽃, 열매, 상록 잎	상록활엽소교목	실생, 삽목	양지, 반음지	남부 지방
멀구슬나무	꽃, 열매	낙엽활엽교목	실생	양지	남부 지방
멀꿀	꽃, 열매, 상록 잎	상록만경	실생, 삽목	양지, 반음지	남부 지방
메타세쿼이아	단풍, 수형	낙엽침엽교목	실생, 삽목	양지	전국
명자꽃	꽃, 열매	낙엽활엽관목	실생, 삽목	양지	전국
모감주나무	꽃, 단풍	낙엽활엽교목	실생, 근삽	양지	전국
모과나무	꽃, 열매, 단풍, 수피	낙엽활엽교목	실생	양지	전국
모란	꽃	낙엽활엽관목	실생, 접목, 분주	양지	전국
모밀잣밤나무	상록 잎	상록활엽교목	실생	양지, 반음지	남부해안지방
모새나무	꽃, 상록 잎	상록활엽관목	실생, 삽목	양지	남부해안지방
목련	꽃, 열매	낙엽활엽교목	실생	양지	전국
무궁화	꽃	낙엽활엽소교목	삽목, 실생	양지	전국
무화과	열매	낙엽활엽소교목	삽목	양지	남부지방
무환자나무	꽃, 열매, 단풍	낙엽활엽교목	실생	양지	남부지방
미국풍나무	단풍, 열매	낙엽활엽교목	실생, 근삽	양지	전국
미선나무	꽃	낙엽활엽관목	삽목, 실생	양지, 반음지	전국
박달목서	꽃, 상록 잎	상록활엽소교목	삽목, 실생	양지, 반음지	남부지방
박쥐나무	꽃, 열매	낙엽활엽관목	실생	반음지, 음지	전국
박태기나무	꽃	낙엽활엽관목	실생	양지	전국
배롱나무	꽃, 수피	낙엽활엽교목	삽목, 실생	양지	남부지방

수종	주요관상 부위	성상	번식법	음양성	식재적지
백당나무	꽃, 열매	낙엽활엽관목	삽목, 실생	양지	전국
백량금	꽃, 열매, 상록 잎	상록활엽관목	삽목, 실생	양지, 반음지	제주도
백리향	꽃, 상록 잎, 잎 향기	상록활엽관목	삽목, 분주	양지	전국
백목련	꽃	낙엽활엽소교목	실생, 접목	양지	전국
백서향	꽃, 열매, 상록 잎	상록활엽관목	삽목, 실생	양지, 반음지	남부지방
백송	상록 잎, 수형	상록침엽교목	실생	양지	전국
벚나무	꽃	낙엽활엽교목	실생, 삽목	양지	전국
별목련	꽃, 열매	낙엽활엽소교목	실생	양지	전국
병꽃나무	꽃	낙엽활엽관목	삽목, 실생	양지, 반음지	전국
병아리꽃나무	꽃, 열매, 단풍	낙엽활엽관목	실생, 삽목	양지	전국
복사나무	꽃, 열매	낙엽활엽소교목	실생, 접목	양지	전국
복자기나무	단풍	낙엽활엽교목	실생	양지	전국
부게꽃나무	단풍	낙엽활엽소교목	실생	양지	전국
분꽃나무	꽃	낙엽활엽관목	삽목, 실생	양지, 반음지	전국
분단나무	꽃	낙엽활엽관목	삽목, 실생	양지	전국
불두화	꽃	낙엽활엽관목	삽목	양지	전국
붉가시나무	상록 잎	상록활엽교목	실생	양지	남부지방
붉은인동	꽃	낙엽활엽만경	삽목	양지	전국
붓순나무	꽃, 열매, 상록 잎	상록활엽소교목	실생, 삽목	양지, 반음지	남부지방
블루베리	꽃, 열매	낙엽활엽관목	삽목, 실생	양지	전국
비목나무	꽃, 열매, 단풍	낙엽활엽소교목	실생	양지	전국
비자나무	열매, 상록 잎	상록침엽교목	실생, 삽목	반음지	남부지방
비파나무	열매, 상록 잎	상록활엽관목	실생	양지	남부해안지방
빈도리	꽃	낙엽활엽관목	삽목, 실생	양지	전국
사람주나무	단풍, 수피	낙엽활엽관목	실생	양지, 반음지	중부이남(강원 제외)
사스레피나무	상록 잎, 열매	상록활엽관목	실생	양지	남부지방
사철나무	열매, 상록 잎	상록활엽관목	삽목, 실생	양지, 반음지	중부이남(강원 제외)
산가막살나무	꽃, 열매	낙엽활엽관목	삽목, 실생	양지, 반음지	전국
산겨릅나무	꽃, 단풍	낙엽활엽소교목	실생	양지	전국
산개나리	꽃	낙엽활엽관목	삽목, 실생	양지, 반음지	전국
산딸나무	꽃, 열매, 단풍, 수피	낙엽활엽소교목	실생	양지	전국
산벚나무	꽃	낙엽활엽교목	실생, 삽목	양지	전국

수종	주요관상 부위	성상	번식법	음양성	식재적지
산사나무	꽃, 열매	낙엽활엽소교목	실생, 근삽	양지	전국
산수국	꽃	낙엽활엽관목	삽목, 실생	양지, 반음지	전국
산수유	꽃, 열매, 수피	낙엽활엽교목	실생	양지	전국
산옥매	꽃, 열매	낙엽활엽관목	삽목, 실생	양지	전국
산조팝나무	꽃	낙엽활엽관목	삽목, 실생	양지	전국
산철쭉	꽃	낙엽활엽관목	삽목	반음지	전국
산호수	열매, 꽃, 상록 잎	상록활엽관목	삽목, 실생, 분주	반음지	남부해안지방
살구나무	꽃, 열매	낙엽활엽교목	실생, 접목	양지	전국
삼색병꽃	꽃	낙엽활엽관목	삽목, 실생	양지	전국
삼지닥나무	꽃	낙엽활엽관목	삽목, 실생	양지	남부지방
생강나무	꽃, 단풍	낙엽활엽관목	실생	양지, 반음지	전국
생달나무	열매, 상록 잎	상록활엽교목	실생	양지, 반음지	남부해안지방
생열귀나무	꽃, 열매	낙엽활엽관목	실생, 삽목	양지	전국
서향	꽃, 상록 잎	상록활엽관목	삽목, 실생	양지, 반음지	남부지방
석류	꽃, 열매	낙엽활엽소교목	삽목, 실생	양지	남부지방
섬개야광나무	꽃, 열매	낙엽활엽관목	실생, 삽목	양지	전국
섬괴불나무	꽃, 열매	낙엽활엽관목	실생, 삽목	양지	전국
섬백리향	꽃, 잎, 향기	상록활엽관목	삽목, 분주, 실생	양지	전국
세열단풍	잎, 단풍	낙엽활엽관목	접목	양지	전국
소귀나무	상록 잎, 열매	상록활엽소교목	실생	양지	제주도, 남해안 섬
소나무	상록 잎, 수형	상록침엽교목	실생	양지	전국
소사나무	단풍	낙엽활엽교목	실생	양지	전국
소철	상록 잎	상록침엽관목	실생	양지	제주도, 남해안지방
송악	상록 잎, 열매	상록활엽만경	삽목, 실생	양지, 음지	남부지방
수국	꽃	낙엽활엽관목	삽목, 실생	양지	전국
수수꽃다리	꽃	낙엽활엽소교목	삽목, 실생	양지	전국
순비기나무	꽃	낙엽활엽관목	삽목, 실생, 분주	양지	남해안지방
쉬땅나무	꽃	낙엽활엽관목	삽목, 실생	양지	전국
시닥나무	단풍	낙엽활엽교목	실생	양지	전국
식나무	열매, 상록 잎	상록활엽관목	삽목, 실생	반음지	남부지방
신나무	단풍	낙엽활엽교목	실생	양지	전국
아구장나무	꽃	낙엽활엽관목	삽목, 실생	양지	전국

수종	주요관상 부위	성상	번식법	음양성	식재적지
아그배나무	꽃, 열매	낙엽활엽소교목	실생	양지	전국
아왜나무	꽃, 열매, 상록 잎	상록활엽소교목	삽목, 실생	반음지	남부지방
애기동백	꽃, 상록 잎	상록활엽소교목	실생, 삽목	양지, 반음지	남부지방
앵도	꽃, 열매	낙엽활엽관목	실생, 분주	양지	전국
야광나무	꽃, 열매	낙엽활엽소교목	실생	양지	전국
야촌단풍	단풍, 잎	낙엽활엽소교목	실생, 접목	양지, 반음지	전국
양다래	꽃, 열매	낙엽활엽만경	삽목, 실생	양지	남부지방
얼룩식나무	열매, 상록 잎	상록활엽관목	삽목, 실생	반음지, 음지	남부지방
영춘화	꽃	낙엽활엽관목	삽목	양지	전국
오갈피	열매	낙엽활엽관목	실생, 근삽	양지	전국
오미자	꽃, 열매	낙엽활엽만경	삽목, 실생	양지	전국
옥매	꽃, 열매	낙엽활엽관목	삽목, 실생	양지	전국
올괴불나무	꽃, 열매	낙엽활엽관목	실생, 삽목	반음지	전국
올벚나무	꽃	낙엽활엽교목	실생, 삽목	양지	전국
완도호랑가시	열매, 상록 잎, 꽃	상록활엽소교목	삽목, 실생	양지, 반음지	남부지방
왕벚나무	꽃	낙엽활엽교목	실생, 삽목	양지	전국
우묵사스레피	상록 잎, 열매	상록활엽관목	실생	양지	남부지방
우산고로쇠	단풍	낙엽활엽교목	실생	양지	전국
월계수	열매, 상록 잎	상록활엽소교목	실생, 삽목	양지, 반음지	남부지방
유자나무	상록 잎, 꽃, 열매	상록활엽소교목	실생, 접목	양지	남해안지방
윤노리나무	꽃, 열매	낙엽활엽소교목	실생	양지	전국
으름덩굴	꽃, 열매, 잎	낙엽만경	실생, 삽목, 휘묻이	반음지	전국
은목서	꽃, 상록 잎	상록활엽소교목	삽목, 실생	양지, 반음지	남부지방
은행나무	단풍	낙엽활엽교목	실생, 삽목, 접목	양지	전국
음나무	꽃, 열매, 잎	낙엽활엽교목	실생, 근삽	양지	전국
이나무	꽃, 열매, 수피	낙엽활엽교목	실생, 근삽	양지	남부지방
이스라지	꽃, 열매	낙엽활엽관목	실생, 분주	양지	전국
이팝나무	꽃	낙엽활엽교목	실생	양지	중부이남
인가목	꽃, 열매	낙엽활엽관목	실생, 분주	양지	전국
인동덩굴	꽃	낙엽활엽만경	삽목, 실생	양지	전국
일본목련	꽃, 열매	낙엽활엽교목	실생	양지	전국
일본조팝나무	꽃	낙엽활엽관목	삽목	양지	전국

수종	주요관상 부위	성상	번식법	음양성	식재적지
자금우	꽃, 열매, 상록 잎	상록활엽관목	삽목, 실생	양지, 음지	남해안지방
자귀나무	꽃	낙엽활엽교목	실생	양지	중부이남
자두나무	꽃, 열매	낙엽활엽소교목	실생, 접목	양지	전국
자목련	꽃	낙엽활엽소교목	실생, 접목, 휘묻이	양지	전국
자주목련	꽃	낙엽활엽소교목	실생, 접목	양지	전국
장구밥나무	열매	낙엽활엽관목	실생	양지	전국
장미	꽃	낙엽활엽관목	접목, 삽목	양지	전국
장수만리화	꽃	낙엽활엽관목	삽목, 실생	양지	전국
정금나무	꽃, 열매, 단풍	낙엽활엽관목	실생	반음지	전국
정향나무	꽃	낙엽활엽소교목	삽목, 실생	양지	전국
제주광나무	꽃, 열매, 상록 잎	상록활엽소교목	실생, 삽목	양지, 반음지	남부지방
조팝나무	꽃, 단풍	낙엽활엽관목	실생, 삽목	양지	전국
졸가시나무	상록 잎	상록활엽소교목	실생	양지	남부지방
좀굴거리나무	상록 잎, 열매	상록활엽소교목	실생	양지, 반음지	남해안지방
좀작살나무	열매	낙엽활엽관목	실생	양지	전국
종가시나무	열매, 상록 잎	상록활엽교목	실생	양지, 반음지	남부지방
주목	열매, 상록 잎, 수형	상록침엽교목	삽목, 실생	양지, 반음지	전국
죽단화	꽃	낙엽활엽관목	삽목, 실생	양지, 반음지	전국
죽절초	열매, 꽃, 상록 잎	상록활엽관목	삽목, 실생	양지, 반음지	제주도
준베리	꽃, 열매, 단풍	낙엽활엽관목	실생	양지	전국
중국단풍	잎, 단풍, 녹음	낙엽활엽교목	실생	양지	전국
진달래	꽃	낙엽활엽관목	실생	양지, 반음지	전국
쪽동백나무	꽃, 열매	낙엽활엽소교목	실생	양지	전국
차나무	꽃, 열매, 상록 잎	상록활엽관목	실생, 삽목	양지, 반음지	남부지방
차빛당마가목	꽃, 열매	낙엽활엽소교목	실생	양지	전국
참꽃나무	꽃	낙엽활엽관목	실생	양지, 반음지	전국
참느릅나무	단풍	낙엽활엽소교목	실생	양지	전국
참빗살나무	열매, 단풍	낙엽활엽관목	실생, 삽목	양지, 반음지	전국
참식나무	열매, 상록 잎	상록활엽교목	실생	양지, 반음지	남부해안지방
참조팝나무	꽃	낙엽활엽관목	삽목, 실생	양지, 반음지	전국
참죽나무	실용수(식용), 녹음수	낙엽활엽교목	근삽, 실생	양지	남부지방
채진목	꽃, 열매	낙엽활엽소교목	실생, 삽목	양지, 반음지	남부지방

수종	주요관상 부위	성상	번식법	음양성	식재적지
철쭉	꽃, 단풍	낙엽활엽관목	실생	양지, 반음지	전국
체리	꽃, 열매	낙엽활엽소교목	접목	양지	전국
초령목	꽃, 열매, 상록 잎	상록활엽소교목	실생	양지	남해안지방
초크베리	꽃, 열매, 단풍	낙엽활엽관목	실생, 삽목	양지	전국
치자나무	꽃, 열매, 상록 잎	상록활엽관목	삽목, 실생	양지, 반음지	남부지방
칠엽수	꽃, 열매, 잎, 단풍	낙엽활엽교목	실생	양지	전국
콩배나무	꽃	낙엽활엽소교목	실생, 근삽	양지	전국
클레마티스	꽃	낙엽활엽만경	실생, 삽목	양지	전국
태산목	꽃, 상록 잎	상록활엽교목	실생, 접목	양지	남부지방
튤립나무	꽃, 잎, 단풍	낙엽활엽교목	실생	양지	전국
팔손이	꽃, 열매, 상록 잎	상록활엽관목	실생, 삽목	음지, 반음지	남부해안지방
팥꽃나무	꽃	낙엽활엽관목	근삽, 실생	양지	전국
팥배나무	꽃, 열매	낙엽활엽소교목	실생, 근삽	양지, 반음지	전국
팽나무	단풍	낙엽활엽교목	실생	양지	중부이남
포도나무	열매	낙엽활엽만경	삽목, 접목	양지	전국
풍년화	꽃	낙엽활엽관목	실생, 접목	양지	전국
피라칸다	꽃, 열매, 상록 잎	상록활엽소교목	실생, 삽목	양지, 반음지	중부이남, 강원 제외
함박꽃나무	꽃, 열매	낙엽활엽소교목	실생, 휘묻이, 접목	양지, 반음지	전국
합다리나무	꽃	낙엽활엽교목	실생	양지	전국
해당화	꽃, 열매	낙엽활엽관목	실생, 삽목, 분주	양지	전국
향나무	상록 잎	상록침엽교목	삽목, 실생	양지	전국
협죽도	꽃, 상록 잎	상록활엽관목	삽목	양지	남해안지방
호랑가시나무	꽃, 열매, 상록 잎	상록활엽소교목	실생, 삽목	양지, 반음지	남부지방
홍가시나무	꽃, 열매, 상록 잎	상록활엽소교목	실생, 삽목	양지, 반음지	남부지방
홍화으름	꽃, 열매, 잎	낙엽활엽만경	삽목, 실생	양지, 음지	전국
화살나무	꽃, 열매, 단풍	낙엽활엽관목	실생, 삽목	양지, 반음지	전국
황근	꽃	낙엽활엽관목	삽목, 실생	양지	제주도
황매화	꽃, 열매, 단풍	낙엽활엽관목	삽목, 실생, 분주	양지, 반음지	전국
황목련	꽃	낙엽활엽소교목	실생, 접목	양지	전국
황칠나무	꽃, 열매, 상록 잎	상록활엽소교목	실생, 삽목	반음지	남부지방
호두나무	열매	낙엽활엽교목	실생, 접목	양지	전국
회양목	꽃(향기), 상록 잎	상록활엽관목	삽목, 실생	양지	전국

수종	주요관상 부위	성상	번식법	음양성	식재적지
회잎나무	꽃, 열매, 단풍	낙엽활엽관목	삽목, 실생	양지, 반음지	전국
회화나무	꽃, 녹음	낙엽활엽교목	실생	양지	전국
후박나무	열매, 상록 잎	상록활엽교목	실생	양지, 반음지	남부해안지방
후피향나무	꽃, 열매, 상록 잎	상록활엽소교목	실생	양지	남부지방
히어리	꽃, 단풍	낙엽활엽관목	실생, 삽목, 분주	양지, 반음지	전국

가정 화단에 심기 좋은 초화류 255종의 특징과 번식 방법

식물명	개화기	영년성	번식법	음양성	재배 적지
각시붓꽃	봄	숙근다년초	종자, 분주	양지	전국
감국	가을	숙근다년초	종자, 삽목	양지	전국
개불알풀	봄	숙근다년초	분주	음지	전국
개연꽃	여름	숙근다년초	종자, 분주	양지	전국(수생식물)
갯기름나물	여름	숙근다년초	종자	양지	중부이남
고려엉겅퀴	여름–가을	숙근다년초	종자, 분주	양지	전국
고비	–	숙근다년초	포자, 분주	음지	전국
고삼	여름	숙근다년초	종자, 분주	양지	전국
곰취	여름	숙근다년초	종자	반음지	전국
관중	–	숙근다년초	분주, 포자	음지	전국
괭이눈	봄	숙근다년초	종자, 삽목	반음지	전국
구릿대	여름	2년초	종자	양지, 반음지	전국
구절초	가을	숙근다년초	종자, 삽목, 분주	양지, 반음지	전국
국화	가을	숙근다년초	삽목, 분주	양지	전국
글라디올러스	여름	숙근다년초(구근)	분구	양지	전국
금꿩의다리	여름	숙근다년초	종자, 분주	양지, 반음지	전국
금낭화	봄	숙근다년초	종자, 분주	양지, 반음지	전국
금불초	여름	숙근다년초	분주, 종자	양지	전국
금새우란(금새우난초)	봄	상록다년초	분주	음지	남부지방
금어초	봄 또는 여름	1년초 또는 2년초	종자	양지	전국
금잔화	여름	1년초	종자	양지	전국
기린초	여름	숙근다년초	종자, 삽목	양지	전국
깽깽이풀	봄	숙근다년초	종자, 분주	양지, 반음지	전국
꽃무릇(석산)	가을	숙근다년초(구근)	분구	양지, 반음지	남부지방
꽃범의꼬리	여름	숙근다년초	종자, 분주	양지	전국
꽃양배추	봄	1년초 또는 2년초	종자	양지	남부지방, 전국
꽃잔디(숙근플록스)	봄	상록다년초(목본성)	종자, 삽목, 분주	양지	남부지방
꽃창포	여름	숙근다년초	종자, 분주	양지	전국
꽃향유	가을	1년초	종자	양지, 반음지	전국
꽈리	여름	숙근다년초	종자, 분주	양지, 반음지	전국
꿩의바람꽃	봄	숙근다년초	종자, 분주	양지, 반음지	전국

식물명	개화기	영년성	번식법	음양성	재배 적지
나도바람꽃	봄	숙근다년초	종자, 분주	양지, 반음지	전국
나도옥잠화	여름	숙근다년초	종자	반음지	전국
나팔꽃	여름	1년초	종자	양지	전국
남개연꽃	여름	숙근다년초	분주, 종자	양지	전국(수생식물)
남산제비꽃	봄	숙근다년초	종자, 분주	양지, 반음지	전국
노랑꽃창포	봄	숙근다년초	종자, 분주	양지	전국
노랑무늬붓꽃	봄	숙근다년초	종자, 분주	양지	전국
노랑어리연꽃	여름	숙근다년초	분주, 종자	양지	전국(수생식물)
노랑투구꽃	가을	숙근다년초	종자	반음지	전국
노랑할미꽃	봄	숙근다년초	종자	양지	전국
노루귀	봄	숙근다년초	종자, 분주	반음지	전국
노루발풀	여름	상록다년초	종자	반음지, 양지	전국
노루오줌	여름	숙근다년초	종자, 분주	양지, 반음지	전국
누른하늘말나리	여름	숙근다년초(구근)	종자, 인편 번식	양지, 반음지	전국
눈개승마	봄	숙근다년초	종자, 분주	양지, 반음지	전국
단풍취	봄	숙근다년초	종자, 분주	양지, 반음지	전국
달리아	여름	숙근다년초(구근)	종자, 분구, 삽목	양지	전국
당귀	여름	2년초	종자	양지, 반음지	전국
더덕	여름–가을	숙근다년초	종자	양지, 반음지	전국
데이지	봄	추파 1년초	종자	양지	전국(시설 내 월동)
도라지	여름	숙근다년초	종자	양지	전국
독활(땅두릅)	여름	숙근다년초	종자, 분주	양지	전국
돌나물	봄–여름	숙근다년초	종자, 분주, 삽목	양지	전국
돌단풍	봄	숙근다년초	종자, 분주	반음지	전국
동강할미꽃	봄	숙근다년초	종자	양지	전국
동의나물	봄	숙근다년초	종자	반음지	전국
동자꽃	여름	숙근다년초	종자, 분주	반음지	전국
두루미꽃	봄	숙근다년초	종자	반음지	전국
두루미천남성	봄	숙근다년초(구근)	종자, 분구	양지, 반음지	전국
두메부추	가을	숙근다년초(구근)	종자, 분구	양지, 반음지	전국
둥굴레	봄	숙근다년초	종자, 분주	양지, 반음지	전국
둥근바위솔	가을	상록다년초	종자	양지	남부지방

식물명	개화기	영년성	번식법	음양성	재배 적지
둥근잎꿩의비름	여름	상록다년초	종자, 삽목	양지	전국
둥근잎천남성	봄	숙근다년초	종자, 분구	음지	전국
등심붓꽃	봄-여름	숙근다년초	종자, 분주	양지	전국
땅나리	여름	숙근다년초(구근)	종자, 인편 번식	양지	전국
뚱딴지(돼지감자)	여름	숙근다년초(구근)	종자, 분구	양지	전국
루드베키아	여름-가을	숙근다년초	종자, 분주	양지	전국
마거리트	봄	숙근다년초	종자, 분주	양지	남부지방
마타리	가을	숙근다년초	종자, 분주	양지	전국
만년청	여름	상록다년초	종자, 분주	반음지	남부해안지방
만주바람꽃	봄	숙근다년초	종자, 분주	반음지	전국
말나리	여름	숙근다년초(구근)	종자, 인편 번식	양지, 반음지	전국
매리골드	여름-가을	1년초	종자	양지	전국
매미꽃	여름	숙근다년초	종자, 분주	반음지	전국
매발톱꽃	봄	숙근다년초	종자	양지	전국
매화노루발	여름	상록다년초	종자	반음지, 양지	전국
맥문동	여름	상록다년초	종자, 분주	양지, 음지	전국
맨드라미	여름	1년초	종자	양지	전국
머위	봄	숙근다년초	종자, 분주	양지, 음지	전국
모시대	여름-가을	숙근다년초	종자	양지, 반음지	전국
목화	여름	1년초	종자	양지	전국
무늬천남성	봄	숙근다년초(구근)	종자, 분구	음지	남부지방
무릇	여름	숙근다년초(구근)	종자, 분구	양지, 반음지	전국
무스카리	봄	숙근다년초(구근)	종자	양지	남부지방
문주란	여름	상록다년초(구근)	종자	양지	제주도
물봉선	여름-가을	1년초	종자	양지	전국
물레나물	여름	숙근다년초	종자	양지	전국
민들레	봄	숙근다년초	종자	양지	전국
바디나물	여름-가을	숙근다년초	종자, 분주	양지, 반음지	전국
바람꽃	여름	숙근다년초	종자, 분주	반음지	전국
바위떡풀	여름	상록다년초	종자, 분주	양지, 반음지	전국
바위솔	가을	상록다년초	종자	양지	전국
박하	여름-가을	숙근다년초	종자, 분주, 삽목	양지	전국

식물명	개화기	영년성	번식법	음양성	재배 적지
배초향	여름–가을	숙근다년초	종자, 분주	양지	전국
백리향	여름	숙근다년초(목본성)	삽목, 분주	양지	전국
백선	봄	숙근다년초	종자	양지, 반음지	전국
백양꽃	여름	숙근다년초(구근)	분구, 종자	양지, 반음지	전국
백일홍	여름–가을	1년초	종자	양지	전국
백작약	봄	숙근다년초	분주, 종자	반음지	전국
백합	여름	숙근다년초(구근)	종자, 인편 번식	양지	전국
백화자란	봄	숙근다년초	분주	양지	남부지방
벌개미취	여름	숙근다년초	분주, 삽목, 종자	양지	전국
범부채	여름	숙근다년초	종자, 분주	양지, 반음지	전국
변산바람꽃	봄	숙근다년초	종자, 분주	반음지	전국
병아리난초	여름	숙근다년초	분주	음지	전국
베고니아	여름	숙근다년초	분주, 삽목, 종자	양지, 반음지	실내 월동
보춘화	봄	상록다년초	분주	반음지	남부지방
복수초	봄	숙근다년초	종자, 분주	양지, 반음지	전국
봉숭아	여름	1년초	종자	양지	전국
부채붓꽃	여름	숙근다년초	종자, 분주	양지, 반음지	전국
분꽃	여름–가을	1년초	종자	양지	전국
붉노랑상사화	여름	숙근다년초(구근)	분구	양지, 반음지	전국
붓꽃	봄	숙근다년초	종자, 분주	양지, 반음지	전국
비비추	봄	숙근다년초	종자, 분주	양지, 반음지	전국
비짜루	봄	숙근다년초	종자	양지, 반음지	전국
뻐꾹나리	여름	숙근다년초	종자, 분주	양지, 반음지	전국
사랑초	봄	숙근다년초	종자, 분주	양지	전국
산국	가을	숙근다년초	종자, 분주, 삽목	양지	전국
산둥굴레	봄	숙근다년초	분주, 종자	양지, 음지	전국
산마늘	봄	숙근다년초(구근)	종자, 분구	양지, 반음지	전국
산부추	여름–가을	숙근다년초(구근)	종자, 분구	양지, 반음지	전국
산오이풀	여름–가을	숙근다년초	종자, 분주	양지	전국
산자고	봄	숙근다년초(구근)	종자	양지, 반음지	전국
삼백초	여름	숙근다년초	분주, 종자	반음지	전국
삼잎국화	여름	숙근다년초	분주, 종자	양지	전국

식물명	개화기	영년성	번식법	음양성	재배 적지
삼지구엽초	봄	숙근다년초	분주, 종자	양지, 반음지	전국
상사화	여름	숙근다년초(구근)	분주	양지, 반음지	전국
새우난초(새우란)	봄	상록다년초	분주	반음지, 음지	남부지방
샐비어	여름-가을	1년초	종자	양지	전국
서양민들레	봄	숙근다년초	종자	양지	전국
석곡	봄	숙근다년초	분주	반음지, 음지	남부지방
석위	-	상록다년초	분주	반음지	전국
석산(꽃무릇)	가을	숙근다년초(구근)	분구	양지, 반음지	남부지방
섬노루귀	봄	숙근다년초	분주, 종자	양지, 반음지	전국
섬말나리	여름	숙근다년초(구근)	종자, 인편 번식	양지, 반음지	전국
섬백리향	여름	숙근다년초(목본성)	분주, 삽목, 종자	양지	전국
섬쑥부쟁이(부지깽이)	가을	숙근다년초	분주, 종자, 삽목	양지	전국
섬초롱꽃	봄	숙근다년초	분주, 종자	양지, 반음지	전국
솔나리	여름	숙근다년초(구근)	종자, 인편 번식	반음지	전국
솔체꽃	여름	2년초	종자	양지, 반음지	전국
수레국화	여름- 가을	1년초	종자	양지	전국
수련	여름	숙근다년초	분주	양지	전국(수생식물)
수선화	봄	숙근다년초(구근)	분구, 종자	양지	전국
수호초	봄	상록다년초	분주, 종자, 삽목	양지, 반음지	전국
숙근플록스(꽃잔디)	봄	상록다년초(목본성)	분주, 삽목, 종자	양지	남부지방
술패랭이꽃	봄	숙근다년초	분주, 삽목, 종자	양지, 반음지	전국
쑥부쟁이	가을	숙근다년초	분주, 삽목, 종자	양지	전국
아게라툼	여름-가을	1년초	종자	양지	전국
아네모네	봄	숙근다년초(구근)	분구, 종자	양지	전국
아마릴리스	봄-여름	숙근다년초(구근)	분구, 종자	양지	제주도
아이리스	봄	숙근다년초	분주, 종자	양지	전국
앉은부채	봄	숙근다년초(구근)	분구, 종자	음지	전국
알리움	봄	숙근다년초(구근)	분구, 종자	양지	전국
애기나리	봄	숙근다년초	분주, 종자	양지, 반음지	전국
애기범부채	여름	숙근다년초	분주	양지	전국
앵초	봄	숙근다년초	종자, 분주	양지, 반음지	전국
약난초	봄	숙근다년초	분주	반음지	남부지방

식물명	개화기	영년성	번식법	음양성	재배 적지
양지꽃	봄	숙근다년초	분주, 종자	양지	전국
약모밀(어성초)	봄-여름	숙근다년초	분주, 종자	양지, 반음지	전국
어리연꽃	여름	숙근다년초	분주, 종자	양지	전국(수생식물)
어수리	여름	숙근다년초	분주, 종자	양지, 반음지	전국
억새	가을	숙근다년초	분주, 종자	양지	전국
얼레지	봄	숙근다년초	종자	양지, 반음지	전국
엉겅퀴	봄	숙근다년초	종자, 분주	양지	전국
여름새우난초	여름	상록다년초	분주	음지	남부해안지방
연꽃	여름	숙근다년초	분주, 종자	양지	전국(수생식물)
연잎꿩의다리	여름	숙근다년초	종자, 분주	양지, 반음지	전국
연화바위솔	가을	상록다년초	종자	양지	전국
오이풀	여름	숙근다년초	종자, 분주	양지	전국
옥잠화	여름	숙근다년초	분주, 종자	양지, 반음지	전국
왕고들빼기	여름	1년초	종자	양지	전국
왕둥굴레	봄	숙근다년초	분주, 종자	양지, 반음지	전국
왕원추리	여름	숙근다년초	분주	양지	전국
왜당귀(일당귀)	여름	2년초	종자	양지	전국
용담	여름-가을	숙근다년초	종자, 분주	양지, 반음지	전국
용둥굴레	봄	숙근다년초	종자, 분주	양지, 반음지	전국
우산나물	봄	숙근다년초	종자, 분주	양지, 반음지	전국
위도상사화	여름	숙근다년초	분구	양지, 반음지	전국
원추리	여름	숙근다년초	종자, 분주	양지	전국
윤판나물	봄	숙근다년초	분주, 종자	양지, 반음지	전국
은방울꽃	봄	숙근다년초	분주, 종자	반음지	전국
이질풀	여름-가을	숙근다년초	종자, 분주	양지, 반음지	전국
일엽초	-	숙근다년초	분주	음지	전국
일월비비추	봄	숙근다년초	분주, 종자	양지, 반음지	전국
자란	봄	숙근다년초	분주	양지, 반음지	남부지방
자주꿩의다리	여름	숙근다년초	종자, 분주	양지, 반음지	전국
자주달개비	봄	숙근다년초	분주, 종자	양지	전국
작약(함박꽃)	봄	숙근다년초	분주, 종자	양지	전국
잔대	여름-가을	숙근다년초	종자	양지	전국

식물명	개화기	영년성	번식법	음양성	재배 적지
잔디	봄	숙근다년초	분주, 종자	양지	전국
절굿대	여름	숙근다년초	종자	양지	전국
점박이천남성	봄	숙근다년초(구근)	종자	음지	전국
접시꽃	여름	숙근다년초	종자, 분주	양지	전국
제비꽃	봄	숙근다년초	종자, 분주	양지, 반음지	전국
제비동자꽃	여름	숙근다년초	종자	양지, 반음지	전국
제주상사화	여름	숙근다년초	분구	양지, 반음지	전국
제피란테스	여름–가을	숙근다년초	분구, 종자	양지, 반음지	남부지방
족도리풀	봄	숙근다년초	분주, 종자	음지	전국
중나리	여름	숙근다년초	종자, 인편 번식	양지	전국
쥐오줌풀	봄–여름	숙근다년초	종자, 분주	양지, 반음지	전국
지면패랭이(꽃잔디)	봄	숙근다년초(목본성)	분주, 삽목, 종자	양지	남부지방
진노랑상사화	여름	숙근다년초	분구, 종자	양지, 반음지	전국
진범	여름	숙근다년초	종자	반음지, 음지	전국
참나리	여름	숙근다년초(구근)	종자, 주아, 인편	양지	전국
참당귀	여름–가을	2년초	종자	양지	전국
참취	여름–가을	숙근다년초	종자, 분주	양지, 반음지	전국
창포	봄	숙근다년초	종자, 분주	양지	전국
채송화	여름	1년초	종자, 삽목	양지	전국
처녀치마	봄	숙근다년초	종자, 분주	양지, 반음지	전국
천남성	봄	숙근다년초	종자	음지	전국
천문동	봄	숙근다년초	종자	양지, 반음지	전국
천일홍	여름–가을	숙근다년초	종자	양지	전국
초롱꽃	여름	숙근다년초	분주, 종자	양지, 반음지	전국
층꽃나무	여름–가을	숙근다년초	종자	양지, 반음지	전국
층층둥굴레	여름	숙근다년초	분주, 종자	양지, 반음지	전국
카네이션	여름–가을	숙근다년초	종자, 삽목	양지	전국
칸나	여름–가을	숙근다년초	분주	양지	남부지방
칼잎용담	여름–가을	숙근다년초	종자, 분주	양지, 반음지	전국
코스모스	가을	1년초	종자	양지	전국
콜레우스	가을	1년초	종자, 삽목	양지	전국
크로커스	봄	숙근다년초(구근)	종자, 분구	양지	전국

식물명	개화기	영년성	번식법	음양성	재배 적지
큰개불알풀	봄	숙근다년초	분주	음지	전국
큰꿩의비름	가을	숙근다년초	분주, 삽목, 종자	양지	전국
큰반하	봄	숙근다년초	분주, 종자	양지, 음지	남부지방
큰애기나리	봄	숙근다년초	종자, 분주	양지, 반음지	전국
큰앵초	봄	숙근다년초	분주, 종자	양지, 반음지	전국
큰연령초	봄-여름	숙근다년초	종자	반음지, 음지	전국
큰천남성	봄	숙근다년초	분구, 종자	음지	남부지방
털동자꽃	여름	숙근다년초	종자	양지, 반음지	전국
털머위	가을	숙근다년초	분주, 종자	양지, 반음지	남부지방
털중나리	여름	숙근다년초	종자, 인편 번식	양지, 반음지	전국
투구꽃	가을	숙근다년초	종자	양지, 반음지	전국
퉁둥굴레	봄	숙근다년초	분주, 종자	양지, 반음지	전국
튤립	봄	숙근다년초(구근)	종자	양지	전국
팬지	봄	1년초	종자	양지	전국
패랭이꽃	여름	숙근다년초	종자, 삽목	양지	전국
페튜니아	여름-가을	1년초	종자	양지	전국
풍란	여름	상록다년초	분주	음지	남해안지방
프리뮬러	봄	숙근다년초	종자, 분주	양지, 반음지	전국
피나물	봄	숙근다년초	종자, 분주	반음지	전국
하늘나리	여름	숙근다년초(구근)	종자, 인편번식	양지	전국
하늘말나리	여름	숙근다년초(구근)	종자, 인편번식	양지, 반음지	전국
하늘매발톱	봄	숙근다년초	종자	양지	전국
하늘타리	여름	숙근다년초	종자	양지	전국
하수오	여름-가을	숙근다년초	종자, 분근	양지	전국
한계령풀	봄	숙근다년초	종자, 분주	양지, 반음지	전국
한라개승마	여름	숙근다년초	종자, 분주	양지, 반음지	전국
한라돌창포	여름	숙근다년초	종자, 분주	양지, 반음지	전국
한라부추	여름-가을	숙근다년초(구근)	종자, 분주	양지	전국
한라새우란	봄	숙근다년초	분주	음지	남부지방
한련화	여름	1년초	종자	양지	전국
할미꽃	봄	숙근다년초	종자	양지	전국
해국	가을	상록다년초	종자, 삽목, 분주	양지	전국

식물명	개화기	영년성	번식법	음양성	재배 적지
해바라기	여름	1년초	종자	양지	전국
현호색	봄	숙근다년초	종자, 분주	양지	전국
홀아비바람꽃	봄	숙근다년초	종자, 분주	양지, 반음지	전국
흰민들레	봄	숙근다년초	종자	양지	전국
히아신스	봄	숙근다년초(구근)	종자	양지	남부지방

용어 해설

결실(結實)
종자 또는 열매가 맺음

골돌(蓇葖)
열매가 여러 개의 씨방으로 구성되어 있으며, 1개의 봉선을 따라 벌어지고 1개의 심피 안에 1개 또는 여러 개의 종자가 들어 있는 열매. 목련의 열매가 대표적인 골돌과이다.

과습(過濕)
땅이나 공기 중에 수분이 너무 많은 상태

관수(灌水)
가뭄 등에 식물에 물을 주는 것

군식(群植)
식물을 여러 포기 모아서 심음

근분(根盆)
나무를 이식할 때 흙을 붙여 둥글게 파낸 후 새끼 등을 감아 만든 뿌리 부분

기수우상복엽(奇數羽狀複葉)
하나의 잎자루에서 작은 잎이 마치 새의 깃털처럼 좌우로 배열되어 끝부분에도 작은 잎이 1개가 달리는 잎의 형태

난동(暖冬)
따뜻한 겨울

난형(卵形)
달걀 모양

단식(單植)
한 그루씩 심음

도장지(徒長枝)
다른 이웃 가지에 비해 웃자라 균형을 깨뜨리는 강한 가지

로제트 상(rosette 狀)
로제트는 2년생 풀이 겨울 동안 마치 장미꽃의 꽃잎처럼 잎이 다닥다닥 붙은 상태로 땅바닥에 달라붙어 있는 모양을 일컫는 말로 이듬해 봄이 되면 여기서 길게 꽃대가 자라 꽃이 피게 된다. 유채와 시금치는 로제트 상으로 겨울을 나는 대표적인 식물이다.

맹아력(萌芽力)
식물의 줄기를 잘랐을 때 새로 싹이 자라나는 힘

멀칭(mulching)
땅의 표면을 짚, 낙엽, 퇴비, 비닐 등으로 덮어 주는 것

모주(母株)
어미 그루

무가온(無加溫)
일부러 온도를 올리지 않는 조건. 난로나 다른 난방장치를 설치하지 않은 온실이나 비닐 하우스를 흔히 무가온 시설이라고 부름

묻어떼기
가지나 줄기를 구부려 흙을 덮어 두어 뿌리가 나기를 기다렸다가 떼어 내는 번식방법

박접(剝接)
대목의 한쪽 면 수피만 살짝 벗기고 접수를 다듬어 끼워 넣는 접붙이기의 한 방법

발아력(發芽力)
씨앗이 싹트는 힘

볕뎀현상
식물의 잎이나 연한 줄기가 갑자기 햇볕을 받았을 때 나타나는 조직의 손상

복산방화서(複繖房花序)
산방화서가 겹으로 있는 꽃차례

복산형화서(複傘形花序)
산형화서가 겹으로 있는 꽃차례

복총상화서(複總狀花序)
길이가 비슷한 총상꽃차례 여러 개가 꽃줄기 아래에서 위까지 길게 모여 있는 꽃차례

부숙(腐熟)
유기물 등이 썩는 현상 또는 썩어 퇴비가 되는 현상

부정근(不定根)
뿌리가 없던 곳에서 자라나는 뿌리. 꺾꽂이를 하면 줄기에서 새로운 뿌리가 생기게 되는데 이런 뿌리를 부정근이라 한다.

분구(分球)
구근식물에서 땅속에서 불어난 구근을 떼어 심는 번식방법

분얼(分蘖)
뿌리나 땅속 줄기에서 새끼를 치는 현상

분주(分株)
포기나누기라고도 하는데 불어난 포기를 캐어 나누는 번식방법

비배(肥培)
식물에 거름을 주고 키우는 행위

삭과(蒴果)
열매 속이 여러 칸으로 나뉘어져서 각 칸 속에 많은 종자가 들어있는 구조의 열매

산방화서(繖房花序)
화서 주축에 붙은 꽃자루는 밑의 것이 길고 위로 갈수록 짧아져 전체적으로 평면상에 꽃이 모여 피는 꽃차례로 총상화서와 산형화서의 중간 형태를 이루게 된다.

산형화서(傘形花序)
화축을 중심으로 같은 지점에서 소화경이 뻗어 나가 꽃이 배열된 화서로 평평하거나 둥근 송이를 형성하여 전체적으로 우산과 같은 모양의 꽃차례

삽수(揷穗)
꺾꽂이하는 가지. 삽목하기 위하여 잘라낸 가지

생울타리(산울타리)
살아 있는 나무를 심어 만든 울타리

숙근초(宿根草)
겨울이 되면 줄기와 잎은 말라죽지만 뿌리는 살아남아 매년 다시 움이 돋아나는 식물

시과(翅果)
종자가 퍼지는 것을 돕기 위해 종자에 날개가 달린 열매. 단풍나무 열매는 대표적인 시과이다.

실생(實生)
씨로 하는 번식법 또는 씨앗에서 싹이 자라는 현상

아접(芽椄)

접가지 대신 접붙일 나무의 눈을 따서 대목의 수피를 T자 모양으로 벗기고 끼워 넣는 접붙이기 방법. 나무가 왕성하게 자라는 여름철에 하는 게 특징이다.

역분화(逆分化)

분화가 거꾸로 일어남. 예컨대 식물의 가지를 잘라 꺾꽂이를 하면 가지라는 분화된 기관이 다시 분화 이전의 줄기세포로 되돌아가는데 이런 현상을 역분화라고 한다.

열개(裂開)

열매가 익어 벌어지는 현상

용토(用土)

사용되는 흙

원추화서(圓錐花序)

중심의 화서축이 발달되고 여기서 꽃가지가 나와 꽃을 다는 것으로 전체가 원추형인 꽃차례

인엽(鱗葉)

침엽수에서 측백나무나 편백나무와 같이 잎 끝이 뾰족하지 않고 비늘조각처럼 편평한 모양의 작은 잎

인편(鱗片)

나리 등과 같이 알뿌리가 수많은 작은 조각이 모여 있을 때 그 각각의 작은 조각들을 일컫는 말

일가화(一家花)

자웅동주인 식물에 피는 꽃으로 한 포기에서 암꽃과 수꽃이 함께 피는 꽃

일장(日長)

낮의 길이

입제(粒劑)

농약 등이 입자형태로 된 것을 일컫는 말. 입제는 고무장갑 등을 끼고 손으로 뿌리면 되며 특별한 도구가 필요 없어 소량 사용하는 경우에 편리함

장상복엽(掌狀複葉)

잎자루 끝에 여러 개의 작은 잎이 마치 손바닥모양으로 배열된 잎

절접(切接)

접붙이기의 한 방법으로 접수를 한쪽만 비스듬하게 깎아 대목에 끼워 맞춘다. 깎아접 또는 깎기접이라고도 부른다.

점파(點播)

종자를 심을 때 한두 알씩 점점이 심는 방법

접목(椄木)

식물의 줄기에 다른 나무의 줄기를 잘라 접합시키는 번식방법. 접붙이기라고도 부른다.

종구(種球)

종자로 사용되는 구근

주아(珠芽)

잎겨드랑이에서 눈에 영양이 축적되어 구슬 모양으로 자란 것으로 어미 포기에서 떨어져 새로운 포기로 자랄 수 있다. 참나리, 달래 등은 주아가 만들어지는 대표적인 식물이다.

중용수(中庸樹)

중간 정도의 성질을 가진 나무. 대개 양수와 음수의 중간 성질을 가진 나무를 일컬을 때 사용함

지피식물(地被植物)

크게 자라지 않고 땅에 붙어 자라는 식물을 통틀어 일컫는 말

직파(直播)
종자를 채취하자마자 바로 뿌리는 방법. 또는 모종을 이식하지 않고 종자를 심은 그대로 가꾸는 영농방법

차폐(遮蔽)
시선을 가리는 일 또는 그 행위

천근성(淺根性)
식물의 뿌리가 깊게 번지 않고 얕게 번는 성질

첨경(添景)
경치를 더하는 요소 또는 요인

총상화서(總狀花序)
긴 꽃대에 꽃자루가 있는 여러 개의 꽃이 어긋나게 붙어서 밑에서부터 위로 피기 시작하는 꽃차례

총생(叢生)
잎이나 줄기 또는 포기가 한군데서 모여 빽빽이 나는 현상

추대(抽薹)
식물이 꽃줄기를 내는 것을 말한다.

취산화서(聚繖花序)
꽃 밑에서 또 각각 한 쌍씩의 작은 꽃자루가 나와 그 끝에 꽃이 한 송이씩 달리는 꽃차례. 백당나무, 덜꿩나무의 꽃차례가 대표적인 취산화서이다.

파종상(播種床)
종자를 심기 위해 만든 두둑 또는 밭

한수(寒樹)
겨울에 잎이 떨어지고 가지만 앙상한 상태의 나무모양

할접(割接)
접붙이기의 한 방법으로 접수의 양면을 비스듬하게 깎아 대목을 짜개 끼워 넣는다. 짜개접이라고도 부른다.

활착(活着)
1. 옮겨 심은 나무가 뿌리를 내림
2. 접붙이기 한 가지가 대목과 완전히 유합함(달라붙음)

찾아보기

ㄱ

ㄴ

ㄷ

ㄹ

ㅁ

ㅂ

ㅅ

ㅇ

ㅈ

ㅊ

ㅋ

ㅌ

ㅍ

ㅎ

C

365일 꽃 피는 정원 가꾸기 (개정증보판)

2022년 3월 25일 개정증보판 1쇄 발행

지은이 정계준
펴낸이 권순기
부장 박현곤
행정팀장 김성균
편집 이가람
디자인 이희은

펴낸곳 경상국립대학교출판부 | 출판등록 1989년 1월 7일 제16호
주소 경남 진주시 진주대로 501
전화번호 055) 772-0801(편집), 0802(디자인), 0803(도서 주문)
팩스 055) 772-0809
전자우편 gspress@gnu.ac.kr
홈페이지 http://gspress.gnu.ac.kr
페이스북 https://www.facebook.com/gnupub

책값은 뒤표지에 있습니다.

이 도서의 국립중앙도서관 출판시도서목록(CIP)은 서지정보유통지원시스템 홈페이지(http://seoji.nl.go.kr)와 국가자료공동목록시스템(http://www.nl.go.kr/kolisnet)에서 이용하실 수 있습니다.